U0696794

我们为什么需要心理学 ➜➜➜

KEITH OATLEY

OUR MINDS OUR SELVES
a brief history of psychology

人类的
自我发现之旅

著 ➤ [加] 基思·奥特利　译 ➤ 孙洵伟

推荐序

在北京熙攘的街道上,行人们步履匆匆,对周遭的一切早都习以为常。无论并肩的人来自哪个行业,无论发生什么新鲜事,或许都无法引人注意。但若旁人偶然得知我从事的专业——心理学,他们常会放慢脚步,露出惊异的神情,用试探的口吻问道:"那你知道我在想什么吗?"

凭空读取人的思维自然是不可能的。由此,对大多数人而言,心理学的确有些陌生。其实,对整个人类历史而言,这也是个新鲜词。心理学(psychology)一词来源于希腊语,意为"关于灵魂(psyche)的学问"。虽然人类对于心灵和灵魂的探寻,可以追溯到西方的古希腊和东方的春秋战国时期,甚至更早,但心理学真正从神学和哲学中脱离出来,成为一门严谨而独立的科学,也不过是一个半世纪前的事情。在这短暂的时间跨度里,我们在心理学领域取得了一系列突破性进展,从近乎一无所知,到接近将不可能变为可能——研究者已经能够通过脑电波和大脑激活扫描探知人类的想法。

最近,这门新兴的学科,竟似乎有些"过时"了。人类最强大脑在 AlphaGo 面前一败涂地,超级计算机的计算效率已能超过人类亿万倍。研究神经元的电火花和心理过程的奥秘，好像远不如研究芯片和算法那样光明。但实际上，由近千亿个神经元组成的大脑，其复杂程度超乎现世的一切人造物。五岁孩童已经可以准确而快速地分辨小猫和小狗，而人工智能却需要浩如烟海的训练数据，以及万倍乃至更高的耗能。心理学中，有太多至关重要却又悬而未决的问题亟待回答，诸如：意识从何而来，又有着怎样的生物学基础？人类的合作行为如何发展？我们为什么要睡眠？大脑如何建立道德观念？……

上述这些重大科学问题，或许会让你对心理学产生距离感。对比大众心中的概念，科学心理学研究的范围更为广阔，问题更为深刻，方法也更为严谨。但其实，心理学并不远。我们或许不能确切看穿他人的心思，但从表情和动作中，却可以或多或少地理解他人的情绪和想法。这，就是心理学。从我们清晨起床打开手机进行人机交互，到商场中的刷脸支付，从我们日常与人交流谈吐，到用思维和创造力完成学业与工作，这些过程都与心理学密不可分。

一年多前，我们研究组的博士生孙洵伟与后浪出版公司联系，接手了本书的翻译工作。在他与出版方的合作之下，这本书出版在即。我作这篇推荐序，与洵伟当初翻译本书有相同的初衷：让更多的人能够了解心理学，并从中获益。这本书涉猎广泛，前文所述的问题，书中多少都有涉及。书中有经典的研究和理论，也包含最新的成果和发现。难能可贵的是，作者用通俗易懂的语言，阐述了艰深复杂的科学问题。以此为基础，读者能从多个角度了解心理学，更重要的是能了解自我，也了解他人和社会。

心理学研究道阻且长，每个人的心理发展之路也是如此。愿这本书能成为读者在这条路上的一股推力。书中的某行文字或许不会有立竿见影的效果，让你读之便醍醐灌顶，但字里行间所蕴含的，或许会让你时时有所感，有所得。可能当你读到书的末尾再回头，才赫然发现自己已前行了那么远。

傅小兰

2020 年 9 月

于中国科学院心理研究所

自 序

图中的人在想什么呢?我们能从她的眼中读出来吗,还是需要再花些时间才能了解她?

在了解他人与自我,解释大脑在日常生活中如何工作等方面,是否存在一些值得人们深入思考的原则呢?

图中的这位女子在想些什么呢?这类的问题是心理学研究的核心。我们无法透过一个人的眼睛看到他的灵魂,却想要知道他是怎样的一个人,也会想象他此刻的感受与想法。[1] 如果我们与他见面,在攀谈之后或许会对他有更多的了解。

在 20 世纪末期，小川诚二（Seiji Ogawa）发现了功能性磁共振成像（functional magnetic resonance imaging，fMRI）的方法，这种方法可以监测人们在思考、感知、记忆以及体验情感时大脑的激活情况。有人说，这种技术手段所开启的革命足以与天文学家尼古拉·哥白尼（Nicolaus Copernicus）所提出的"日心说"（地球围绕太阳旋转）相媲美。[2] 按照这一观点，这场革命使我们得以认识人类在产生体验时有怎样的大脑活动。在本书中，我们会讨论使用脑成像方法所得到的研究结果。但这样做的目的并不局限于这些研究本身：这场技术革命是更深层次的，并不仅仅附着于一种新的研究方法之上。

大脑是如何运转以理解物质和社会世界（social world）的呢？人类对此的理解正在发生巨变。这本书将带读者了解思维的一些原则——不仅是了解在我们活动与体验时，大脑的哪些部分是活跃的，也不仅是了解行为如何受事件、学习以及谈话等社会过程的影响，更是深入地理解他人和自己的思维。

你或许看过一些广告，它们号称能用五花八门的方法提高记忆力或思维能力。这些方法都依赖于训练和练习，就像在健身房锻炼身体一样。训练非常重要，我们将在第 19 章谈到这一点。但是，这世上是否也存在一些原则，能帮助我们更加深入地思考人类的心理特征？答案在某种程度上是肯定的，我们发现了一部分这样的原则，但对于其他一些原则，我们只是略知一二。本书每一章都至少涉及一个与我们理解自身有关的重要原则——这些内容并非不容置疑的绝对真理，其作用是引发我们的思考。

目 录

推荐序   1

自　序   5

第一部分　重要的认识   1

第1章　意识与无意识   3
    柏拉图的洞穴   4
    弗洛伊德式无意识   7
    心理实验   13
    无意识推论   16

第2章　悲惨的盖奇   23
    大脑的不同部位与关联   24
    铁路事故   26
    当代盖奇   29
    大脑研究   33

第3章　了解祖先，了解情绪   35
    查尔斯·达尔文   36

情绪：人类的共性 41

第4章　个体差异与发展 51
  智力测验 52
  发展阶段 54
  成人测验与优生学 56
  智力与遗传特征 58

第二部分　学习、语言、思想 63

第5章　刺激与反应 65
  条件反射 66
  华生与行为主义 67
  斯金纳和他的箱子 71

第6章　语　言 79
  思维的深层结构 80
  格语法、动词岛、合作 85

第7章　心智模型 87
  记　忆 88
  心智模型 93
  心理理论 96

第8章　数字世界 101
  图灵机 102
  布莱切利庄园的计算 103

模仿游戏　　　　　　　　　　　　　　105

　　人工智能　　　　　　　　　　　　　　108

　　新的认知科学　　　　　　　　　　　　110

第三部分　思维与大脑　　　　　　　　　119

第9章　检查一下脑袋　　　　　　　　　　121

　　颅相学　　　　　　　　　　　　　　　122

　　人　格　　　　　　　　　　　　　　　125

　　人格、性格、传记　　　　　　　　　　127

　　社会关系　　　　　　　　　　　　　　131

第10章　精神病、心身症　　　　　　　　　137

　　我们的大脑正常吗　　　　　　　　　　138

　　生活事件与人的脆弱性　　　　　　　　142

　　精神病、社会状况、疗法　　　　　　　145

　　压　力　　　　　　　　　　　　　　　149

第11章　fMRI和体验的脑基础　　　　　　155

　　体验产生于何处　　　　　　　　　　　156

　　与体验相关的神经科学　　　　　　　　159

　　歧义性　　　　　　　　　　　　　　　161

　　艺术深入人心　　　　　　　　　　　　162

第12章　感受自我，感受他人　　　　　　　165

　　神经元及其活动　　　　　　　　　　　166

共情的由来　　170
　　社会性　　173

第四部分　社　会　　175

第13章　爱与斗　　177
　　贡贝黑猩猩　　178
　　敌我双方　　183
　　人类杀手　　187

第14章　合　作　　189
　　协作共事　　190
　　利他主义　　192
　　共同意向性　　193
　　交流谈话　　199
　　信条与期望　　201

第15章　爱是什么　　203
　　依恋与超越　　204
　　婴儿期到成年期的工作模式　　209
　　坠入爱河　　212
　　中介空间　　215

第16章　文　化　　217
　　玛格丽特·米德的萨摩亚研究　　218
　　维果斯基与社会世界的内化　　221

埃法卢克岛　　　　　　　　　　　　224

　　　多样的社会，各异的思维　　　　　　228

第五部分　共同的人性　　　　　　　　　　229

第 17 章　想象力、故事、共情　　　　　231

　　　儿童的嬉戏　　　　　　　　　　　　232

　　　游戏的乐趣　　　　　　　　　　　　233

　　　电影的乐趣　　　　　　　　　　　　235

　　　想象与推理　　　　　　　　　　　　236

　　　儿童的想象力与对思考的影响　　　　239

　　　人类记录中的艺术　　　　　　　　　242

　　　小说中的思维史　　　　　　　　　　244

　　　人　权　　　　　　　　　　　　　　247

第 18 章　权力与道德　　　　　　　　　253

　　　唯命是从　　　　　　　　　　　　　254

　　　剧院实验　　　　　　　　　　　　　257

　　　人性残暴　　　　　　　　　　　　　261

　　　道德准则　　　　　　　　　　　　　263

第 19 章　创造力、专长、毅力　　　　　267

　　　专　长　　　　　　　　　　　　　　272

　　　创造思维与进化　　　　　　　　　　277

　　　创造力与情绪　　　　　　　　　　　278

孵　化　　　　　　　　　　　　　　280

　　毅　力　　　　　　　　　　　　　　281

　第 20 章　意识与自由意志　　　　　　285

　　希腊诗歌　　　　　　　　　　　　286

　　意　识　　　　　　　　　　　　　　289

　　意识与决策　　　　　　　　　　　291

　　意识与模拟　　　　　　　　　　　293

　　自由意志　　　　　　　　　　　　294

后　记　　　　　　　　　　　　　　　　299

致　谢　　　　　　　　　　　　　　　　303

注　释　　　　　　　　　　　　　　　　304

参考文献　　　　　　　　　　　　　　　326

第一部分
重要的认识
Significant Ideas

第 1 章
意识与无意识

这是柏拉图（Plato）在"洞穴喻"中描述的情景，意指洞穴中的人所看到的并非现实，而是墙上的影子。

虽然一般来说，思维（mind）被认作是有意识的，但也存在着三种无意识知识。其一，柏拉图提出，我们没有意识到这个世界上的永恒真理；其二，西格蒙德·弗洛伊德（Sigmund Freud）

提出，某些无法接受的自我内容会进入无意识，但仍然会影响我们对他人的认知与行为；其三，可能也是最重要的一种，赫尔曼·赫尔姆霍茨（Hermann Helmholtz）提出了无意识推理（unconscious inference）的原则：我们将内在理解和无意识理论进行投射（project），以此推断在物质世界中，在我们与他人交流的社会世界中所发生的事情。

柏拉图的洞穴

我们不禁会认为，眼见即真实。但如果思维的运转并不依靠对现实的理解呢？如果我们的想法在一定程度上取决于我们没有意识到的活动呢？如果有些无意识活动并不完全与外部世界相关，而是来自人体内部的加工过程，并以某种方式影响着我们的所见所知呢？

为了让人们思考这个问题，柏拉图要我们假想自己是囚犯，从小就被锁在洞穴里的一条长凳上。脖子被紧紧绑住的我们只能直视前方。我们看到面前的墙上人影来回穿梭。柏拉图说，这就是人类所处的状况。我们无法转身看到身后的那团大火——是它将真人的影子投射到了墙上。于是，我们认为，影子就是现实。

现在假设我们获得了自由。我们转过身去，看到了那团大火。我们看到真实的人从面前走过，而其他囚犯仍然身负枷锁。想象我们被人领着沿陡坡向上走，离开洞穴获得了光明。起初，强光炫目让人无法分辨眼前的景象，但慢慢地，我们看清了这个世界本来的面目。

这个洞穴的隐喻，出自柏拉图在近 2400 年前创作的著作《理想国》（The Republic），这是心理学史上的一个重要时刻。可洞穴中的影子就是我们对这个世界的体验吗？

柏拉图提出的洞穴隐喻成了一个转折点。[1] 按照他的观点，虽然我们似乎在自己看到的事物中体验到了真理，知道自己在做什么，但其他过程也在发挥作用。柏拉图认为，我们并不了解世界上某些最深刻的东西。同时，也不能以常规的方式看待它们。

柏拉图认为，在出生之前，我们生活在另一个境界上，作为理想王国中的灵魂存在着。虽然（如柏拉图所想）处在灵魂状态时，我们曾知晓那些不变的真理，但在我们具象化的生命里，我们已经忘却了它们。现在，我们只看到了表象，并投射着自己的信念，而信念有时是错误的。不过，富有洞察力的教师可以从对人类的思考中得出思想（ideal）："教育"这个词意为"拿出"或"带领"。在教育史中，哲学、数学，以及对理论构建和推论形成的技巧掌握等，都是走出洞穴的路。

由于人类是社会动物，有些问题并不与物质世界相关，而关乎我们对这个社会世界的理解。我们是如何了解其他人的想法和感受的？我们或许想要知道，他人与我们有几分相似，又有几分不同？如果我们询问他们的想法和感受呢？我们对他们的印象，是否在一定程度上源于他们说话的内容，或他们做出表情时脸上稍纵即逝的"影子"和说话时的语调？如果对象换作我们呢？我们自以为清楚自己的想法和记忆，但我们真的了解自己吗？

柏拉图认为，一个人想要了解自我，比从阴暗的洞穴里登入物质世界的光明中更加困难。在他的时代，德尔斐神庙刻有这样一句神谕："认识你自己。"[2] 对此，柏拉图通过一个故事表达了自己的想法。苏格拉底（Socrates）有一天和他的朋友普罗泰戈拉（Protagoras）一起在河边散步，讨论起他们耳闻的当地神话故事。苏格拉底说，要理解神话需要花很多工夫，但他没有时间去做这样的事，他对此解释说："我还没有遵循德尔斐的训谕，没有做到'了解我自己'。"

艾尔弗雷德·怀特海（Alfred Whitehead）认为西方哲学是"柏拉图的一系列脚注"[3]，但并非所有人都认同这一点。富有创新精神的哲学家卡尔·波普尔（Karl Popper）驳斥了柏拉图的一些主要论点，他把柏拉图称作开放社会的敌人。在《理想国》中，柏拉图对理想社会进行了描述，他将人分成三个阶级——统治者（guardian）、护卫者（warrior）和体力劳动者（producer），但只有统治者是自由的。

虽然柏拉图记录其哲学的形式是对话（在这种虚构的模式中，他想象早已过世的苏格拉底与熟人探讨问题），但他想完全禁止作家撰写小说。然而，他没有指出他那洞穴中的影子的想法既不是哲学也不是数学，这难道不是个疏忽吗？洞穴喻是一个基于隐喻的故事，而这种故事也可能诞生于小说作家笔下。在第 17 章中我们会谈到一些现代科研成果，它们与小说如何加深我们对人和事物的理解有关。

我们怎样了解他人，又怎样了解自己？我们用以理解思维的现代方法被称为认知科学（cognitive science）：将思维理解为意义的产生。"认知"这个词意为与"知识有关的过程"。通过组织和处理知识，以及有意识和无意识的推理来观察、记忆、交谈、了解他人和自己，思维用这种方式创造了意义。在这种探索中，认知心理学和认知神经科学与语言学、文化人类学、哲学和其他研究领域结合了起来。［参见乌尔里克·奈瑟尔（Ulric Neisser）的《认知与现实》（*Cognition and Reality*）、霍华德·加德纳（Howard Gardner）的《心灵的新科学》（*The Mind's New Science*）、迈克尔·艾森克（Michael Eysenck）的

《布莱克维尔认知心理学词典》(*The Blackwell Dictionary of Cognitive Psychology*)、罗伯特·威尔森(Robert Wilson)和弗兰克·凯尔(Frank Keil)的《MIT认知科学百科全书》(*The MIT Encyclopedia of the Cognitive Sciences*),以及莫顿·亨特(Morton Hunt)的《心理学的故事:源起与演变》(*The Story of Psychology*)]。

并非所有知识都可以有意识地获取,有一些知识是无意识的。无意识知识有三种,相应地,获取方法也有三种。柏拉图采用的方法是哲学与教育,下一节将介绍的方法是心理治疗(psychotherapy),再下一节中的方法则是心理研究和理论。

弗洛伊德式无意识

最著名的一种无意识当属西格蒙德·弗洛伊德提出的精神分析式(psychoanalytic)无意识。他采用的方法在今天看来很容易理解,但在他之前却并非如此。在当时,医生往往会观察那些精神病患者,看到他们常常表现怪异,据此推断他们精神错乱。弗洛伊德的工作方式与众不同。他倾听患者在谈论他们自己时所说的话,并称这种倾听为"均匀悬浮注意"[①](evenly suspended attention)。

弗洛伊德并不是他那个时代唯一思考无意识和精神疾病之间关联的人,但他是一位思维侦探,他追问:我们是谁?他的核心观点是:人并不总能意识到自己做事情的理由。他的研究影响了自我思考的本

---

① 另一种说法为"evenly hovering attention",其意为:在为病人做分析和治疗时,不把自己的注意力专门集中在任何事情上,总是平静、专注、非评判性地倾听和观察所有材料。——译者注

质内容。正如 W. H. 奥登（W. H. Auden）在一首纪念弗洛伊德的诗中所说的那样，他的研究在当时成了"议论的焦点"。无意识、神经症、内心冲突、焦虑状态和心理治疗等概念能有如今的含义，在很大程度上是受了弗洛伊德的影响。[4]

1856 年，西格蒙德·弗洛伊德出生在当今捷克共和国境内一个叫弗赖堡的小镇。[5] 几年后，他随家人搬到了维也纳，在那里度过了生命中的大部分时光。弗洛伊德就读于维也纳大学，并于 1881 年获得了医学博士学位。此后不久，他遇到了玛莎·伯奈斯（Martha Bernays），并深深爱上了她。这对情侣在订婚后的 4 年里两地相隔，这种挫败感可能促使他强调"性"（sexuality）在精神生活中的核心重要性。弗洛伊德和玛莎有 6 个孩子，其中最年幼的安娜（Anna）后来也成了著名的精神分析师。1938 年 5 月，因纳粹入侵，弗洛伊德和他的家人逃往伦敦，随后一直居住在那里，直至他 1939 年 9 月去世。

朵拉的案例

弗洛伊德将案例当作我们理解人类情绪障碍的首要研究内容。案例在他手中以一个侦探故事的形式呈现：他所要寻找的"罪犯"是已经从患者的意识体验中消失了的一系列意图。[6] 朵拉是弗洛伊德最为重要的案例，她的真名是伊达·鲍尔（Ida Bauer）。[7]

1899 年，18 岁的朵拉很抑郁，同时伴有其他精神问题。父母在她的写字台上发现了遗书。弗洛伊德这样形容她——"正处于青春的第一次绽放中，是一个聪明而有魅力的女孩"。那时的弗洛伊德已经 44 岁了，他希望能抓住最后的机会声名鹊起。每个工作日他们都会见一个小时面。

治疗开始时，弗洛伊德就向朵拉提出，"要（让他）了解（她）生活和疾病的全部情况"。随后他写道："事实上，患者没有自我报告的能力……他们的言谈毫无感情色彩，存在许多空缺无法填补，也有许多问题无法解答。"患者所遗漏的内容（也恰是心理侦探所寻觅的内容）是他们的欲望和意图。其中一些不为患者所知，是无意识的。发现这些欲望与意图能够填补患者故事中的空白，这让他们不再出现影响社会功能的心理障碍。

弗洛伊德指出，尽管朵拉在描述自己时含糊其词，但她清楚叙述了她父亲与一位家族朋友K太太的暧昧关系。朵拉还说在她年仅14岁时，父亲曾怂恿K先生对她产生兴趣。这样一来，朵拉的父亲就可以继续自己与K太太的暧昧关系。弗洛伊德没有否认她所说的一切，而是向朵拉询问，她是否也会像指责父亲那样指责自己，她自己在整个事件中扮演了怎样的角色。

这是一种精神分析式的理解和治疗，对患者留下的空白进行暂时填充。对朵拉来说，弗洛伊德的解释让治疗有了新的进展。她承认在一年的时间里，K先生每天都送鲜花给她，并几乎一有空闲就在她的公司里陪着她，这种关系让她感到了生机与活力。她照顾着K夫妇的孩子，以便她的父亲和K太太可以继续他们的婚外情。K先生甚至向她求了婚。但后来，朵拉对父亲的指责越发强烈。在接受心理治疗时，她已和K先生断绝了关系，她告诉弗洛伊德她曾要求她的父亲结束与K太太的暧昧关系，然而她父亲坚持认为，所谓K先生的求婚仅仅是她的臆想，这着实令朵拉怒不可遏。

治疗进行了3个月，一天，朵拉告诉弗洛伊德这将是他们的最后一次见面。弗洛伊德问她这个决定是在多久以前做出的，朵拉回答说：两个星期前。弗洛伊德说："这听起来就像对一个女仆或家庭教师提前两周的临时通知。"[8] 依靠敏锐的直觉，弗洛伊德这位思维侦探发现了正确的线索。这种（对于事情的本来面目的）理解将让朵拉的案例走向明朗。

对于弗洛伊德的理解，朵拉回应说，有一次她与K先生一家人共度假期，K夫妇的一位家庭教师提出要在两周后辞职。她向朵拉袒露实情说，K先生勾引她并与她发生了性关系。K先生告诉女家教说，他妻子身上没有任何趣致。弗洛伊德说："这些是他后来向你求婚时所说的话。"他告诉朵拉，她如此愤怒的原因是K先生像对待家庭教师一样对待她，把她当成了一个他可以随便与之发生性关系的人。

弗洛伊德向朵拉解释说，她自己心底里一直希望K先生与妻子离婚并娶她。同时，她的父亲也可以和K太太结婚。这就是为什么当她父亲认为K先生的求婚只是她的臆想时，朵拉会怒不可遏。她已经深陷与K先生结婚的执念之中。但是当K先生真的求婚时，家庭教师对她说的话，让整个事情发生了可怕而彻底的变化。

弗洛伊德补充解释说，朵拉"开始倾听（他），而不再像往常一样进行反驳。[9] 她似乎被触动了"。我们仔细思考后或许会发现，对朵拉来讲，她的问题不仅在于对性的渴望，而在于她的整个生活。朵拉被触动了，也许是因为这是她第一次被他人理解。

根据朵拉要在两周后结束治疗的通知，弗洛伊德推测，她既在用对待家庭教师或女仆的方式对待自己，又在用与K先生结束恋爱关系的方式结束这段治疗关系。弗洛伊德发现在治疗中，患者对生活中其他人的感情会投射到自己的身上，并以对待其他人的方式对待自己。

他将这种过程称为"移情"（transference）。对"移情"的关注是精神分析疗法的另一个独有特征。

争论与发展

有人在 1910 年的神经学和精神病学大会上提及弗洛伊德的理论，一位与会的教授把"拳头猛地砸在桌子上"说道："这不是科学会议该讨论的话题，这是警察该去管的事。"[10] 一个小型研究团体就此成立了，他们的目的就是证明弗洛伊德的理论有多么荒谬。虽然弗洛伊德认为，朵拉的问题在于她被压抑的性欲，这对她来说无法接受，但阿道夫·格林鲍姆（Adolf Grünbaum）认为，弗洛伊德一直未能证明，患者是因为将痛苦事件深藏在无意识中才患上了心理疾病。格林鲍姆说，有些痛苦的事件可能会被我们遗忘，但是其他事情在我们的记忆中痛苦地停留了数十年，弗洛伊德从未能指明哪些痛苦会被遗忘，哪些不能。

为什么有人对弗洛伊德如此反感？仅仅是因为弗洛伊德解释错了某些事情吗？[11] 或是他因出名、受欢迎而遭人嫉妒？还是因为他对人类内心自我的解释让人无法接受？

对于自己的方法，弗洛伊德也有着自己的顾虑，他写道："我写的案例可能像短篇小说一样，人们可能也会质疑那些案例缺乏严肃的科学印记，如今这仍让我觉得怪异。"[12] 实际上，这是弗洛伊德在揶揄我们。按照他的思路，我们应该回答："不，这真的是科学，因为我们是人类，所以研究方法必须与化学或物理有所差别。"

单纯指出一项研究或一系列思考（例如弗洛伊德的那些）的错

误与不足往往是容易的，想做出改良则难得多。弗洛伊德创立精神分析学说后，有几位研究者在此基础上取得了新的进展。卡尔·荣格（Carl Jung）以他的原型和集体无意识理论影响了所有人，他还提出了一种方法，帮助人们理解明显具有神话性质的梦。梅兰妮·克莱因（Melanie Klein）则是第一批观察和分析幼儿的人。卡伦·霍妮（Karen Horney）也是位重要的人物。1930 年，她和她的三个女儿从柏林移民到美国，并居住在布鲁克林。霍妮没有接受弗洛伊德关于性欲具有关键功能的观点，她提出，我们最迫切的愿望是感受到被爱以及被认同。她也提出构想，通过理解自我能让我们进行自我治疗。

在《自我分析》(*Self-Analysis*) 这本书中，霍妮让我们想象自己在一个女老板手下工作，她富有魅力，但因自我欣赏而颇有些自满；她武断专横，很不公平地偏袒他人；当她感觉到任何针对她的不满时便敌意顿起。而我们又很需要这份工作，我们有意无意地小心行事，不去招惹她，我们确保她能将我们想出的所有好点子当成她自己的功劳。私下里，我们因不得不阿谀奉承而感到愤怒。如果有个不一样的老板，我们的境遇定会大不相同。

假设这个人就是我们的母亲，那会是怎样一种场面？霍妮记录了一个名叫克莱尔（Clare）的病人，她的母亲就像这位老板一样，对克莱尔的兄弟的关爱要远远多于对克莱尔的。[13] 尽管克莱尔的父亲会遭到妻子公然鄙视，但还是死心塌地地爱着她，因而对克莱尔的遭遇无动于衷。克莱尔无法建立自信。她觉得自己并不可爱，而一切问题都是自己的错。在这种情况下，克莱尔也加入了仰慕母亲的队伍，这样或许更安全一些，她也希望从这种方式中至少得到一点关爱。不似刚才假设中我们顺从于老板的那种情况，由于克莱尔在年纪很小时就被迫仰慕母亲，因此她的行为或多或少是无意识的。在《自我分析》中，霍妮着重记述了克莱尔如何处理她与母亲的关系。她沿用弗洛伊德的个案史（case history）法，但关注点并不局限在克莱尔的案例本身，她呼吁读者形成我们自己的自我意识（self-awareness），并询问我们是否可以辨别出类似的事件。我们对于父母的人格有多少了解，又该如何应对？我们需要感受到被爱及被认同吗？

心理实验

个案史一直是精神分析研究的核心，但当弗洛伊德在19世纪末开始记录他的案例时，还有其他先驱在进行着不同类型的心理学研究，这些研究将得出对无意识的另一种理解，即人类的思维源于不计其数的加工过程，这造就了我们，但我们在日常生活中却对此毫无察觉。

这种新的心理学发源于德国的莱比锡。1879年，威廉·冯特（Wilhelm Wundt）在第一个心理学实验室中进行了一项实验——他测量了反应时（reaction time），即一个诱发事件与人对它的反应之间的间隔。冯特写道："通过变化……外部影响，我们找到了心灵世界所依照的规律。"[14] 实验心理学基于两个原则：任何心理测量都必须是有效度的（即必须真实测量所要考察的内容），同时也必须有信度（即实验在一个群体中必须是可观察、可重复的）。"比较"（comparison）在实验心理学中是至关重要的，例如，被施加一种外部影响的人（实验组）与被施加另一种影响的人（对照组）之间就可形成比较。冯特坚持认为，以这种方式进行的心理学研究就可以像化学一样，真正成为一门科学。

至少从 400 年前勒内·笛卡儿（René Descartes）的时代开始，人体就一直被认为是一种机器，大脑则是机器的一个部件。笛卡儿知道大脑里有一个叫作脑室的结构，其中含有液体。笛卡儿对神经系统的工作方式进行了这样的描述：如图 1 所示，当你的脚被火灼伤时，脚中的神经细胞会在神经内部拉出隐线。这些隐线的另一端拉开位于大脑中的阀门，让脑室中的液体流入肌肉的神经中，并以这样的方式使这些肌肉充气，从而让脚收回来。这是一种反射（reflex）。神经生理学家至今仍认同这种机制：感受器接收刺激（stimulus），并向大脑发送信息，这一过程通过由神经元组成的一系列开关，选择并产生恰当的反应（response），总结起来便是：刺激和反应。不同之处在于，我们现在知道神经系统不是通过引线和液压装置，而是通过电和化学的传递物质（transmitter substance，即 S 递质）工作的。

那么神经冲动的传导速度有多快呢？作为一种电传导，神经冲动是否可以以接近光速的速度行进？赫尔曼·赫尔姆霍茨给出的答案是"不能"。神经冲动的传播速度为每秒 30 米，比声速还要慢。冯特曾担任赫尔姆霍茨的助手，他很有可能是在赫尔姆霍茨测量神经信号速度的影响下构思了自己的实验，测量对事件做出反应所需的时间的。

1821 年，赫尔曼·赫尔姆霍茨出生于柏林附近的波茨坦。[15] 小时候的他体弱多病，沉迷于玩儿童积木——这项活动或许有助于他培养自己的想象力。17 岁时，他萌生了学习物理学的念头，却因父亲是高中老师，家中并不宽裕而未能进入大学。为支付柏林医疗机构的培训费用，年轻的赫尔姆霍茨毕业后选择在军队中服役，以此获得一笔奖学金。此后他做了 7 年军医。在此期间，他居然在柏林过上了充满活力的学术生活，与当时最重要的物理学家和生理学家会面、共事。他

图 1 勒内·笛卡儿（René Descartes）对从接收痛苦刺激到收脚这一反射的图解。
资料来源：笛卡儿《论人》(*Traite de l'homme*) 中的画图重绘，已上传至 WikiMedia Commons: https://commons.wikimedia.org/wiki/File:Descartes-reflex.JPG。

围绕神经细胞的连接方式发表了医学论文，其中，他所定义的大脑和思维的概念在今天仍然被我们认可。[16]

19 世纪 50 年代后期，赫尔姆霍茨在父亲去世后一度十分痛苦。不久之后，他的妻子奥尔加也过世了，留下了两个孩子由他照顾。1861 年，赫尔姆霍茨与安娜·冯·莫尔（Anna von Mohl）再婚，后者为他的生活尽心竭力，二人育有三个孩子。虽然赫尔姆霍茨对物理学、生理学和心理学的贡献卓著且富有远见，但他依然保持着谦虚。照片中的他或许看起来有些严肃庄重，但与他接触过的人都知道他为人善良可靠。1893 年，他参观了为纪念哥伦布抵达新大陆 400 周年而举行的芝加哥世界博览会，在返程时不慎摔倒在了船的楼梯上，致使大脑受伤。这次事故可能加速了他的离世。事故后的他精力不济、神志模糊，这使他不堪其扰。次年，赫尔姆霍茨死于脑出血。

无意识推论

对于我们是如何看世界的，赫尔姆霍茨在《生理光学手册，第三卷》(Treatise on Physiological Optics, Volume III) 中谈了自己的想法。赫尔姆霍茨发现，眼睛不只是捕捉现实，再将其通过视神经传递至大脑。对视觉系统的输入是经由我们的二维视网膜上的大量感受器实现的。大脑的任务是接收这些二维的神经兴奋阵列，并处理、推断出三维的视觉场景，包括遇到的人、使用的物体和去的地方。

以下是赫尔姆霍茨描述的一种情景：

> 熟悉的房间里，阳光明媚。处在这种环境里，人会获得一种知觉（perception），感到他被各种生动的感觉彻底包围了。还是在这个房间里，日近黄昏时，除了明亮的东西（尤其是窗户），他无法识别任何物体。但他仍能将辨认出的有限信息与他对家具的回忆混合在一起，安全地在房间里移动；即使看得很模糊，他也能找到他想要的物品。这种昏暗条件下产生的视觉影像，完全不足以使他在没有事先熟悉的情况下识别物体。[17]

人类大脑创造视觉体验的方式，依赖于我们所说的线索——视网膜上的图像或图案，这些线索与有意识和无意识的知识及预期有所关联，而这些知识及预期随后又被我们投射到外部环境中。[18] 视网膜上的图像事先经由晶状体聚焦在感受器阵列上，而这些特殊的感受器阵列会被变化的光线激活。它们将神经冲动传递给大脑。

观察图 2 中的二维图案。视网膜上的这个二维图案可视为一条线索,将我们的先天知识与后天学习联系起来。根据这种内在知识我们得出结论:图上可能有一个类似盒子的结构,并将这个结论投射到外部环境上。

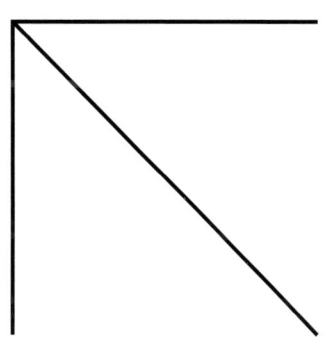

图 2　二维图案中的三条线,可以作为盒子一角的三维线索。
资料来源:由基思·奥特利绘制。

1903 年上映的《火车大劫案》(The Great Train Robbery),用近代的方式诠释了柏拉图"洞穴喻"中的影子,它也是公认的最早使用现代电影剪辑技术的一部影片。[19] 在第一个场景中,两名蒙面劫匪带着枪,胁迫电报员发送电报让火车停下来。在第二个场景中,火车停了下来,劫匪躲在水塔后面。在第三个场景中,劫匪杀死了火车的邮差。这三个场景是分别在工作室和现场拍摄的。我们看到的是一系列剪辑在一起的表演场景,并将故事的事件投射在场景之上。在我们看电影时,电影院里没有劫匪也没有火车;所发生一切都只是在屏幕上闪烁的亮光。视网膜上的图案让我们能够看到日常的世界,看电影和视频所依赖的也是这种加工方式,因为在生活和电影中,有些加工过程是一致的。

法国社会学家和艺术评论家伊波利特·丹纳(Hippolyte Taine)在 1882 年写道:"所以我们平常的知觉只是一个内心的幻梦,恰好与外界的事物相符;并且,我们不应说幻觉是一种虚假的知觉,而应当说这种知觉是一种对于真实的幻觉。"[20] 如果丹纳在 40 年后写下这篇文章,他可能会补充说:"电影就是一种对于故事的幻觉。"

在日常生活和电影中，当视网膜上某一点的感受器发现了光强的突然变化时，一条视觉线索也就产生了，它意味着某个运动出现了。线索吸引了我们的注意并将目光引向那个位置。我们移动眼睛将视线固定在它上面，使得运动物体的图像保持在视觉的中心。

图 3 包含不同类型的线索，其中有两个相距不太远的点，每个点上方有一个小半圆，下面是另一个小半圆，这个图案由圆形线包围。这是一个人脸的线索：眼睛、嘴巴和头部的形状。即便画得如此简单，我们也能将人脸识别出来，出现这种情况意味着这种图案对我们来说有重要意义。我们将对人类面孔的知识投射到了这幅图画上。

图 3　尽管这幅卡通画很简单，但我们仍然能看出这是一张人脸。
资料来源：由基思·奥特利绘制。

再看看图 4 中的弗雷泽螺旋（Fraser Spiral），它体现了与盒子线索和人脸线索所不同的另一种线索的作用。前文提到的三个例子中都存在着不同的二维图案或线索被提取的情况。在我们的大脑中，每种线索都会选择相对应的内在知识，它可以对外部世界可能发生的事情做出解释，这导致了内在知识的产生，即这些事情很有意义，也可能很重要。

图 4 弗雷泽螺旋。赫尔曼·赫尔姆霍茨提出,通过视错觉可以得知,我们看到平常世界的方式与我们看到错觉的方式必然有一个共同的机制,而错觉给我们指出了探究这种机制的方向。在詹姆斯·弗雷泽(James Fraser)于 1908 年发明的这种错觉中,我们看到了一连串螺旋。但是如果你用铅笔尖跟踪每一个螺旋,你会发现这些曲线并不是螺旋而是圆圈。我们之所以看到了螺旋,是因为图案中的线索是与圆的圆周成一定角度的线段。正是这些线段让我们把对螺旋的理解投射到了图像上。

资料来源:Fraser, J. (1908). A new visual illusion of direction. *British Journal of Psychology*, 2, 307–320. Image author, Mysid https://commons.wikime dia.org/wiki/File:Fraser_spiral.svg。

从图案和线索到知觉

大脑使用视觉线索来选择心理结构,然后对其大小和方向进行调整,并以其他方式进行操作,最后作为结论投射到外部环境上:这就是我们看到的事物的空间布局。我们甚至可以说,柏拉图用洞穴中的影子进行隐喻基本是正确的。确切地说,我们在视网膜的感受器上所接收到的不是影子，而是类似影子的、闪烁的二维图案。

完整的视觉加工过程是这样的：如果你手持一个 25 美分或 1 欧元大小的硬币（直径约 25 毫米），然后将手臂伸直，那么该硬币的面积差不多就是你能一眼看清的视觉区域，即你可以看清楚其中任何细节的范围。就是这样一个二维小块，却要动用大约 50% 的视神经和 50% 的视觉皮层（用于分析视觉输入的大脑区域）专门从中获取信息。整个视野的其他部分所获取的信息非常模糊。看东西时，我们转动眼睛将这样的小块固定在视野中，在大约 1 秒钟后，眼睛稳定下来（固定看向一点）时，视网膜上感受器所接收到的固定点中的图案便会通过视神经向上传导：一个小样本就形成了。然后眼睛又会去捕捉另一个小样本。如果仔细观察，你可以看到其他人的眼睛在两个位置间快速移动。这些移动每秒发生 2 至 4 次；在每个清醒的日子里，我们都会制作大约 20 万个这样的样本。[21] 在眼球运动的过程中，如果有一个新事件产生，而其位置比较偏向视野边缘，我们就不会注意到它。这是因为在运动期间，我们的眼睛不会接收信息输入。

那么，对这些微小样本中的视觉信息进行的精细加工，与我们感受到的无缝而稳定的外部世界之间有多大差异呢？如果说柏拉图"洞穴喻"中人们的形象看上去让人难以置信，那么实际发生的事情就更加非同寻常了。

我们不会有意识地感受到我们的眼球运动，也不会有意识地到感受眼、脑对于视野的采样。我们通过赫尔姆霍茨所谓的"无意识推论"来进行建构，只意识到了这种推论的结论。大脑与思维采集了一些小的视觉样本［这些样本易受图案（即"线索"）影响］，将其与我们的内在知识联系起来，以构建我们所看到的三维视觉场景。

心理学原理认为，我们不是直接看到事物，而是通过提取能指导我们理解的线索，将这些理解投射到外部环境中。我们看待世界的方式基于我们在其中能有何行动。对我们而言，把外部世界看成延展的空间，是十分有用的——这样我们就能在其中活动了。同样地，我们也会发现其中包含了我们可以使用的物体，以及会遇到的人。人类是一种社会性很强的物种，我们特别善于看到并识别出其他人。因此，正是由于这些条件，我们的大脑收到了这样一条视觉结论：这就是我们认识的世界。

　　不是每个人都认同赫尔姆霍茨的"无意识推理"理论。对于部分人来说，感知或多或少地包括笛卡儿所描述的那种直接的映射（mapping）。环境中的图案（刺激）会引发对应的运动动作（反应）。例如，埃莉诺·吉布森（Eleanor Gibson）和理查德·沃克（Richard Walk）在 1960 年发现，人类婴儿在爬行时，若遇到视崖①（在他们面前的地面上出现了明显的视觉落差，就如同站在楼梯顶端向下看）会停止移动并退回来。埃莉诺的丈夫詹姆斯（James）将视崖现象称为"示能"②（affordance）：环境为行为提供的一种可能性。[22] 在第 5 章中，我们将会探讨大脑是否可以通过这种刺激与反应间的直接映射来运转。

　　赫尔姆霍茨和吉布森所提出的关于"视觉如何产生"的解释，可被视为一种加工过程，这种解释描述了视觉认知是如何产生于我们脑

---

① visual cliff，即视觉上的悬崖。他们铺设了一张 1.2 米高的桌子，顶部是一块透明的树脂玻璃。桌子的一半（浅滩）是用红白相间的棋牌图案组成的结实桌面；另一半的图案相同，但被放在了桌面下面的地板上（深渊）。在浅滩边上，图案垂直降到地面，虽然从上面看是直落到地上的，但实际上玻璃贯穿整个桌面。在浅滩和深渊的中间是一块 0.3 米宽的中间板。——译者注
② 也译为"功能可供性"。——译者注

中正在进行的活动的。另外一种解释（这也是我们将在第 3 章"进化"这一主题中讨论的）则是就结构而言的，它解释了人类不断进化的基因是如何赋予大脑结构的。顺着本书读下去，你会看到过程与结构的相互作用。通常对于单个特定问题而言，一种解释是主要的，另一种则是次要的。

总之，哲学和数学并不是走出洞穴的途径。心理学这条道路表明，重要的无意识并不侧重于物质世界的不变真理，却强调我们作为人类可以探索并反思的世间真理。

既然人类的社会性如此之强，那么对我们来说，最为基本的一种知识就是有关他人的知识，有关自己与他人关系的知识。我们或许可以通过直觉来了解另一个人的感受和意图，也可以通过直觉感知我们可能对他人产生的影响。如果我们遵循赫尔姆霍茨的观点，即我们的直觉来自无意识的推论，那么当然，我们也可以有意识地做出推断："她虽然这样说，却暗含着那样的意思。"推论可能是不确定的。其中一种确认的方法是与他人在谈话中进行讨论，我们将在第 6 章和第 14 章中具体谈及这一内容。

第 2 章

悲惨的盖奇

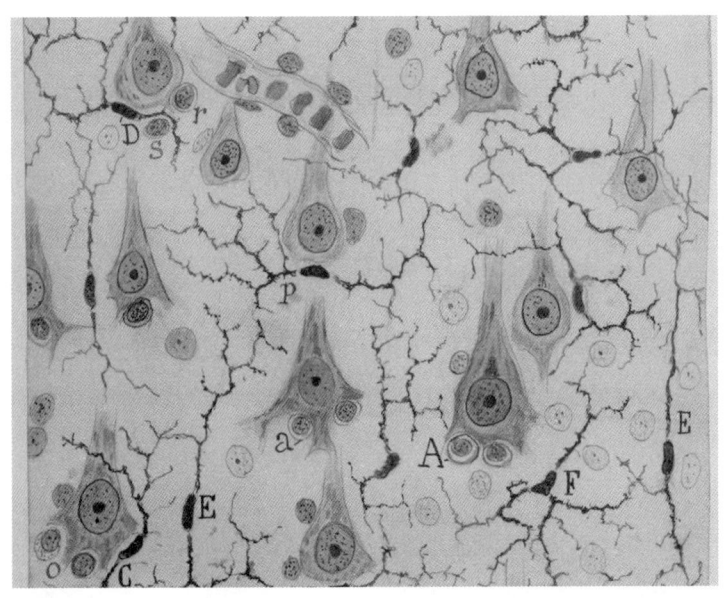

这是圣地亚哥·拉蒙-卡哈尔（Santiago Ramón y Cajal）绘制的大脑皮层细胞。体积较小而带有长突起的为神经元细胞，如图中的"E"和"F"所示；而体积较大的是胶质细胞（glial cells），如图中的"A"所示。胶质细胞负责连接和支持各种神经细胞并提供营养物质，同时有修复和吞噬等作用。

人脑中最大的部分是其外部区域——皮层。菲尼亚斯·盖奇（Phineas Gage）于1848年遭受了一次致使他大脑皮层部分受到损毁的重伤，他的生活由此彻底改变。1994年，汉娜·达马西奥（Hanna Damasio）用计算机重建了盖奇的头骨，发现损伤主要发生在他的额叶区域。她的丈夫安东尼奥·达马西奥（Antonio Damasio）发现，额叶受到同样损伤的人在与他人交流互动时会表现出功能损伤。fMRI是一项比较前沿的大脑研究技术，它可以在人们进行各种不同的体验时，监测大脑各区域的活动。

大脑的不同部位与关联

在所有科学研究的主题（包括宇宙的亚原子结构、植物和动物的物种进化以及人体细胞的生化过程等）中，了解人类的思维似乎是其中最具挑战性的。思维可被认为是人类大脑的一种正常运转。本章开头的图片展示了一些大脑神经元（神经细胞）和神经胶质细胞的形状，后者的作用是为神经元提供支持。这张图片是圣地亚哥·拉蒙-卡哈尔于1920年绘制的。

在接受《卫报》（the *Guardian*）采访时，苏珊娜·埃尔库拉诺-乌泽尔（Suzana Herculano-Houzel）表示，研究者曾认为人脑中的神经元数量约有1,000亿，而最近的一项数据显示，这一数字是860亿左右。[1] 埃尔库拉诺-乌泽尔和她的同事们对4个大脑进行研究，他们苦苦搜寻，但始终却找不到另外140亿个神经元。即便如此，860亿已是个庞大的数字：约是世界人口数量的12倍。埃尔库拉诺-乌泽尔认为，大脑之所以拥有这样数目庞大的神经元（比其他灵长类动物都要多），是因为神经元需要消耗大量的能量，而通过 150 万年前的发明——做饭，人类在进食中比其灵长类远亲动物摄入了更多的卡路里。

人们目前所辨别出的大脑组织结构有三个层次。最细微的水平是神经元的内部与细胞膜，神经元通过膜的电特性沿其突起部分（称为轴突）传递信号。随后，当信息从一个神经元传递到另一个神经元时，所发生的便不再是电反应而是化学反应。少量称为递质的化学物质被释放出来，穿过突触间的微小间隙，作用于接收神经元。

大脑组织的下一个层次是神经元本身，以及它们彼此间的连接。在这些连接处，神经元可以被激活或抑制，因此突触连接就相当于一种开关。研究者认为，平均而言，人类大脑中的每个神经元与其他神经元的连接数约有 7,000 个。因此，大脑中可能存在的开关数量大约为 860 亿乘以 7,000 个。所以，许多科学家将大脑和超级计算机进行类比也不足为奇。大脑消耗着各种影响神经激活的化学物质，它们在大脑系统中的分布并不均匀。几乎所有作用于大脑的药物——从有着久远历史被用于减少焦虑的酒精到最新研发的安眠药——都是通过改变某种（或某些）化学物质对接收神经元的影响来起作用的，也就是说它们的作用点在神经元的连接上。

在不借助显微镜而仅凭肉眼观察的解剖学层次上，人脑有三个主要区域。最内部区域包括脑干和小脑。脑干与脊髓相连，接收来自感受器的信号并发送新信号以激活肌肉，同时负责呼吸和警觉等自主神经功能。小脑的功能则涉及运动的协调。中层区域包括丘脑、杏仁核和海马。丘脑是感觉信号的中继站，杏仁核则与情绪有关，海马的功能包括记忆和对空间布局的理解。目前人类大脑最大的区域是大脑半球的外表层：皮层。皮层的后部是视觉区域。耳朵上方的皮层是身体感觉和运动区域。位于眼睛上方、皮层前部的是人类特别发达的一个区域：额叶。

想要了解大脑全部的工作方式看起来难于登天，但目前科学家们还是取得了一些进展。这是如何实现的呢？答案是将心理学与神经科学结合。19世纪中叶，一场意外事故让一位伤者的大脑部分受损，也动摇了当时人们对神经学的理解，人类因此迈出了重要的一步。那颗大脑的受损区域在皮层前部，那位伤者名叫菲尼亚斯·盖奇。

铁路事故

19世纪，人类发明了蒸汽机和火车。铁路的修建工程紧锣密鼓。在佛蒙特州的卡文迪什镇附近，一群工人正在修筑一段从拉特兰到伯灵顿的铁路。他们的领班菲尼亚斯·盖奇能力出众，讨人喜欢。

为了开路以铺架火车轨道，必须用火药炸碎露出地面的岩石。其方法是在岩石上钻一个洞并装满火药，然后插入导线。工人们先撤退到安全的地方，随后进行引爆。1848年9月13日下午4点半左右，盖奇把火药倒进了一块钻好的岩石里。他用一根铁质捣固杆将火药捣得紧紧实实，那根铁杆长1.10米，直径3.18厘米。当他捣入火药时，铁杆迸出火花，引发了爆炸。捣固杆从下方插入盖奇的左脸颊，再从他的头顶穿出。铁杆飞出后跌落在很远的地方，上面沾满了脑浆和血污。

盖奇被抛到了地上。他手下的工人——"那些爱戴盖奇的人们"——说他的四肢痉挛了一阵，但几分钟后他就能开口说话了。他们用牛车把他带到了卡文迪什的一家旅馆，并叫来了当地的医生约翰·哈洛（John Harlow）。哈洛带盖奇来到楼上的房间，把他安置在床上并包扎了伤口，随后记录下了盖奇的病例。

在人类了解自我的过程中，约翰·哈洛的工作是一个转折点。[2] 他出身纽约州北部的一个农民家庭，靠近佛蒙特州的边境。他在费城杰斐逊医学院（Jefferson Medical College）接受过医学培训。1846年，26岁的他开始在卡文迪什行医，彼时这个社区大约有1,300人。2年后，他对盖奇进行了救治，包括排出脓肿，放出约470毫升的血，因为他认为这样能减少炎症。除此之外，他的治疗是很保守的。"我没有采取什么措施延缓病情恶化，也没有干扰自然的恢复能力。自然肯定比人的技术更伟大，"他接着写道，"在事故后的第51天，盖奇又可以在街上散步了。"[3]

盖奇的伤势非常严重，由于那时还没有发明抗生素（antibiotics），他的伤口出现了感染。但盖奇奇迹般地康复了。不过这指的只是他的身体，他的思维发生了一些奇怪的变化。以前，他脾气温和，平易近人，但现在的他缺乏耐心，暴怒无常。认识他的人都说他"不再是盖奇了"。在对这个案例的描述中，哈洛写道：

> 他显得不太正常，态度很差……对他的同伴很不尊重，当有人阻止他或与他意见相左时，他便很不耐烦，有时会异常顽固，还表现出反复无常和摇摆不定，他制订了许多未来行动计划，但过不了多久就都抛在一边。[4]

此后，哈洛继续写道："盖奇有一种强壮男人所拥有的、动物般的强烈感情",并且"可以说,在他身上,人类理智与动物习性间的均势或平衡,似乎已经被摧毁了"。

尽管菲尼亚斯·盖奇以前曾是铁路建筑公司"最有效率也最有能力的领班",但他不再能够胜任以前的工作了。他将捣固杆保留了下来,并在巴纳姆马戏团进行了展示。后来,他在智利从事了8年与马匹相关的工作。在1860年,他由于健康状况不佳回到了美国,在旧金山与他的母亲和妹妹住在一起。他在那里尝试了好几份工作,但也都无法胜任。1860年5月,他在几天严重的痉挛后离开了人世。

5年后,约翰·哈洛在听闻盖奇的死讯后,说服了盖奇一家将他的遗体挖了出来。哈洛于1868年6月3日将他的论文宣读给了马萨诸塞州医学会。他说,盖奇的家人"放弃了对个人和私人情感的所有要求……为了科学的利益,欣然将这个头骨(现在向你们展示的这个)放入我的手中"。在图5中你可以看到盖奇头骨的图片,捣固杆从中穿过。

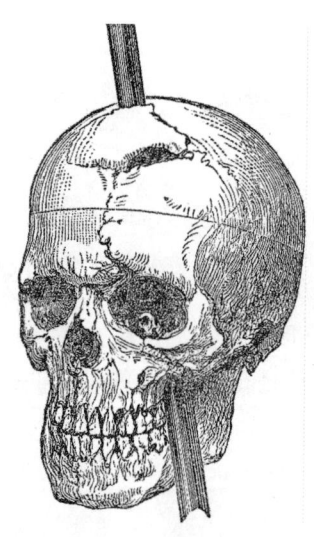

图5 图片取自约翰·哈洛的论文,这是菲尼亚斯·盖奇的头骨,以及那根穿过它的捣固铁杆。

资料来源:Harlow, J. (1869). Recovery from the passage of an iron bar through the head. Boston: David Clapp and Son, p. 21, figure 2.

我们对盖奇的了解来自哈洛公开的记录。虽然哈洛把自己形容为"一个不起眼的乡村医生",但这过于自谦了。[5] 他的医术延续了盖奇的生命。他论述脑损伤的论文,连同这篇论文的心理学影响,出现得适当其时。论文的内容广为流传,对我们理解大脑对思维、情绪和个性的影响起到了至关重要的作用。

大脑受损的后果十分严重。许多人可能都注意到了——那些曾患中风的朋友或亲戚，或许会因此发生人格突变。有时，这种变化也会缓慢进行，就像阿尔茨海默病（Alzheimer disease）一样。菲尼亚斯·盖奇这一案例的与众不同之处在于，他的脑损伤及影响都是突发且极明显的。大脑特定部位的损伤，导致盖奇的情感结构发生了变化，改变了他的性格以及与他人相处的方式。

当代盖奇

盖奇去世时没有做过尸检。人们过去一直认为，从盖奇头骨上洞的位置来看，他脑部的主要损伤可能发生在前脑后部，即额叶区域。1994 年，汉娜·达马西奥和她的同事们对盖奇的脑损伤进行了计算机重建，盖奇这个名字再次成为热点。同年，达马西奥的丈夫安东尼奥写了一本畅销书——《笛卡儿的错误》（Descartes' Error），讲述了他的一些病人的性格变化，这些患者的损伤同样出现在大脑的额叶区域。他称这些人为"当代的菲尼亚斯·盖奇"。

哈洛发现了盖奇身上出现的一些变化。通过与那些大脑完好无损的人进行对比，安东尼奥·达马西奥能够清楚解释当代盖奇身上究竟出了什么问题。他发现这些病人虽然没有智力损伤，但在两个互相关联的方面遇到了困难：他们在制订日常计划上存在困难，同时表现出情绪紊乱。这是个出人意料的发现。我们往往认为，制订计划只要有逻辑就足够了：我们如果想要达到一个目标，就会先完成这个，再完成那个，接着是其他事情。达马西奥认为，日常生活中的计划并不完全依靠逻辑，其核心在于情绪。

达马西奥有一个病人名叫埃里奥特（Eliot），他记录下了这位病人的患病经历。埃里奥特婚姻幸福，也在一家企业工作得很好。因为肿瘤，他不得不接受手术，切除了大脑的前部区域。手术成功了，但埃里奥特不再能正常工作。他无法执行日常计划，需要被提醒才会去上班，他很容易被那些与他应做的事无关的东西分散注意力，却对重要的目标视而不见。他把大量时间浪费在一些不重要的事情上。于是他被解雇了。他投资了几项新的商业计划。对于其中一个项目的合作伙伴，朋友们告诫他最好不要跟这样的人合作，而埃里奥特并不听从；项目果然以失败告终。埃里奥特亏掉了所有的钱，最终破产。他的妻子与他离了婚。后来，他不顾一些家人和朋友的反对，选择再婚，结果再次以离婚告终。

我们可以这样设想：假设你在一个大城市的地铁上，一个人坐在你旁边，车还没开过几站，他就与你攀谈了起来：

"人生积蓄对你来说重要吗？"他问道。"当然。"你回答说。

"那你存够 5 万美元了吗？"

"我不确定。"

"我可以让那笔钱翻一倍。"

"你什么意思？"

"我在互联网上办了一个新项目。6 个月内，我可以把你的那 5 万变成 10 万。"

"什么项目？"

"别担心这个，你信我就行了。"

虽然等下一班地铁是件麻烦事，但此时很多人可能会说："对不起，我到站了。很高兴认识你。"我们不会相信那些做出这种承诺的陌生人，我们担心这个人或许会突然威胁我们。或许，某种直觉会立刻出现在我们脑海里，那就是最好离这个人远一点。

但达马西奥那位叫埃里奥特的病人以及其他的"当代盖奇"，则不再拥有这种直觉。他们不知道应该信任谁。达马西奥设计了一项任务，他发现那些额叶受损的人会去冒一些巨大的风险，正常人则会选择规避。由于他们的情绪不能正常运作，他们也无法制订合理的计划。

达马西奥认为出现这种结果的主要原因在于，通常而言，在与他人互动时，我们会受到所谓的条件性情绪反应（conditioned emotional response）的影响。当危险信号出现时，或者当我们感觉到环境中的某些东西不对劲时，我们就会变得焦虑，并采取规避行为。这是我们情绪导引系统的一部分。对于埃里奥特和其他当代的菲尼亚斯·盖奇来说，这一系统失灵了。

达马西奥说，埃里奥特的异常之处不仅限于此。尽管他的智力和记忆力都很好，但他情绪的其他方面似乎不再正常运作。他似乎对那些曾将自己击溃的飞来横祸失去了概念。当他谈及他的手术、失业或离异时，他会在不表达任何痛苦、悲伤或失望的情况下复述这些事。达马西奥向他出示火光冲天的建筑物或事故中受伤人员的照片，他也没有任何反应。他的感受不悲不喜。他告诉达马西奥，手术后，他便不再被以前那些会引起强烈情绪的事件触动。很明显，脑损伤会对情绪产生不同的影响。虽然菲尼亚斯·盖奇情绪暴躁，但埃里奥特却异常平静。然而，两人的相同之处在于，他们的情绪系统都停止了正常运转。曾经的观点认为，情绪产生于大脑的低级区域，并受到诸如皮层等高级区域的抑制。[6] 而现代观点可能更接近真相，就像达马西奥所说的那样——情感才是我们本身以及人与人相互联系的核心。

达马西奥还记述了他与另一名额叶受损的病人的交流，他向患者提供了两个备选的就诊日期。他接着写道："在半个小时中，病人花了大部分时间不住地列举每一个日期合适和不合适的理由。"达马西奥忍不住无聊地敲着桌子，最终不得不让病人停下来。后来，他平静地告诉病人，就诊时间就定在第二个日期了。"好的。"病人答道。当情绪系统正常运作的人们需要做出这种决定时，则会说："我都可以，那就定在星期二吧。"这其实不是一件多么重要的事。但当情绪系统无法正常运转时，人们可能并不知道什么事情是重要的，什么不是。

蒂姆·沙利斯（Tim Shallice）和保罗·伯吉斯（Paul Burgess）对具有脑损伤的病人进行了研究，看他们实施计划的能力受到了怎样的影响。研究者把购物清单和一些钱发给 3 个智力水平正常的患者，要求他们去医院附近的购物中心购买这份清单上的东西，并按指示寻找一些特定信息。与 11 名执行相同任务的无脑损伤的常人相比，3 名患者犯错误的数量要高出 4 倍，3 名患者中还有 2 名遇到了社交问题。其中一名病人没有付钱就拿走了一份前一天的报纸，店主因此追在后面要他付钱。而他认为，既然是昨天的报纸，那就该是免费的。另一名病人则与店员发生了激烈的争吵。

我们在本章中讨论的患者并不常见，他们大脑的某些特定区域受到了损伤。平时更常见的情况是，人们在慢慢老去时，因大面积血管损伤、阿尔茨海默病或帕金森病（Parkinsonism）患上了精神疾病，那么他们身上又发生了什么样的变化呢？

大脑研究

自约翰·哈洛发表关于菲尼亚斯·盖奇的大脑损伤如何影响他情绪与性格的论文，至今已经过去了一个多世纪。我们已经不再依靠意外事故的影响来了解大脑对思维的作用了。

人们研究了对大脑的不同层次的解剖，并通过类似菲尼亚斯·盖奇的不幸案例研究了创伤的影响。人们还采用了包括电或化学物质刺激大脑的方法、来自单个神经元的神经冲动的电记录法，以及对全脑各区域的总体神经活动的记录法等诸多方法。在目前最先进的计算机化的脑部扫描记录方法中，最流行的是fMRI。它可以监测血液中氧气被吸收到特定区域的脑组织中的速率，以此表征这些区域中的神经元是否活跃。通过计算机重建，我们可以在精细的大脑图像上看到在某些特定任务过程中，或在某些情况下，哪些脑区相对来说被激活了，哪些没有。我们将在第11章讨论这种脑激活的研究。

在心理学领域，神经成像和其他基于大脑的研究方法方兴未艾，因为它们似乎比常见的心理测量有更加充分的依据，心理测量的方法往往基于人们对自己经验的报告，或仅仅是依靠对行为的观察。[7] 因此有人认为，要了解人类思维，应当借助脑科学而非心理学。但假设你是一个来自科技先进星球的外星物种，并设法从地球上购买了100部手机。对人类一无所知的你手头上只有买来的这些玩意儿，你可以用研究者研究大脑的4种方式（解剖、损伤、刺激、记录）来研究这些东西，你能从这些手机中发现什么呢？你可能会发现手机的运转需要电能，甚至可能发现手机可以收发无线电波。但是，如果不知道这些东西在社会中的用途，或不知道它们与怎样的功能概念相关，那么从某种意义上来说，你的研究难道不是徒劳吗？同理，如果没有对思维以及思维如何创造意义的心理学的理解，脑科学不就是空洞、无意义的吗？

笛卡儿说："我思故我在。"（I think therefore I am.）而达马西奥认为这句话是错误的。在他看来，我们之所以是我们本身，不是因为我们有思考的能力，它源于我们的情感以及我们与其他人的关系。雅克·潘克塞普（Jaak Panksepp）也赞同这种观点，他认为笛卡儿本应该说的是："我感故我在。"（I feel therefore I am.）[8] 正是在他们自身的情感，以及处理人际关系的能力中，菲尼亚斯·盖奇和那些当代的菲尼亚斯·盖奇才迷失了自我。

我们依赖着亲朋泛交于己于人的性情稳定、有章可循，依赖着他们的通情达理。尽管有无意识加工的影响，但我们也依赖着他们在选择自身行为和互动方式时的必要能力。当大脑发生损伤或退化时会发生什么？这些人是否仍然与我们曾认识的他们完全一样，与我们曾经可以依靠的他们别无二致？他们还是他们自己吗？

斯蒂芬妮·普雷斯顿（Stephanie Preston）、汉娜·达马西奥和安东尼奥·达马西奥以及其他同事进行了一项脑成像研究，实验要求参与者对他人的故事进行想象。[9] 当参与者与他人的境遇建立联系时，参与者的大脑激活模式和生理状态，与他们想象自己处于那种情况时的模式和状态相同。这是因为他们在试图了解他人，他们经历了共情（empathy）。若他们无法将自己与他人的故事联系起来，大脑的激活水平和生理反应就会降低。这些结果所体现的，也许正是人们体验共情的能力差异，即体验一种情绪状态的能力差异。这就是我们接下来要讨论的情绪心理学。

第 3 章
了解祖先，了解情绪

查尔斯·达尔文（Charles Darwin）31 岁时的肖像画。作者：乔治·里士满（George Richmond）。

查尔斯·达尔文提出的进化论（theory of evolution）基于三个原则："过度繁殖"［superabundance，每个物种的个体都会繁育（与实际需要相比）更多的后代作为自己的接替者]、"变异"（variation）和"自然选择"（natural selection）。同时，他也是情绪心理学的创立者。在达尔文对情绪表达研究的基础上，保罗·埃克曼（Paul Ekman）进一步研究提出：包括快乐、悲伤、愤怒和恐惧在内的几种情绪有截然不同的表达方式，它们是进化的产物，也是人类的共性。这一观点虽然存在争议，但情绪目前是心理学的核心内容。情绪通常因外物牵动内心而起，涉及思维、生理变化与行为。

查尔斯·达尔文

查尔斯·达尔文是现代生物学的创始人，也是现代心理学的创始人之一。在《物种起源》（*Origin of Species*）中，达尔文提出了自己的理论，即人类是从其他动物进化而来的。这一观点不单对心理学产生了深远的影响，也渗透到了我们思考自我的方式中。

16岁时，达尔文被送到爱丁堡大学医学院进修学习，但他常常逃课去北福斯河沿岸研究无脊椎动物。[1] 见他学业不济，绝望的父亲只好把他送到剑桥，让他好歹修得一个神学学士学位。达尔文，似乎注定要以一名乡村牧师的身份度过一生，只能把收藏甲虫当作自己的业余爱好。但在剑桥，达尔文对自然历史的研究吸引了科学家的注意。或许最重要的是，他与同为神职人员的亚当·塞奇威克（Adam Sedgwick）和约翰·亨斯洛（John Henslow）熟络了起来，前者是地质学教授，后者则是植物学教授。正是在亨斯洛的建议下，达尔文得以被任命为英国海军舰艇"小猎犬"号（HMS Beagle）的博物学家，该船计划航行近 5 年的时间以绘制南美洲的海岸线。"小猎犬"号于 1836 年回到英格兰，一年后，达尔文出版了他的第一本著作《乘小猎犬号环球航行》（*The Voyage of the Beagle*），展示了他航行期间在地质学、动植物物种及化石方面所做的科学观察。1839 年，达尔文与表姐艾玛·韦奇伍德（Emma Wedgwood）结婚，在本章的开头，你可以看到绘于他婚后不久的画像。这段长久而和睦的关系，让达尔文夫妇和他们的孩子们生活得幸福而美满。

在"小猎犬"号航行期间，达尔文一直在探索地质时期的地球是否发生过变化，如果变化的确存在，那么物种就并非一成不变，而是必须随之改变以适应新形成的环境。结果他发现，新形成的环境的确存在。例如，珊瑚礁是在地球出现之后由微生物创造的，在此之后又出现了新的物种以适应这些新的生态位①（niche）。

从达尔文的笔记里可以看到，在从"小猎犬"号的旅程中返回后，他专注于研究在航行中所做的观察。[2] 他将一组笔记取名叫《嬗变》（*Transmutation*），而那就是日后的自然选择进化论的雏形。达尔文的进化论有三个组成部分。第一个他称为"过度繁殖"。每个物种的个体都会繁育出（与实际需要相比）更多的后代作为自己的接替者。第二个他称为"变异"。个体所繁育出的后代在解剖学和行为方式上彼此不同，这些变异通过遗传传递给下一代。第三个，也是最著名的原则，便是"选择"。那些被自然选中的后代，有着与环境最适应的变异。他们得以生存下来并继续繁殖，将身上的一些变异遗传给后代。而其他那些有着不同变异的动物，由于不能适应自身所处环境，将会被淘汰。

---

① 一种生物所占生境的最小单位。——译者注

在《达尔文的危险思想》（*Darwin's Dangerous Idea*）中，丹尼尔·丹尼特（Daniel Dennett）写道，这（进化论）是人类曾有过的最好的想法。在心理学中，达尔文的理论影响着我们的思维方式。我们的心理大多都源于我们的动物祖先。这不单指我们与最相近的动物亲戚（黑猩猩和倭黑猩猩）在眼睛、耳朵和手指上有相似的解剖学特征，就连我们保护婴儿后代免受伤害这样的心理特征也遗传自我们的动物祖先。

达尔文在1838年之前就已经有了进化论自然选择的构想，但他写于1842年和1844年的论文并未公开，因为他认为自己没有足够的资格以生物学家的身份发表它们。为了在这方面提高自己的水平，他花了8年时间研究藤壶（一种小型甲壳动物）。直到1859年，距离自己产生理论构想二十多年后，他才发表了《物种起源》。

据传，一年后，伍斯特（Worcester）主教的妻子在听闻达尔文的进化论时曾这样说："天啊，人是猿类的后裔！我们真希望这不是真的，但如果它是，就让我们祈祷它不会流传开来吧。"[3] 然而事与愿违，进化论在后来广为人知。我们人类不是被特别创造出来的与众不同的生物，我们是猿类祖先的后裔。

达尔文和他的妻子艾玛对子女疼爱有加。他们的大女儿安妮在10岁时不幸夭折，夫妻二人悲痛欲绝。达尔文那不曾为进化论改变的基督教信仰，因丧女之痛而动摇。

达尔文为人谦虚，在公开场合还有些焦虑不安。他的父亲给他留下了足够的财产；即便如此，他几乎每天都工作……在家里。达尔文一家在肯特郡唐恩村的生活是充满爱意的。达尔文的儿子弗朗西斯（Francis）还能回忆起父亲对母亲的柔情。[4] 虽然达尔文不喜欢外出，但他不时会去健康水疗中心,试图治愈焦虑、胃病等各种健康问题,因为他担心这些病会通过遗传影响他的孩子。

达尔文论情绪表达

在撰写《嬗变》这套笔记的同时,达尔文也在同样热情地创作第二套笔记,其名为《思维与唯物主义》(Mind and Materialism)。这些笔记是他1872年的著作《人类和动物的表情》(The Expression of the Emotions in Man and Animals)的基础,这是人类第一次对情绪进行实质性的科学研究。书的内容基于达尔文对于动物和人类的观察。他在伦敦生活时,曾多次前去参观新成立的伦敦动物园——那里当时只对进行研究的科学家开放。

达尔文关于情绪的这本书,是最早将摄影用于科学用途的著作之一。他拍摄了自然表达情绪的人(如图6),也拍摄了根据要求刻意表达情绪的演员。达尔文也是最早将问卷当作心理学研究方法的人之一。他印刷了一系列问题,将其分发给传教士、政府官员、科学家和世界各地的各色人种,在问卷中要求他们观察不同的社会中人们的

图6 查尔斯·达尔文的著作《人类和动物的表情》中一幅少女微笑的照片。

资料来源:达尔文(1872)。《人类和动物的表情》第八章,(第二版,1890年)。伦敦:默里(Murray);图片来自书中,由基思·奥特利拍摄。

面部表情，尤其是那些不怎么接触欧洲人的居民。达尔文对其子威廉（William）在婴儿期的情感和认知发展进行了详细观察，并发表在1877年的《思维》（Mind）杂志中。这是对发展心理学最早的贡献之一。

达尔文这本关于情绪表达的著作，在某种程度上可视为《物种起源》的续作。他认为，如果我们从尚未成为人类的动物演化而来，那么对情绪表达的研究就可能对进化论产生帮助。他说："除非我们相信人类曾作为一种更低等的动物存在，否则有些表达方式几乎是无法理解的，例如极端惊恐时头发的竖起，或者在暴怒之下露出牙齿。"[5]

虽然我们由动物演变而来，但人类与动物有着明显的不同。因此，人们尽管在生理上有一些几乎无关紧要的差异，如肤色或脸型，但彼此在心理上是非常相似的。有些特征是人类独有的，我们对此十分珍视。这包括使用语言进行交流的能力，父母对子女、人们对性伴侣长期保持爱意的能力，在不能单独完成的任务中与他人合作的能力，发明和改进技术以及创作艺术的能力，创造社会和文化的能力。所有这些特点都是通过进化遗留给我们的，也是人类以外的其他物种所不具备的。

理查德·道金斯（Richard Dawkins）是当代进化领域最著名的作家。在《自私的基因》（The Selfish Gene）一书中，他提出每个基因都是自私的，因为基因的"目的"是复制自身。从这个角度来说，包括人类在内的所有动植物仅仅是基因的载体。这就解释了为什么父母和后代以及其他有亲密关系的人会（无私地）互相帮助，因为他们继承了相同的基因副本。道金斯在他的书中还介绍了模因（meme）的概念。模因是基因的文化版本，它通过成为信念体系（belief system）

的一部分来传播自己。

情绪：人类的共性

人类都有着一些其他动物所不具备的官能，它们是人类的共性。[6] 这也就是说，从 1,000 万到 600 万年前，黑猩猩和人类的祖先生活在非洲森林中开始，这些官能便在逐渐进化了。其中一部分共性形成在大约 30 万年前，现代人类出现时才被牢固地建立起来：这些独特的人类特征被传递了下来，由我们的基因编入我们的大脑。[7]

达尔文根据自己的观察结果，以及他发给世界各地观察员的问卷调查结果得出结论："世界各地的人们都表现出同样的心理状态（一种特定的情绪），并且具有显著的一致性。"[8] 这个观点非常重要。它有可能是我们能够与不同国家的人交流共事的根本原因吗？

达尔文开创了人类情绪共性的研究，而今保罗·埃克曼继往开来，在该领域中的研究成果最为突出。他与理查德·索伦森（Richard Sorenson）和华莱士·弗里森（Wallace Friesen）合作开展的一项研究，让他声名鹊起。他们从 3,000 多张照片中选择了 30 张白人男性和女性的面孔，这些面孔表达了他们所认为的 6 种纯粹而基本的情绪：快乐、恐惧、厌恶／蔑视、愤怒、惊讶与悲伤。他们向来自美国、巴西和日本这些文字社会（literate society）的参与者，以及来自新几内亚和婆罗洲岛的两个前文字社会的参与者展示了这些照片。对于每张照片，参与者需要从具有 6 种名称（对应于 6 种基本情绪）的列表中选择一个与图片相符的。对于不识字的参与者，情绪的名称则通过参与者的母语或他们熟悉的另一种语言进行口述。对于有识字能力的参与者，6种情绪的反应正确率在63%到97%，这一结果符合预期，其中对"微笑"的判断正确率最高。对于不识字的两组参与者来说，对"微笑"的判断也最为容易：各有99%及82%的人也把"微笑"称为幸福的表达。然而，正如研究人员所预期的，尽管前文字社会参与者识别其他情绪的分数高于机会水平，但却比文字社会参与者的分数低。

基于这些研究结果，埃克曼提出，人类有6种基本情绪，每种情绪都通过一种人类共有的面部表情表达。[9] 虽然有些研究人员接受了这一假设，但也有人持怀疑态度。例如，有人指出，某些表情的跨文化识别较差，同时，关于人们为何能够识别不同文化的情绪表达，也存在其他合理的假设。

在导师西尔万·汤姆金斯（Sylvan Tomkins）的建议下，埃克曼提出了一套自己的理论。他认为，人类的情绪基于某种与大脑相连的程序，是进化的产物，与其他事物有所不同，能够产生截然不同的面部表情。埃克曼说情绪是"不受约束的"，这意味着你不能期望情绪产生；它们是由事件自动触发的。[10] 他断言，每一种情绪都包含一个独特的生理变化，以及一种独特的、可识别的面部肌肉运动规律。

威廉·詹姆斯（William James）创立了著名的情绪理论，这一理论的出发点就是生理学和表情。他在1884年提出，我们所感受到的情绪，实际上就是对身体所发生的变化的感觉，即对内在的生理变化的感觉和对身体变化的内在感知。达尔文称之为表达（expression）。情绪是紧张的感觉，是流泪的感觉，也是逃离危险的感觉。詹姆斯说，如果消除这种变化的感觉，也就不存在什么情绪了。埃克曼在情绪中测量的生理变化可视为对詹姆斯理论的贡献。

人在做出表情时，牵涉到多种面部肌肉的动作，埃克曼基于肌肉的运动开发了面部动作编码系统（facial action coding system，FACS），用于识别来自静态照片或电影的面部表情。[11] 通过这个编码系统，受过训练的人能够识别出他人所表达出的情绪。例如，表达快乐的微笑需要嘴部侧面肌肉收缩，并通过眼睛两侧的肌肉挤出皱纹。如果某种微笑带有嘴部的弯曲，但没有眼睛周围的肌肉收缩（这些肌肉不受人的自主控制），那么这种微笑可能是刻意摆出来的，而不是自然的。目前，计算机系统也已能识别照片和视频中的表情，并且做得与受过表达编码训练的人一样好。[12] 这既有利于研究探索，也使用微型摄像机监控人们从事各种活动时的面部活动成为可能。

　　埃克曼以前常常通过观看政治家、专家和媒体人士在电视上讲话的节目来练习情绪识别。他会把节目调成静音以免听到他们说的话，这样也可以专注于面部表情，他认为这些无声的表情更加真实。如果你照做了，你会识别出表达友善的高兴表情。愤怒则相对困难：眉毛拉下来，眼睛瞪着，嘴唇要么闭合收紧，要么呈现方口的形状。埃克曼利用他的知识来探测谎言，他训练警察和国土安全的相关人员观察这些说谎的迹象。[13] 埃克曼在情绪研究领域达到了顶峰，这是一直以来鲜有心理学家敢想象的：电视连续剧《别对我说谎》（*Lie to Me*），就是基于他在情绪识别和谎言探测方面的成果拍摄的。[14]

什么是情绪

　　达尔文和埃克曼都较少关注人们的情绪本身，而更多地关注情绪的表达，即表情。但是，站在我们如今的生活和我们内心深处的角度看，情绪究竟是什么呢？尼科·弗里达（Nico Frijda）的解释是公认最好的一种。[15] 他提出，当认定一些事件与我们有利害关系时，我们会决定以某种方式行事，而情绪就是其间的准备状态。这种准备可能是为了接近或获取新信息，也可能是为了逃避什么。这种准备大多涉及生理变化和情绪表达，但它主要是精神层面上的，且与人的意图有关。弗里达提出，情感的作用就是将优先权——也就是冲动——赋予某种（而非另外一种）行为，例如，对于关系好的朋友我们会触碰他的手臂，而感到被侮辱时，我们会面带愠色地走出房间。

达尔文在情绪领域留下了自己的著作，为进化论提供了那个时代的证据。他提出，诸如惊骇时会竖起头发、悲伤时会流下眼泪等情绪表达是我们从动物状态进化，或从童年时期发展过程中的遗留物。达尔文假若认为自己的理论更胜一筹，则或许会觉得情绪能自行渐渐进化、产生功用，一如弗里达所解释的那样。

埃克曼及其同事提出，人类有几种相互分离的基础情绪。但这种说法引起了一些争议，人们对其提出的情绪共性产生了质疑。莉莎·巴瑞特（Lisa Barrett）、巴特加·马斯奎塔（Batja Mesquita）和玛丽亚·金德伦（Maria Gendron）认为，将情绪分为几种离散的、基础的情绪，是不正确的；另见巴瑞特2017年出版的《情绪》（*How Emotions Are Made*）一书。他们提出了一种新的模式，即情绪基于一种被称为"核心情感"（core affect）的基本系统，它建立在两个类别之上：积极或消极的感受（效价）以及激发或衰弱的程度（唤醒）。"核心情感"可以激发一系列与文化因素和个人因素相关的方法，借助这些方法我们得以思考并谈论情绪。菲利普·克拉格尔（Philip Kragel）和凯文·拉博尔（Kevin LaBar）采用模式分析的方法对脑成像结果进行分析，探究这种基于效价和唤醒的情绪概念可以在多大程度上解释情绪的大脑激活。他们得出结论，情绪在大脑中的表征方式与效价和唤醒这两个维度的概念并不完全吻合，但用离散、普遍的情绪模式却可以更好地解释实验结果。

对此，有一种理解方法是，离散状态是进化衍生出来的一系列应激准备。[16] 照这么说，通过不断进化，愉悦感可以激发准备状态，使人继续当下的所作所为，并根据需要进行调适。恐惧感则是一系列准备状态的集合，其中包括使人停止当下行为、审时度势和准备逃离。

社会性

许多心理学研究聚焦于个体，但对于情绪研究来说，这并不是个理想的方式。虽然每个人体验到的都是自己的情绪，但大多数情绪都与他人有关。

我们的社会性（sociality）可以从"情绪日记"（emotion diary）中窥见端倪，在这样的日记中，参与者需要记录他们在日常生活中体验到的情绪，并记下每个情绪的名称是什么，与什么事情相关，谁当时在场，等等。[17] 在研究中，参与者拿到了情绪日记，并记录下他们随后体验到的 4 种情绪。在这些日记的研究报告中，研究人员发现有 69% 的情绪可以从参与者的目标或关注点中预测出来。大多数情绪不是个人的，而是人际的：有 59% 的情绪经历是由他人行为引起的，而对于愤怒情绪，这一比例则为 75%。在 49 个与快乐情绪有关的经历中，有 20 个涉及触摸、拥抱或爱抚的冲动。如果你想在现实生活中看到这种情绪，那就去机场的到达大厅吧。等待和抵达的人国籍不同且年龄各异，你会看到幸福、温暖与爱情——它们洋溢在挥手、微笑与拥抱中。

剧院中的演员照着剧本（戏剧中的台词），在舞台上与其他角色建立情绪关系。日常的情绪则恰好相反。每种情绪（爱、愤怒或其他任何情绪），都是一份无字的剧本，需要人们寻找适合它的台词。[18] 在情绪的帮助下，从情绪剧本中流淌出的台词可以推动关系向前发展。

换句话说，大多数情绪都涉及其他人，而情绪本身往往也会通过共情及其他方式与他人共享。[19] 快乐是合作的情绪；它可能包含共有的计划与相同的关注点。这也解释了为什么广告中的人往往会面带微笑地看着观众。悲伤是分离的情绪，也是一种对他人帮助的寻求。愤怒这种情绪代表关系中出现了问题，因此它意味着需要与另一个人重新谈判，而另一个人可能也会感到愤怒。表达愤怒可以帮助你厘清问题。但愤怒也是冲突的情绪，有时会使你与另一个人分道扬镳。恐惧或焦虑，代表着请求他人与你共避危险。蔑视则是对另一个人或另一个群体的情绪，这种情绪否定了关系中的人道。

在体验到强烈的情绪时，我们倾向于与他人交流这种情绪。伯纳德·里梅（Bernard Rimé）及其同事要求参与者回忆某种情绪体验（实验中共有17种情绪），并询问他们是否向任何人吐露了这种情绪。从图7中可以看出，对于爱和喜悦，大约有一半的人在当天完成了与他人的分享，另一半人则在事发后的某天与他人交流。对于愤怒和恐惧，几乎所有倾诉都在情绪发生的当天完成。对于悲伤，人们在一周后依然会继续吐露心事。里梅在一篇理论和实验的综述中提到，在一项研究中，参与者被要求记录下当天对他们影响最大的事件。他们会在当天将大部分事件告知他人，而且对象通常不止一个。

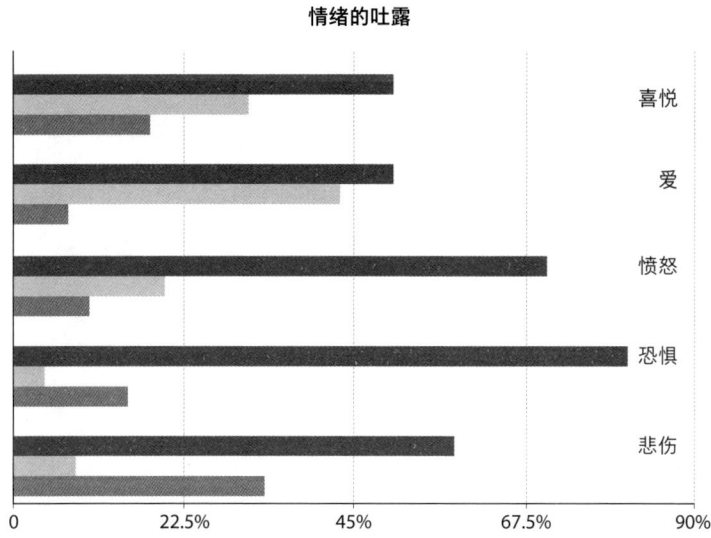

图7 伯纳德·里梅及其同事们的研究结果。人们在不同时间与其他人谈论自己过往情绪所占的百分比。每种情绪顶部的条柱代表倾诉时间为当天，中间的条柱代表时间为同一周随后的某天，底部的条柱代表时间为一周之后。

资料来源: Rimé, B., Mesquita, B., Philippot, P., & Boca, S. (1991). Beyond the emotional event: Six studies on the social sharing of emotions. *Cognition and Emotion*, 5,435–465. 图表由基思·奥特利绘制。

通过倾诉，人们可以与他人建立联系，将情绪融入人们对自我的思考和感悟中：以这种方式体验这种情绪的我是一个怎样的人？你对此有何看法？

不管达尔文对情绪表达的产生持有怎样的观点，也无论它们是否有用，情绪本身都与感知、思维的心理功能一样有用。它们处于思想和人类意义的核心。情绪的功能是发出一个信号，提醒我们一些正在发生的事情是我们所关切的，即它们具有潜在的重要意义。情绪在我们的理智中取代了其他事宜，使问题变得紧迫，让我们为某些行动做好准备。

情绪的问题在于，其本身无法告诉我们诱发情绪的事件是否重要，抑或仅仅是紧急的。例如，在感到恐惧时，危险真的就在眼前吗，抑或仅仅是可能面临危险？恐惧的情绪就像一个防盗警报。当它响起时，人们不免要思考：是真的有人试图闯入，还是某些其他原因导致警铃大作？

我们从情绪中获取线索，每个情绪通常由一个事件引发（而该事件会影响一个关注点或目标）。我们的思绪会被情绪占据。它可以成为一个有意识的对象，告诉我们事件可能意味着什么，可能出现什么结果，以及我们的意图可能与它有什么关系。我们必须判断这一事件是否既紧急又重要。

伊拉斯谟（Erasmus）是欧洲文艺复兴时期最有影响力的人物之一。书籍的普及推广日新月异，他则借此推动了文化与教育发展。他最广为流传的著作是《愚人颂》(*Praise of Folly*)。在书中，一个愚者站起来并发表了一段赞美自己的演讲，这是一件非常荒诞的事情。愚者称自己是一个女人，因此在性别上，她已经处在劣势了。虽然很多人在公共场合表现得非常严肃，但如果透过表面深入去看，人们可能就会发现有些人自豪地表现出优越性和正确性，认为其他人都是错的；同时，也有一些人希望自己成为关注的焦点，但他们基本都不愿承认这些事情；他们宁愿相信自己是理性的。愚者说，他们之所以这样做，是因为"所有人都承认情绪属于愚蠢的范畴。事实上，我们就是用这种方式将智者和傻瓜区分开来的——智者由他的理性管控，而愚者则被他的情感支配"[20]。愚者继续这样说道，的确，"情绪不仅可以为那些涌向智慧大门的人提供指引，也对践行每种美德起到了鞭策和鼓舞的作用"。

人类花了几百年才认清，情绪对心理学而言极为重要。我们现在越来越清楚地看到，在人类生活和人际关系中，情绪举足轻重。我们在上一章末讨论了"共情"，这种能力让我们得以与他人体验到同样的情绪。情绪是要分享的，无论是快乐、愤怒、悲伤，还是焦虑。这是我们认识他人并与他们融合的方式之一。

人类是一种特殊的动物：与所有物种相比，我们的社会性最强。我在序言中说过，目前我们已经发现了一些重要的原则，其中就包括一些与情绪相关的构想，例如，情绪在进化过程中得以被选择与保留，且情绪通常具有功能性——尤其体现在能让我们与他人建立联系上。通过这种方式，情绪调节着我们与他人的日常交流。[21] 长远来看，情绪也包括对与我们有冲突的人的反感，以及对与我们亲近的人的喜爱。

第 4 章
个体差异与发展

阿尔弗雷德·比奈(Alfred Binet)和泰奥多尔·西蒙(Théodore Simon)开发的儿童智力测量量表,这是其中的一道题目,要求儿童回答每对面孔中哪一个更漂亮。

阿尔弗雷德·比奈和泰奥多尔·西蒙合作开发了第一项儿童智力测验。在他们成果的影响下，让·皮亚杰（Jean Piaget）提出将心理的发展划分为不同阶段。在第一阶段中，孩子们逐渐认识到环境中的物体无论是否在视野中，都是存在的。在下一阶段中，儿童受到事物表象和外观的影响。只有到了青春期，人类才进入逻辑思考的阶段。智力测验传到了美国，人们从此开始使用多项选择测试测量智力。对于那些得分低于平均值的人，我们该怎么做呢？变异的进化过程赋予了我们不同的智力水平，而这仅仅取决于运气的好坏。站在公平的角度看，是否要让幸运儿向不幸者伸出援手呢？

智力测验

儿童智力测验的出现成了心理学的一个转折点。在20世纪初，法国通过了一项法律，规定所有6至14岁的儿童都应接受学校教育。问题是，让那些学习困难的儿童在特殊教室中接受教育是否更好。但怎样才能把这样的孩子筛选出来呢？为了解决这一问题，同时出于其他目的，阿尔弗雷德·比奈和泰奥多尔·西蒙在1908年发布了一项测试，用30道题目对儿童的智力进行测量。[1]

该测试由受过训练的人员施测。第一道题目很简单：孩子们可以用视线追踪移动的光束吗？之后的题目稍难一点，例如，命名身体的不同部位。还有更难的题目——要求孩子们说出事物之间的差异，以本章开头所展示的三对人脸卡通画为例，测试者询问孩子，各对面孔中哪一张更漂亮。随后，测试者会要求孩子们用3个单词造句，复述多组由 7 个随机数字组成的数组，以及用给定的钱币找零。

比奈和西蒙要求老师们在不同年龄段选出智力水平中等的孩子。这些孩子们参加了测验，而他们的成绩就被设定为标准水平。假设另一名儿童接受了测验，并能够完成标准水平中 7 岁儿童可以完成的所有任务，但不能完成那些年龄较大的儿童才能完成的任务，那么这名儿童的心理年龄就是 7 岁。术语"智商"（IQ）是"智力商数"（intelligence quotient）的缩写。[2] 其算法为，每名儿童所测得的心理年龄与实际年龄的比率，再乘以 100。因此，如果艾米能够完成标准水平中 9 岁儿童所能完成的任务，那她的心理年龄就是 9 岁。如果她实际上是 7 岁，她的智商将是：$9 \div 7 \times 100 = 128$。如今智商测量参照的是正常人群的智力水平，而不再涉及心理年龄的因素。智商的平均值为 100；95% 的人的智商在 70 到 130。

阿尔弗雷德·比奈于 1857 年出生在法国尼斯[3]，并于 1878 年获得法学学位，本来打算投身医学的他对心理学产生了兴趣，那时心理学还亟待发展，所以他开始了自学。1894 年，他担任了巴黎索邦大学实验心理学实验室主任。1903 年，他发表《智力的实验研究》（*Experimental Studies of Intelligence*）一书。此后不久，一位年轻的医生泰奥多尔·西蒙被比奈的研究发现所吸引，加入了他的团队。

智力测验的工作为心理学带来了一系列的新问题：人们如何以不同的方式看待世界？如何通过测验来诊断大脑的损伤？达尔文所观察到的变异无处不在，我们该如何生活在一个人与人互不相同的世界中？

比奈和西蒙提供了其中一种答案。在智力测验中得分较低的孩子在学校里需要额外的帮助，这样他们才能像其他人一样，有机会发挥自己的潜力。要想知道对于不同年龄和不同能力的儿童应该怎样教育才合适，则亟须一个理论描述儿童的发展进程。

发展阶段

让·皮亚杰提出了最有影响力的认知发展理论。[4] 1896 年，皮亚杰出生于瑞士的纳沙泰尔。[5] 他在那里成长和学习，并于纳沙泰尔大学取得了生物学博士学位。随后他前往巴黎学习了一段时间。在巴黎，他在阿尔弗雷德·比奈管理的一所学校教书，并与比奈的合作者泰奥多尔·西蒙一起学习。1921 年，皮亚杰回到瑞士日内瓦，并将职业生涯的大部分时光倾注在这里。年轻的时候，皮亚杰一直对精神分析感兴趣，但当他断定弗洛伊德的工作主要关注情绪发展时，他认为自己应当着重研究认知发展。1923 年，他与瓦伦丁娜·沙特奈（Valentine Châtenay）结婚。这对夫妇育有三个孩子——雅克利娜（Jacqueline）、吕西安娜（Lucienne）和洛朗（Laurent），他们也成了皮亚杰研究的主要参与者。

让·皮亚杰提出儿童的发展经历着不同的阶段，每个阶段都基于一种独特的理解方式：一种关于世界及其运作方式的内隐理论（implicit theory）。

首先，从出生到 2 岁这段时间，是儿童认识外部世界的"感知运动阶段"（sensory-motor stage）。在这个时候，孩子们的内隐理论是：他们对环境采取行动时，环境就会发生变化，一个物体从眼前消失后也仍存在于某个地方，所以他们可以进行寻找。皮亚杰称这个为"客体永恒性"（object permanence）。接下来，2 到 6 岁被皮亚杰称为"前运算阶段"(preoperational stage)。儿童开始通过语言和心理图像象征性地表征世界，但他们的理解取决于表面和外观。6到12岁是第三阶段，皮亚杰称之为"具体运算阶段"(stage of concrete operations)，儿童有能力进行心理操作——产生思维过程，这使他们能够对客体和行动进行结合和改变。12到19岁是第四阶段，皮亚杰称之为"形式运算阶段"(stage of formal operations)，青少年能够进行逻辑思考并开始对抽象事物产生兴趣。

皮亚杰以及同事们精心设计好问题，并向孩子们提问，以此判断他们处在哪个发展阶段。这些问题受到比奈和西蒙的工作成果的影响，但它们的目的不是判断差异，而是深入了解孩子们的思维方式。例如，向一个4岁的孩子展示两排数量相同的硬币，其中一排因为排列松散而显得长。当被问到哪一行的硬币多时，4岁的孩子倾向于回答说长的那列硬币更多。在他们的内隐理论中，长就意味着多。在这个阶段，他们不知道更好的判断方法是去数硬币。

皮亚杰发明了一项有名的测验，通过判断不同形状的玻璃杯中的水量来区分前运算阶段和具体运算阶段。在大约6岁之前，孩子会认为，高而细的玻璃杯中的水比矮而粗的玻璃杯中的水多。即使看到高细玻璃杯中的水全是从矮粗玻璃杯中倒进来的，他们也认为，高细玻璃杯中的水更多。在那个阶段，他们并不认为"没有水洒出来，就说明水量应当是相等的"。教育界的一些人士不免会问：什么样的教学能让孩子们更快地进入下一阶段？皮亚杰却认为，让孩子探索当前他们所处理论阶段的含义才对他们的发展更有裨益。皮亚杰的一些测验非常知名，例如刚才讲到的液体守恒测验；他开发的一些任务也对智力测量产生了影响。

成人测验与优生学

心理测量的开创者并不是比奈和西蒙，而是查尔斯·达尔文的表弟弗朗西斯·高尔顿（Francis Galton）。1884 年，高尔顿在伦敦国际健康展览会上建立了他所谓的人体测量实验室。人们支付 3 便士就可以进行测试，并得到一份测验结果。高尔顿采集了 9,000 人的数据，每人进行 17 项测量，包括视敏度、色觉、听觉、触觉、肺活量、拉力、挤压力、站姿、坐姿身高以及体重。

高尔顿的研究基于达尔文变异的观点，但他的研究踏上了一个新的方向；对此，达尔文恐怕是不会赞同的。高尔顿热衷于让人类变得更好，他的想法是使用选择性生育（selective breeding）来增加某些变异（较好的人）的比例，并减少其他变异（较差的人）的比例。为此，1904 年，高尔顿描述了他发明的一个概念：优生学（eugenics）。

比奈和西蒙的测验传到了美国，被翻译成英语并修订为斯坦福-比奈测验（Stanford-Binet test）。许多修订此测验的人都致力于用智力测验来推动优生学。在这片崭新的土地上，人们开发出了新的测验方式，测验人员不再需要与每个孩子一起合作完成测验。[6] 一种被称为多项选择的调查问卷进入了人们的视野。这类问卷可以很轻易地对包括成年人在内的大量人员施测。利奥·卡明（Leo Kamin）在《智商的科学与政治》(Science and Politics of IQ) 中就举了这样的一个例子。美国在加入第一次世界大战时，对军队招募的约 200 万名军人实施了一项名为"陆军甲种测验"（Army Alpha Test）的多项选择问卷测验，并给出了从 A 到 E 的评级。A 代表军官，B 代表非委任军官，C 代表二等兵，D 代表那些学习速度缓慢的普通士兵。那些再低半级被定为 D⁻ 的人，则勉强适合服兵役；E 则代表不具备服兵役的资格。尽管这项测验来得太晚，以至于没有对当时的军队政策产生任何实质性影响，但随后对结果的分析却着实震惊了测验人员。

来自美国本土和北欧移民（选定的北欧种族）的新兵在"陆军甲种测验"中的平均得分最高；而从俄国、波兰和意大利移民来的新兵，大多数评级在 D 或以下。对于优生政策来说，这一结果似乎有着至关重要的含义。相应的政策建议是应减少来自南欧和东欧的移民。这种态度与艾玛·拉扎勒斯（Emma Lazarus）在 1903 年（仅仅 20 年前）刻在自由女神像的基座上的诗所表达出来的完全不同。

> 给我吧，你那疲敝的、贫贱的百姓，
> 你那蜷缩着的、渴望自由呼吸的众生，
> 那悲惨的、拥挤在海岸上的人们。
> 把这些无家可归、颠沛的流民都给我吧。
> 我将灯盏高举，在金门伫立相迎！

卡明在书中提到了理论家哈里·劳克林（Harry Laughlin），他对 D⁻ 组的人的评论是"监督成本大于劳动价值"[7]，他也提到了 1923 年亚瑟·斯威尼（Arthur Sweeney）是如何为美国众议院移民委员会撰写附录的，其中一部分包括以下内容：

> D⁻ 组的人不能升到第二级以上……我们将堕落到斯拉夫和拉丁种族的水平……贫困、犯罪、性侵和对政府的过分依赖……被几乎不比牛聪明的大脑指挥着……我们必须保护自己免受这些退

化人伤害。⁸

1924年，美国国会通过了一项法律，限制南欧和东欧国家进一步移民。正如卡明所说："这项看似由心理测试科学牢固支撑着的法律，导致了数十万人的死亡，他们都沦为纳粹生物理论家的受害者。"⁹

智力与遗传特征

早期的美国情报测试员未能考虑参加"陆军甲种测验"的移民新兵在美国生活了多长时间。如果将这一因素纳入考量，他们就会发现：受测者在这次测验中的得分与他们在说英语的国家生活的时长密切相关——这项测试是用英语编写的。来自英国和爱尔兰的移民通晓英语，但来自波兰和意大利的大多数移民却并非如此。此外，如果再想一想，测验人员或许也能发现，对"陆军甲种测验"中问题的作答还涉及遗传以外的因素，例如其中一道题目问及奥夫兰多（Overland）汽车的制造地在哪里。备选项包括托莱多、布法罗、底特律和弗林特。（正确答案是托莱多。）

许多早期的测验人员并非试图以科学的方式回答问题，而是在想方设法证实他们已知的东西。当斯坦福-比奈测试开始标准化①时，出现了性别差异问题。刘易斯·推孟（Lewis Terman）和莫德·梅里尔（Maud Merrill）这样说："由于存在潜在的不公，几项最具性别差异的测验在早期被删除了。在保留下来的测验中，有相当一部分依然

---

① 心理测量中为控制误差，建立标准和常模，统一施测与记分程序而得到可靠结果的过程。——编者注

存在着统计意义上的显著性别差异,即男性与女性做对题目的百分比不同。"[10]

测验者在测量智商时发现,女孩的平均成绩高于男孩。在当时以男性为主导的社会中,测验者认为这不可能是真的。他们的解决方案是对一些题目进行改动,使得女孩和男孩的平均得分相当。后来的测试结果显示,黑人儿童的平均智商分数低于白人儿童时,他们却认为这个结果是真实的。在1986年修订的斯坦福-比奈测验中,测验者重新编制题目以尽量减少性别和种族的差异,并对此进行了解释。

1994年,心理学家理查德·赫恩斯坦(Richard Herrnstein)和政治学家查尔斯·默里(Charles Murray)出版了《钟形曲线》(*The Bell Curve*)一书,他们认为智商与收入、工作表现和犯罪等一系列个人因素存在相关。[11] 他们虽并未宣称所有这些个人因素都与遗传有关,但的确将种族问题牵涉其中,这引起了民众的一片哗然。斯蒂芬·古尔德(Stephen Gould)在《纽约客》(*New Yorker*)杂志中发表了对这本书的评论,他指出:"作者忽略事实,滥用统计方法,似乎不愿承认自己言论引发的后果。"相关的争议一直持续到今天。

当代许多智力研究都将同卵双胞胎和异卵双胞胎的成绩进行成对比较。罗伯特·普洛明(Robert Plomin)和弗兰克·施皮纳特(Frank Spinath)的研究结果表明,到成年时,同卵双胞胎(他们共享100%的基因)IQ之间的相关性约为0.8,而异卵双胞胎(他们共享50%的基因)IQ之间的相关性大约是0.4。这意味着在智商方面存在重要的遗传因素。现代研究表明,单个基因对诸如学习能力和成功能力等心理功能的影响很小。[12] 那些显著的影响为大量基因共同作用所致。

对双胞胎智商的研究作为一个例证，支持了达尔文的观点，即不仅生理特征可以被遗传，心理特征也是如此。智商可以很容易地预测一个人在中小学、大学及就业方面的表现。它甚至在一定程度上有助于预测一个人有多大可能扼住生命的咽喉，抵抗时运的捉弄与折磨，不因此而突然陷入情绪紊乱。但作为一个预测指标，它绝不是准确的。芸芸众生，每个人都有千百个机会，或抓住，或失去，这比几个代表智商的单薄数字要有力得多。

我们现在认识到，人类不能接受某个群体的成员有能力行使遏制其他群体生存机会的权力。拥有何种父母，具有何种能力，这些皆是机遇问题。它们是难以预料的，也可能是不公平的。

在本书中，我们将讨论认知科学为我们提供的一些答案。也许比答案更重要的是问题。其中一个问题在于：社会中各不相同的个人能力与公平有怎样的关联？

1972年，约翰·罗尔斯（John Rawls）提出，我们所谓的正义应包括减少不公平的根源。他提出了他所谓的"原始状态"（original position）的观点。在这一状态中，我们假想自己在出生之前，就"我们想要出生在一个怎样的社会中"这一问题，参与了一场多人讨论。参加讨论时，我们还并不知道自己的性别是男是女，所出生的家庭是富裕还是贫穷，也并不知道自己将生于哪个种族，将来会变得机智聪明抑或糊涂愚笨。罗尔斯认为，在所有可能的结果中，我们会选择这样一种社会——身处其中的我们就算没有选择的自由，只是恰好具备了某些能力，也应有机会培养发展它们；但同时，我们如果获得了相对优渥的人生机遇与能力，并因此获得了更多的资源，就应当捐献出一部分为他人（那些不似我们般幸运的人）谋福祉。当然，并非所有社会都渴望公平，但我们可以问的是，那些渴望公平的社会该如何推行政策，以求实现那样的理想信条呢？

第二部分

学习、语言、思想
Learning, Language, Thinking

第 5 章
刺激与反应

伊万·巴甫洛夫（Ivan Pavlov）研究中的狗，在图中可以看到用于收集唾液的容器。

在俄国，伊万·巴甫洛夫发现了条件反射（conditioning）。在美国，约翰·华生（John Watson）提出心理学应当是一种行为的科学；他随后投身于广告业，其工作并不是为消费者提供信息，而是用刺激诱使他们消费。B. F. 斯金纳（B. F. Skinner）进一步发展了行为主义。他设计了斯金纳箱（Skinner box），当里面的老鼠或鸽子做出某种行为后，他会给它们施加喂食等强化（reinforcement），它们随后做出这种行为的可能性便会增加。人类是否就像行为主义者描述的那样，与狗、老鼠和鸽子别无二致？抑或我们有思维，能够做出属于自己的决定？

条件反射

你可能很难想象，一位俄国生理学家在狗身上进行的消化实验，是人类第一次找到一种既简单又有效的方法来研究学习机制。这位研究者就是伊万·巴甫洛夫。正如本章开头照片所拍摄的场景一样，他对狗进行了手术，将唾液腺的输送管从嘴的内部移到了外部，并接上了一根导管。这样一来，人们便可直接观察和测量狗分泌的唾液。

巴甫洛夫发现，唾液分泌并非发生在食物进到狗嘴里时，而是在狗一看到食物时。这种有效的机制保证了唾液中的消化液在食物进到嘴里时马上开始工作，消化液对消化而言十分重要。巴甫洛夫最著名的发现是，在让狗看到食物的同时摇响铃铛，重复几次后，在没见到食物而只听到铃响的情况下，狗也会分泌唾液。这说明，在"看到食物进而分泌唾液"这一原始反射中，有一个习得的新反射被植入了。

笛卡儿在描述神经系统如何产生反射时，第一次使用了术语"刺激"和"反应"，巴甫洛夫的发现让这两个词进入了心理学领域。在今天，许多心理学家用"刺激"来指代一系列能够影响神经系统的感觉事件，用"反应"来指代特定情况下肌肉或腺体的动作。

巴甫洛夫的狗习得了铃声的含义——食物就要来了，这种学习被称作"条件反射"(conditioning)。新刺激(铃声)被称作"条件刺激"。狗习得的是环境中的某种事件预示着重要的事情即将发生。其背后的原理在于,神经系统进行了重组,这使得其对刺激信号产生了特定的反应。自巴甫洛夫的研究至今,人们进行了大量的研究来了解在不同的条件反射过程中,神经系统会随之发生的变化。

1849年,伊万·巴甫洛夫出生在莫斯科东南400千米的小镇梁赞。[1] 他的父亲是一位牧师,煞费苦心地让他的儿子对学习产生热爱。年轻的时候,巴甫洛夫也受到他的教父——一位在附近以生活简朴、恪忠职守而闻名的修道院院长——的强烈影响,他似乎也继承了其教父的这些美德——他对自己的工作有着超凡的投入。起初,巴甫洛夫研究神学,但他后来开始相信科学,并学习了生理学。1881年,他与萨拉(Sara,全名为Seraphima Karchevskaya)结婚。他们早年生活十分艰难,几乎身无分文。萨拉的第一次怀孕以流产告终,而他们第一个降生的孩子也在很小的时候就夭折了,幸而随后的三个孩子平安长大成人。1890年,巴甫洛夫被邀请到圣彼得堡实验医学研究所的生理学系进行指导,他的职业生涯自此开始蓬勃发展,但要说他对心理学真正产生兴趣,还得从10年后50岁的他发现了条件反射开始算起。1904年,他被授予了诺贝尔生理学或医学奖。

华生与行为主义

伊万·巴甫洛夫奠定了行为主义的基础。在行为主义的下一阶段中,我们将把目光从俄罗斯的圣彼得堡移到美国马里兰州的巴尔的摩。在这里,一位名叫约翰·华生的心理学家成了主角。[2]

华生的研究也十分具有影响力，且与巴甫洛夫的工作（他当时似乎对此没有任何了解）干系不大。1913年，华生为著名的期刊《心理学评论》(*Psychological Review*)撰写了一篇文章，题为《行为学家眼中的心理学》("Psychology as the Behaviorist Views It")。在文章中，他阐述了三个观点。第一，他认为当时的心理学已经迷失了方向。以意识为主要研究课题，以内省为主要研究方法的心理学在近50年来没有得出任何有重要意义的结果。第二，心理学应该使用可观察的行为数据来替代内省法。采用这种正确的方法，对人类的研究将与对动物的研究一样客观。事实上，他认为从心理学的角度来看，人类就应该被视为动物。第三，通过观察和行为分析，心理学可以跻身于科学的行列。

在威廉·冯特建立心理学实验之后，遵循着冯特提出的原则——心理学应该成为一门科学，行为主义者倾向于将物理学当作他们的模板。与诸如引力理论、牛顿的运动定律之类的定律一样，他们认为心理学也应该有自己的理论和规律。

时至今日，华生在他的文章中强调的那三点依然影响深远。大多数心理学家现在仍将内省法视为一个次要的兴趣点。许多人认为行为以及生理观察构成了心理学数据的主体。大多数人仍然盼望着心理学成为一门科学。

行为主义者认为，寻找心理定律的最佳领域是学习。巴甫洛夫发现了学习的条件反射，这被视为一种基本的机制。更进一步地，人们认为，人类的特征并不是低等动物所拥有的那些本能，而是比那些动物更强的学习能力。与低等的动物不同，我们学到的东西能指导我们的生活。行为主义者们坚信，我们如果能够弄清楚基本的学习方式是如何产生的，就能了解这些过程是如何在人类身上得到进一步精进的。这将揭示我们成功的秘诀，促使我们解决人类身上出现的问题，有助于我们更上一层楼。

1919年，19岁的学生罗莎莉·瑞娜（Rosalie Rayner）成为华生的研究助理。华生与她合作，对一名11个月大的男孩进行了一次著名的实验，该男孩后来以"小艾伯特"（Little Albert）这个名字为人所熟知。

小艾伯特对一只友善的白鼠感到好奇。在实验中，当这个小男孩把手伸向白鼠时，华生用锤子猛地敲打铁棒，这让孩子受到了惊吓。小艾伯特抽回了手，啜泣了起来。在接下来的几个星期里，华生和瑞娜多次拿这只白鼠给艾伯特看，每当他试图伸手摸白鼠时，研究者就敲击铁棒发出巨大的声音。时间久了，小艾伯特就不再伸手触摸白鼠了。当然，在那时候，还没有道德审查来考量实验在道德上是否可被接受。

由华生和瑞娜主持、小艾伯特参与的实验于1920年发表，从此开启了美国人对于学习（作为一种条件反射）的研究。他们称小艾伯特对白鼠的行为改变是一种条件反射的情绪反应。从那时起，他们开始对儿童发育过程中的条件反射，以及这会如何塑造他们的行为产生了兴趣。他们还发现条件反射的情绪反应可能是焦虑症的起因。这种方式可能引发长期焦虑，在今天该观点仍是行为疗法和认知行为疗法的核心。

1920年是约翰·华生因研究的出版而声名鹊起的一年，也是他的学术生涯结束的一年。他与罗莎莉·瑞娜互生情愫。华生的妻子玛丽（Mary）发现了他和罗莎莉之间的信件，并把信交给了约翰·霍普金斯大学的校长，后者把华生叫来要求他当场辞职。尽管华生在心理学方面有极大的影响力，但他再也没能得到另一个大学的职位。华生在他的畅销书《行为主义》（*Behaviorism*）中描述"反应"这一概念时写道："在性兴奋的驱使下，男性会不遗余力地追求心仪的女性。"[3] 在1920年底，玛丽和约翰·华生离婚；1921年初，罗莎莉·瑞娜成为华生的第二任夫人。有了新的妻子，华生也需要一份新的工作。他在智威汤逊公司（J. Walter Thompson Company）找到了一席之地，在那里从事广告工作直到1935年。

华生负责将心理学引入广告业务。正如大卫·科恩（David Cohen）所说："华生……改变了美国广告业的中心点。那些潜在的买家就像是一种机器——提供正确的刺激，买家就会相应地做出正确的反应，把手伸进口袋——掏钱。"[4]

华生机敏且善于创造，他将广告视为一种进行新型学习实验的机会。这种学习需要选择刺激，目的是诱发特定的反应。麦斯威尔咖啡就是一个成功的案例。科恩描述了华生是如何"下定决心，吸引那些自命精于品位的消费者"的。[5] 在华生的指导下，麦斯威尔的广告描绘了辉煌的历史场景。在上流社会的舞会上，管家的托盘上端来了什么？麦斯威尔咖啡。在雅致的南方豪宅中，靓丽女性也要喝麦斯威尔咖啡。科恩也谈到了在1928年，《纽约客》是如何评论华生"让家庭主妇和上班族条件反射式地陷入各种对咖啡的偏爱之中"的。此外，科恩还提到：

> 这个广告不是在推销一款饮料，而是在兜售一个美梦……喝麦斯威尔，进入一个卓越而优雅、华美而富有魅力的世界。抿一

口麦斯威尔，做一个美梦。⁶

华生的第三个职业身份是畅销书作家。在《行为主义》中，华生描述了他在小艾伯特身上进行的实验，并介绍了一系列关于儿童的其他实验，以此展示如何通过他所谓的"重建条件反射"（reconditioning）或"无条件反射"（unconditioning）的方法来消除恐惧。这或许是行为疗法的第一个例子。

作为一名畅销作家，华生是成功的，原因是他说话直言不讳，而且其观点往往与人们已有的信念背道而驰。他成了儿童保育界的一名权威，认为太多的母爱对孩子来说有害无益。他说，父母的生活常常缺少一些东西。他们亲吻孩子、溺爱孩子，而这主要是为了他们的自我满足。这样做的结果是让孩子们彻底地形成依赖，也注定了他们在成年期会患上神经症。他建议父母把孩子视为实验对象，并找出能使孩子们按照父母意愿学习东西的动因，不管学的是什么。当然，所有这些观点和言论都吸引了众目，但也不免触犯了众怒。

斯金纳和他的箱子

在20世纪中叶，如果翻开一本美国的心理学教科书，你可能会读到这样的句子："心理学是行为的科学。"对于这种观点的形成，斯金纳有着重要的影响。他对行为主义的推动过于有效，以至于人们可能会认为行为主义就是心理学的全部。⁷

斯金纳的贡献之一是斯金纳箱的发明：笼子里的老鼠或鸽子可以因一些特定的行为而获得奖励。为老鼠设计的斯金纳箱中有一个食物漏斗，食物颗粒可以被送至食物漏斗中。箱内有一个杠杆，被老鼠按下后，就会有一粒食物被送出。当一只饥饿的老鼠第一次被放入盒内时，它往往会四处瞎转，嗅嗅这里，爬爬那里，直到不经意地踩在杠杆上。接着，伴随着"咔嗒"一声，一粒食物落入漏斗中。老鼠发现并吃掉了食物，然后它往往会在食物漏斗周围转悠，又在盒子四周徘徊一阵子，直到不小心再次踩到杠杆上。又是"咔嗒"一声，它得到了另一粒食物。如果仔细观察这一过程，你会看到老鼠在杠杆附近花费的时间越来越多，它在食物漏斗四周嗅着，再回到杠杆附近，可能又会爬上杠杆，接着，我们听到另一声"咔嗒"——它又吃到了一粒食物。老鼠开始在杠杆和食物漏斗之间往返，取食变得更有效率了——它按下杠杆，爬向漏斗进食，接着再次按压，再进食。这样一来，老鼠便通过按压获得了稳定的食物颗粒来源。然后你可以对自己说："现在，老鼠明白要怎么做才能弄到食物了。"

但根据斯金纳的说法，你这样回答就错了。基于他的行为主义，他禁止人们将任何事情与目标和意图（idea）扯上关系。所以正确的回答方法是描述观察到的行为。所以你可以说老鼠的行为被塑造成了按压杠杆。你可以对每个食物颗粒被送到食物漏斗中的过程进行描述。但是，你不应称之为"奖励"，而应称之为"正强化"（positive reinforcement）。如果你选了斯金纳教授的课，在考试时写的是"奖励"而不是"正强化"，那你就不会得到正强化。也就是说，你会被扣分。

最重要的是，根据斯金纳的心理学，你应当描述反应和强化之间的关系。所以，你可以这样说："老鼠在接受强化的程式（schedule），即当它按下杠杆时就会得到食物颗粒。"巴甫洛夫的学习后来被称为

"经典条件反射"（classical conditioning），而斯金纳称他的学习方式为"操作性条件反射"（operant conditioning）——"操作"是指对环境进行操作。在巴甫洛夫的实验中，动物对成对出现的信号以及重要事件进行反应，在"操作性条件反射"中则不同，有机体必须做出操作性反应。实验者选择某种反应给予正强化，而做出这种反应的概率的不断增长，便意味着"学习"的发生。

斯金纳指出，他的构想"由强化选出的操作"与达尔文的"由可遗传变异实现的进化"，极为相似。这可谓一个高招。如果说自然选择使物种能够跨代进化，那么强化学习也可以使个体在一代人内进化。由此，斯金纳将他正强化的观点（有机体针对环境偶然性对自身进行塑造）提升到了一个宏观层面。他坚持认为自己的研究属于正规科学（Science 这个单词里有一个大写字母"S"），而且往往会贬低其他心理学家的工作。

就那些上学和接受治疗的发育迟缓（或紊乱）儿童而言，"通过正强化来塑造儿童行为"的原则显得尤为重要。一方面，惩罚（在反应出现后给予一些痛苦的事件）确实减少了这种反应的可能性；另一方面，延迟的惩罚并不会奏效，更重要的是，斯金纳发现惩罚往往会扰乱行为，所以他认为应尽量避免惩罚。如果孩子做出了不适宜的反应，大人可以不进行惩罚，而是让他们停止活动，进入休息区。我们可以将其与斯金纳箱中的老鼠进行类比，在暂停期间，按压杠杆输送食物的机制被关闭了。类似地，儿童也不会得到任何回应。过后，教师或治疗师会等到孩子做了"好事"时给予正强化——例如赞美之词或孩子有动力获得的其他东西。

有些基于斯金纳观点的原则已经派上了用场。例如，如果父母希望他们的宝宝晚上自己睡觉，那么坚持"不对上床后哭泣的婴儿有所反应"这一原则就是至关重要的。如果晚上父母让婴儿上床睡觉，随后离开房间，孩子可能会哭。苦于哭闹，父母往往会回到婴儿的房间，然后拥抱并抚慰他，直到他停止哭泣，也许父母会将孩子带到床上。在这种情况下，孩子学到的是哭泣被强化；当父母放下孩子让他们自己睡，孩子会哭闹得更凶。在这种情况下，许多父母都会感到绝望。解决的办法是停止对哭泣行为的强化。听着自己的孩子叫喊30分钟，这着实令父母痛苦，而这在婴儿不得不自己睡觉的第一个晚上是可能发生的。但如果把孩子留在那里不去强化，他在哭泣后可能就会入睡。第二天晚上，他可能会哭20分钟。之后的晚上，他可能只哭5分钟。再往后的晚上，他可能就不再哭泣并直接入睡了。如果不用斯金纳的术语来描述行为，我们可能会说，通过这种方式，孩子找到了能安抚自己的东西并进入了睡眠状态。

斯金纳尽管在专业领域取得了巨大的成功，但也招致了敌意。其中一个被攻击的对象是他给小女儿黛博拉（Deborah）使用的可控温、舒适且有床垫的婴儿床。斯金纳称之为"空中摇篮"（baby tender）。他构想，摇篮中的婴儿处于完全安全的环境中，没有厌恶刺激。宝宝哭泣这种反应也不会得到强化。斯金纳认为他的发明是为母亲节省劳动的装置。1945年，他在《女士之家》（Ladies' Home Journal）上发表了一篇关于这项发明的文章。他写道，该设备为母亲提供了更好的条件，以便她们安排小憩和喂食，在这个摇篮里，婴儿会更加活跃，母亲可以更自由地关爱孩子，因为孩子们更快乐了，也更可爱了。文章没有建议把孩子一直放在"空中摇篮"中。这个摇篮的功能与人们自20世纪初以来一直在使用的幼儿玩耍护栏并没有太大的不同。但

《女士之家》的一位编辑，或许想要暗示斯金纳有点古怪疯狂，并给他的文章取题为《箱子中的婴儿》（"Baby in a Box"）。[8] 这是斯金纳发明的第二个箱子，因为有些人以为他在斯金纳箱里对他的孩子进行实验，批评随之铺天盖地而来。2004年，劳伦·斯莱特（Lauren Slater）出版了一本名为《打开斯金纳的箱子》（Opening Skinner's Box）的书，其中讲述了这一传闻，黛博拉因此遭受了无可挽回的伤害。这本书出版时，黛博拉已成为一名艺术家，在伦敦结婚生活，她碰巧读了一篇相关评论，并给《卫报》写了一篇文章，解释说当时没有进行任何实验，也不存在任何不良影响。对两个女儿来说，斯金纳显然是个善良的父亲。

斯金纳对传统思维的最大挑战是他提出思维和自由意志（free will）都是错误的、危险的。他指出，我们人类不断地相互攻伐，而社会不平等现象无处不在。"个体是自主生物"这一结论并没有带来幸福和管理良好的社会，也没有引起多少人类对环境的关注。斯金纳认为，我们应该做的就是以更简单的方式生活，就像他在小说《瓦尔登湖第二》（Walden Two）中所描述的那样。他提议人们精心设计环境，以确保不断得到正强化。

有人可能会说，斯金纳并不是一位在管理人和社会方面做出了惊人发现及挑战性宣言的创新者。有人会说，这不过是环境的一系列偶然性强化了这个名为斯金纳的生物体的某些反应。但那些说法并不公平。

1971年，斯金纳登上了《时代周刊》（Time Magazine）的封面。或许，在那一年他的影响力达到了巅峰。时至今日，斯金纳的工作还有什么持续的影响吗？他或许并没有成功说服我们放弃对自己的生活做出决定。但行为主义的影响仍在延续，其中，通过强化进行学习的原则已成为心理学语言的一部分，它的对象包括大鼠、鸽子，甚至人类。如今，心理学家们也还在讨论"奖励"，以及更进一步的——人是否能在实现目标的过程中体验到乐趣。这一问题对人们理解某种现象（诸如成瘾）至关重要。学校的教师和儿童的治疗专家已能做到正确地对惩罚保持警惕，并思考当儿童获得成功，或表现出对他人的善意和体谅时，自己该如何对此类行为和儿童的学习提供正强化。

斯金纳究竟发现了什么呢？实际上，他发现学习通常经由正强化实现，并且刺激和反应之间的学习联系由两方面因素决定——偶然性以及反应是否被环境中的某些事件强化。他也证明了，如果每种特定类型的反应——老鼠在斯金纳箱里按压杠杆，或一个孩子在学校里正确回答了老师的问题——得到了正强化，且强化的程式是连续的，这种反应出现的概率就会增加。如果正强化终止，那么一段时间后，反应将不再出现——反应的概率被降低了。可不要认为老鼠或孩子"可能已经放弃了"。我们应当说反应已经消退（extinguish）了。如果正强化重新建立，重新学习的速度就会比初次学习更快。如果反应仅是间歇性地得到正强化，这种程式则被称为"部分强化"（partial reinforcement）。此时，反应变得比接受连续强化时更迅速。此外，停止强化时，消退现象会更迟出现。负强化（negative reinforcement）是指去除厌恶刺激。就学习而言，厌恶刺激（通常被称为"惩罚"）的使用是不可靠且应该予以避免的，因为它不仅扰乱了行为，并且泛化[①]（generalization）范围很广。上述列举不一而足，但可说约涵盖了

[①] 指条件反射建立初期，不仅原条件刺激本身，且与其相类似的一系列刺激也能引起条件反射的现象。——编者注

斯金纳行为主义的原则及成果的 70%。

支持斯金纳学说的行为主义者认为,在人类感知、学习、情感、发展和想象过程中,860 亿个神经元的运转情况可被总结成我们前文描述的那样。有些强化过程固然很重要,例如与特殊教育和行为疗法相关的。但行为主义作为一种运动却让心理学失去了意义。它看起来近乎一种疾病。正如下一章所讨论的那样,对这种疾病的治疗方法取自一个不可思议的来源——语言学。但是在更远的未来中,正如我们将在第 8 章中看到的那样,一种框架与斯金纳学说近乎相同的学习过程会在人工智能中卷土重来。

第 6 章
语　言

诺姆·乔姆斯基（Noam Chomsky），1977 年。

诺姆·乔姆斯基提出，语言的基础并不是强化学习，这一极具影响力的假设开创了一场"认知革命"。他提出了深层结构和内在语法规则等构想，后者作为所有语言的基础，使人们得以学习社交群体的语言，并将深层结构转化为口头和书面语言。凯瑟琳·尼尔森（Katherine Nelson）发现，婴儿学说话时，会以某种基于语法结构的方式进行交流，这种语法结构与乔姆斯基的构想有所关联，但二者也有一些重要的不同。

思维的深层结构

1959年，一篇对斯金纳《言语行为》（*Verbal Behavior*）的书评成了行为主义影响力的转折点。[1] 这位评论者是诺姆·乔姆斯基，你可以在本章的开头看到他的照片。

在写这篇评论之前，乔姆斯基主要根据他的博士论文撰写了一些专业作品，如他于两年前完成的《句法结构》（*Syntactic Structures*）一书。在《句法结构》中，乔姆斯基认为语法及其原理可以独立于词语与概念的关系来理解。他提出了一个论点：句子可以是符合语法而没有任何意义的。例如以下这些句子：

无色的绿色想法暴怒地睡觉。
暴怒地睡觉想法绿色无色的。

这两句都是无意义的句子，但第一个句子是符合语法的。借助这些论据，乔姆斯基进一步提出，思维包含着我们无法有意识接触的内部结构（inner structure），但它们是人类使用语言的基础。

在《言语行为》一书中，斯金纳认为语言是通过刺激、反应和强化的原则来学习的。诺姆·乔姆斯基在对该书的评论中写道，很难看出这种观点提供了什么深刻见解。他认为，"语言受刺激控制"这一概念，意味着人们在聆听一段音乐后可能反应说"莫扎特"，或在欣赏一幅画后反应说"荷兰画派"。斯金纳会说，这种言语反应是音乐的微妙属性或视觉刺激造成的。但是乔姆斯基认为，如果有人针对这幅画说"它与壁纸不协调"呢？斯金纳只能解释说，这种反应也源于刺激的属性——"壁纸失调性"。乔姆斯基说："语言系统简单明了，其中好似空无一物。"语言由"刺激"控制的想法缺乏客观性。

对行为主义者来说，若要反驳乔姆斯基的论点，一个困难之处就在于，在他们的思想系统中，对于以内在结构为基础的思维，他们只能回应为：不感兴趣。对行为主义者来说，思维是不必要的。但有许多人对内心活动和思维的运转感兴趣。乔姆斯基的观点很有影响力，并以此将认知心理学家、语言学家和计算理论家联合了起来，共同探索思维的奥秘。思维在被放逐出心理学 20 年后又卷土重来了，它现在——又像过去一样——成了心理学最重要的焦点。

乔姆斯基认为，语言依赖于一种经由进化遗留给我们的系统。他称之为"普遍语法"（universal grammar）。在第 3 章讨论情绪表达时，"普遍"（universal）这个词就十分重要。就心理学领域而言，在所有人类的共性（普遍性）中，语言的受认可度最高。乔姆斯基强调说，人类有能力按语法讲话，也有能力学习地球上的任何一种语言，这依赖于我们这个物种特有的某些基因。虽然世界上存在各种不同的语言，但它们都有语法，也都基于一些普遍的原则。

你可能会这样询问一个以英语为母语的人有关语法的问题："请把'以为'（to think）改为过去完成时"或"什么是动名词？"。虽然对方可能不知道如何回答，但这不妨碍他很好地表达或理解这样一句话："我本以为你不喜欢晚上 7 点以后吃东西。"（I had thought you didn't like eating after seven o'clock in the evening.）在这句话中，"我本以为"（had thought）是动词"以为"的第一人称过去完成时态。用于指代过去某一时间以前已经发生或完成了的动作。"吃"（eating）这个词是动词"吃"（eat）的动名词形式。动名词是动词在语法上起名词作用的形式。但是，我们无须有意识地理解这些专业问题就能够正确地使用这些语法。内隐知识使我们能够生成和理解包含这些语法的句子。乔姆斯基指出，为了实现人类彼此间的交谈和理解，我们的大脑必须包含并使用这些语法知识，但不必有意识地了解我们是如何做到的。这与赫尔姆霍茨对于我们如何看见物体的论述是相似的。

乔姆斯基认为，有两套规则构成了人们对语言的内隐知识。一套是生成性的（generative）。语言是天生的，也在不断创造。生成性规则使我们能够产生数量无限的、符合语法规范的新句子。第二套规则是转换性的（transformational）。这是一套允许人们基于一种根本概念、结构，进行自由灵活表达的规则。

乔姆斯基将那些基本的句法称为"深层结构"（deep structures）。它们与句中词序这种表面的形式不同。图8展示了一个句子的深层结构和表层结构。一个句子最简单的深层结构是名词短语加动词短语。

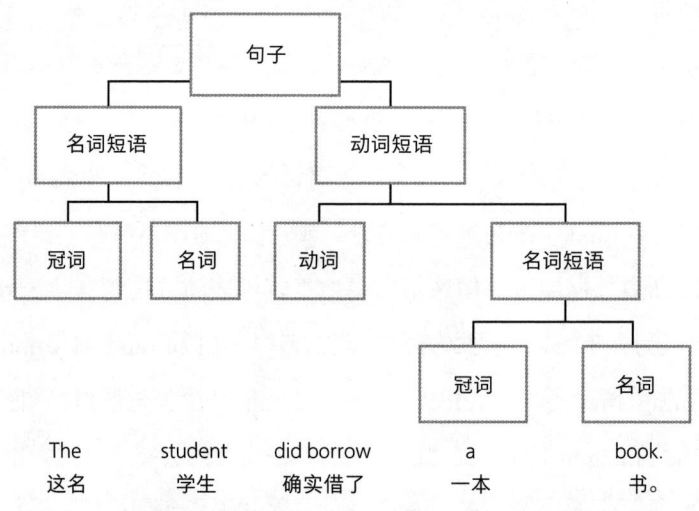

图8　一个句子的深层结构和表层结构。
资料来源：基思·奥特利绘制。

名词短语可以是一个冠词("那个"或"一个"等)加上名词,动词短语则由动词和名词短语组成。

图8中句子的表层结构是"这名学生确实借了一本书"。(The student did borrow a book.)在深层结构中,人们可以进行变换。所以,要说过去的一个动作已经完成(过去完成时),动词"的确借了"(did borrow)可以转换为"(过去某个时间点之前)已经借了"(had borrowed),其他一切都保持不变。要形成否定,可以通过在动词短语中插入词语"没有"(not)来转换深层结构,以生成表层结构:"这名学生没有借书。"(The student did not borrow a book.)要提出问题,转换时保留名词短语及其位置不变,同时将动词分成两部分,并将第一部分(did)移到前面:"这名学生借书了吗?"(Did the student borrow a book?)也可以进行其他形式的转换,包括用形容词详细阐述名词短语——"一本薄薄的书",用副词修饰动词——"以前借了",或者增加其他短语来扩充包含有"书"的名词短语——"关于语言的心理学书籍"。通过类似的方式,我们可以进行其他的时态变化,也可以进行诸如请求、警告之类的句子形式的构建。

这是语法在起作用。乔姆斯基说,世界上没有任何语言可以通过操作单词的表层结构来改变时态、做出否定,或提出问题。例如,没有任何语言可以对表层结构进行操作——如将最后一个词放到第一位——来将一个肯定句变为疑问句,变换后会形成这样的句子:"书这名学生确实借了一本?"因此,思维包含图8所示的那种深层结构,它的作用是执行,以变换生成句子和产生语义。

拉里萨·麦克法夸尔(Larissa MacFarquhar)于2003年在《纽约客》杂志上发表了诺姆·乔姆斯基的传记。她写道,乔姆斯基——

"20世纪最伟大的思想家之一"——将在周四晚上为麻省理工学院（MIT）的200名学生讲授政治课程。虽然她认为他不是天生的激进分子，但每遇到不公正，乔姆斯基都会怒发冲冠。乔姆斯基也是一个非常坚定的辩论家，因此他在政治问题上所花费的时间仅次于他在心理学上的投入。他成了一名公共知识分子，谴责包括美国政府在内的各国政府的不道德行为。他认为，尽管人们是自由的、自治的，但各国行事时都只顾自己的利益，在这样做时，政府经常会漠视他人，因此劣迹斑斑。

麦克法夸尔在2003年写道，乔姆斯基在大学的办公室是一间狭窄的屋子，屋里有两扇窗户，向外可以望见一条小巷。屋里挤满了书架和两张书桌，桌上的书摞成了小山。乔姆斯基常会坐在一张办公桌前，双脚搭在一个敞开的抽屉里。她说，这就是他一贯的作风——把屋子弄成没有一处能舒适工作的样子。麦克法夸尔记录说，乔姆斯基和他的妻子卡罗尔（Carol）育有三个孩子：阿维瓦（Aviva），曾在塞勒姆州立大学任教；黛安（Diane），搬到尼加拉瓜并爱上了一位桑地诺的激进分子；哈利（Harry），一个有抱负的小提琴手。他们的家庭关系融洽，彼此就像朋友一般。

麦克法夸尔写道，乔姆斯基的学生们自认革命的急先锋。半个世纪以来，人们一直认为大脑是混沌不清的。现在，乔姆斯基能解释清楚他"普遍语法"的各种操作，借此，他公开宣布思想是一个美妙的系统，并且我们有可能理解它的部分运作。它并非如行为主义者所想，是一个"非场所"（non-place），而是一个包含复杂结构的所在，在这里发生的转换和其他过程可从原则上进行理解。

乔姆斯基反对斯金纳关于儿童通过强化学习语言的假设，其中部分依据在于，虽然有些父母教孩子说话，但许多孩子在学习语言时是没有受到任何系统强化的。例如，移民的子女。他们的父母不会说他们所移居国家的语言，但通过接触该语言，他们以一种极其无系统、无计划的方式学会了讲这门语言。当然，适应一种语言需要学习。我们学会了所处生长环境中的语言，而不是其他语言。但是，乔姆斯基认为，能够学习一门语言这一事实本身就意味着，我们必须天生拥有语言结构。只有这样，基于语法规则对单词进行操作的先天倾向才能正常运转。乔姆斯基说，我们应当这样假设：学习语言的能力基于遗传的语言习得系统。[2]

格语法、动词岛、合作

查尔斯·菲尔莫尔（Charles Fillmore）因袭乔姆斯基转换生成语法的观点，并进一步提出了"格语法"（Case Grammar）。他提出各种语言中最基本的句子深层结构是一个动词（一个动作），其周围有一组存储格（slot），包括施事格（agent，执行动作）、客体格（object，动作在什么上面完成）、方位格（location，动作发生的地方）、与格或承受格（recipient，动作对谁完成）和工具格（means，动作如何完成）。如此一来，这种基于动词的深层结构可以生成一组表层结构，其中特定的施事格、客体格、与格等可以放置于存储格中。举一个例子："乔姆斯基（施事格）给了（动词）世界（与格）转换语法（客体格）。"

那么，孩子们是如何学习语言的？近期研究表明，他们学习的方式与格语法很接近。迈克尔·托马塞洛（Michael Tomasello）和他的同仁证明，自从开始掌握单音节词，孩子们便对动作和能对其进行指代的动词（比如"吃"和"走"）产生了早期兴趣。托马塞洛称这些结构为"动词岛"（verb island）。[3] 与格语法一样，这些"岛"也是有着施事格、客体格、工具格、方位格等存储格的动词。

开始语言学习时，孩子们将精力集中在一小部分动词上。以小女孩艾米丽为例，凯瑟琳·尼尔森要求她父母在她睡觉前将一台录音机放置在她床上，记录她在睡着前对自己说的话。在 21 个月大时，艾米丽说："坏掉了。车坏掉了……小艾米不能上车。上绿色汽车。"

对艾米丽的研究印证了托马塞洛提出的观点，即孩子们首先通过学习和使用少量动词来学习说话，这些动词代表世界上的动作，并且这些动词是周围附带存储格的"岛屿"，会以特别的方式描绘特定动作。动词"坏掉"有它的施事格，即"汽车"。动词"上"有施事格"艾米"，也有工具格"在车里"。

语言不仅是抽象的，也是协作的，我们会在第 14 章中谈及合作的原则。

第 7 章

心智模型

上图中有一连串面孔,从左上角开始到右下角结束,这是弗雷德里克·巴特莱特(Frederic Bartlett)的一项实验结果。每个参加实验的人都要观察上一个人绘出的图画,记住并依据记忆重绘出来,然后将画好的图传给下一个人,后者同样进行观察、记忆和重绘,依次进行。

弗雷德里克·巴特莱特发现，记忆并不是对已存储的图像进行检索。记忆的建立通常以一些突出的细节和图式（schema，外部世界运作的简要理论）为基础，我们也据此对确定已经发生的事情进行构建。此后，肯尼斯·克雷克（Kenneth Craik）提出，我们通过建构外部世界的模型进行思考，然后操作这些模型以得出新的结论。这就是心智模型理论（theory of mental models），它已成为认知心理学的一个基本原理。

记 忆

当有人请我们解释一些我们熟悉的事情时，或当我们安排一项计划时，我们通常知道自己在说什么、做什么。但根据我们对人类已有的了解，事实上，我们并不知道自己知道什么。我们的知识来自赫尔姆霍茨所提出的无意识的加工过程——我们无法知道大脑的860亿个神经元所完成的所有操作，我们只知道这些神经元以一种我们可以理解的形式，为我们提供了一些结论。我们有着无意识的知识，存储着关于如何使用语言与他人交谈的信息。虽然我们无法意识到信息以怎样的方式存储在大脑中的什么位置，但我们能对记忆的内容进行回忆。弗洛伊德提出，还有其他一部分知识可能也是无意识的。有一些欲望存在被我们了解的可能性，但实际上我们并不知道——或许，至少在进行心理治疗前我们是不知道的。

弗雷德里克·巴特莱特在其于1932年出版的《记忆》（*Remembering*）一书中介绍了几项基础实验，揭示了思维组织知识的方式。本章开头的图片取自该书平装版的封面。这些实验结果是通过巴特莱特所谓的

"连续复制"法得到的：第一名参与者观看一幅图画，之后间隔一小会儿，再在纸上手绘，重现他所记住的图画；随后，研究人员将第一名参与者画好的图画展示给第二名参与者，后者同样需要记住并画出自己所看到的图画，以此依次进行。在本章开头的图片中，左上角是第一名参与者对画作《男人的肖像》(*Portrait d'homme*)进行记忆后的手绘图，需要说明的是，原画作的风格与参与者自身的英式风格有很大差异。而后顺着右下的方向，你会看到实验中的第三、五、八幅复制图画[①]。在"连续复制"的过程中，一幅在西方文化看来十分陌生的图画，逐渐转换、演变成了一幅熟悉的图画。这个实验表明，我们的思想受到了成长过程中的社会习俗的影响，这些习俗影响了我们看到和记住的内容。

巴特莱特人生中最著名的实验也得出了同样的结论。他要求实验的参与者阅读由人类学家弗朗茨·博厄斯（Franz Boas）记录的一个名为《鬼魂之战》("The War of the Ghosts")的美洲原住民的民间故事。同样，巴特莱特选择了一个与实验参与者所属文化相异的故事。来自英国的参与者被要求以正常速度阅读该故事两次，然后尽可能准确地记下他们能记住的内容。巴特莱特随后要求他们在接下来的几年内每隔一段时间回到实验室，多次进行复述。这个故事的开头是这样的：

> 一天晚上，来自埃古拉克（Egulac）的两名年轻人下到河里捕海豹，他们踏入河水，雾气迷蒙，万籁俱寂。接着，他们听到

---

① 实验中的第三、五、八幅图分别对应本章开头插图中的第二、三、四幅图。——编者注

了战斗的呼喊声，他们想："也许有人在打仗。"他们逃到岸边，躲在一个木桩后面。这时，水面上漂来了许多独木舟，随后他们听到了桨的声响，看到有一只独木舟向他们驶来。独木舟上载着5名男子，那几个人说：

"你们有什么想法？我们想带上你们。我们要去河的上游，向那儿的人开战。"

其中一个年轻人说："我没有箭。"

"箭在独木舟里。"那几个人说。

"我是不会去的。我可能被杀啊。我的亲人也不知道我去哪儿了。但是你，"他转向另一个人说，"你可以和他们一起去。"

其中一个年轻人就跟着去了。[1]

随后的 11 行文字描述了那名年轻人如何与在独木舟中遇到的人一起前往河上游，参加战斗。他被枪打中了，但他并没有感到疼痛，心想："哦，他们是鬼。"战后，那个年轻人回到了家乡。故事结尾是这样写的：

他把发生的一切和盘托出，接着就一言不发了。日出的时候，他倒下了。黑色的东西从他嘴里冒出来。他的脸变得扭曲。人们又哭又跳。

他死了。

参与者被要求记忆这段故事之后，实验情况如何呢？其中一个人在读完故事后的头几个月里多次进行了复述，但在随后的两年半时间

里都没有再想起这个故事。时隔许久,他再次回忆故事,复述如下:

> 一些战士去对鬼魂作战。他们鏖战了一整天,其中一个人受了伤。
>
> 他们带着受伤的战友回到了家乡。眼看这一天快要过去了,他的情况急转直下,村民们围拢在他的身旁。日落时他叹了口气,有些黑色的东西从他嘴里冒出来。他死了。[2]

这名参与者遗忘了很多内容。但他记住了"有些黑色的东西从他嘴里冒出来"这个带有情感色彩的细节。事实上,巴特莱特实验的大多数参与者也都记得这一点。

更为重要的发现是,故事会因记忆者的文化和特质而被改写。在我们记忆某些东西时,我们会将它同化为一种意义结构,巴特莱特称之为"图式"。[3] 虽然他并未提及,但"图式"这一概念源于伊曼努尔·康德(Immanuel Kant),后者在《纯粹理性批判》(*The Critique of Pure Reason*)中论证说,在看到诸如球体或三棱锥之类的东西时,我们所感知的东西并非完全来自图像本身,因为图像永远没法真正展现"球面"或"棱"的概念——它所展现的内容只局限于某一部分或单一视角。康德提出,我们看世界时不仅靠感官输入,也通过我们对于世界的表征(representation)。从这个角度我们可以说,康德为认知科学奠定了基础。

我们对世界的知识借由图式体现。在巴特莱特实验参与者的记忆里,即前文引用的他对《鬼魂之战》的复述中,我们看到,在西方工业化国家的图式中,战争是由成为"战友"的一群人所发起的,不仅如此，夜幕下的死亡也变得更加顺理成章。

在日常生活或某个故事中，对于一个事件的发生，我们通常只记得其中一些重要的细节和我们对自身情绪波动的笼统态度。在被要求回忆时，我们可以记起一些细节和自己的态度。然后，我们使用自己的图式——我们关于外部世界如何运转的内隐理论——来推导出（符合逻辑的）已发生事件。

巴特莱特写道："图示指的是一种对过去反应或经验的积极组织，无论在何种情况下，它都应当在一切适应良好的有机反应中发挥作用。"[4]

虽然实验是多年前进行的，但巴特莱特《鬼魂之战》的实验仍是认知心理学中最重要的实验之一，且对于我们理解记忆的方式及对象来说十分重要。巴特莱特这样说：

> 记忆……是一种富有想象力的重建，其依据是两个成分之间的联系——其一是我们对大量活跃着的系统性过往反应与经验的态度，其二是些许突出的细节……因此，记忆几乎没有真正存在过……至于"它应当存在"这一点，其实也完全不重要。[5]

无论是在大众观念中还是在心理学界里，都有这样一种观点：记忆存储的方式就和把光影图案贮存在照片里，或用录音机存储一段声音是一样的。[6] 巴特莱特及伊丽莎白·洛夫特斯（Elizabeth Loftus）的研究证明，虽然信息存储在大脑的某个地方，但"记忆被存储为不可改变的痕迹"这一观点，对于理解思维的运作并没有多大帮助。

洛夫特斯证明记忆是可塑的：我们的记忆很容易受他人影响。她也证明了虽然庭审常采用目击证人的证词,但其中准确的却寥寥无几。[7] 这不仅因为我们在目睹并记住某事时,受到了偏见、刻板印象(stereotype)和期望的影响,也因为记忆是活跃且多变的。此外,在审讯中,记忆也可能会受到提问方式的影响。

或许你正对自己上周的某段记忆零碎模糊担心不已——明明做过却无法回忆起究竟发生了什么,但其实大可不必如此。正如巴特莱特所说,在大多数情况下,精确性"根本不重要"。事实上,我们从记忆中得到了自己的个人意义。我们的记忆,是用来处理我们与他人的关系,制订我们的计划,塑造我们的愿望的。

在第一次世界大战结束时,巴特莱特在剑桥进行了《鬼魂之战》的实验,但直到1932年他才出版了《记忆》一书。当时他写道,人们对与亲属分别的担忧是写在脸上的。在巴特莱特实验的一组(20位)参与者中,只有10位记得故事中那名年轻人以"没有箭"为借口,却有18位记得"我的亲人也不知道我去哪儿了"这一借口。我们的记忆、知识和理解,都按照巴特莱特所说的"意义先于努力"(the effort after meaning)的原则在我们的脑海中组织着。[8] 它们取决于我们的文化、我们的利益和我们的关系。

心智模型

巴特莱特的博士生中最杰出的是肯尼斯·克雷克。爱丁堡大学心理学教授詹姆斯·德雷弗(James Drever)告诉巴特莱特:"下学期我会派给你一个天才。"这个人就是克雷克。巴特莱特是这样描述克雷克的:

高大、相当有力、修长的身材；脸色苍白但充满活力……一头浓密的黑发。从一开始他就完全"无拘无束"……十分谦虚，这种谦逊真诚而不带一分一毫的虚假。[9]

克雷克在1943年出版了一本小书，名为《解释的本质》（*The Nature of Explanation*），这让他名声大噪。在书中，克雷克拓展了巴特莱特图式的概念。他提出，这些图式事实上是外部世界的模型：心智模型，这些模型不仅用于记忆，也是我们思考的途径，是思维的基础。

克雷克提出，思考时，人们先将问题转化为心智模型，然后运用模型解决问题，并创造一个新结果，接着再将这一结果转换为外部世界的表达方式——语言或行动。

当人们开始对心理学产生兴趣时，他们接触的除了现实还是现实，除了理论还是理论。如果不用某种方式将它们组合在一起，所有这些素材看上去就只能是混乱无序的。克雷克将思维视为模型和模型的制造者，这一想法可以将素材很好地组织起来。

思维是我们创造物质世界模型和他人想法模型的手段。我们也会创造关于自身想法的模型，这样我们就能够思考并了解自己：我们渴望什么事物，我们能做什么事情，我们是否外向，我们总体来说是否可靠，等等。

我们为什么需要模型？不应该直接对外部世界做出反应吗？[10] 其原因在于，要想进行推论，我们必须借助一些内在的理解。我们可以利用心智模型，使其运转，变化其状态，从而在外部世界（的事件）还未发生时，预测到即将发生什么。通过内在模型，我们可以想象他人在想些什么（即使他们并未告诉我们）。思维创造模型，将其应用于思考和理解，并对世界做出假设，这一观点是现代认知理解的核心原则，就像菲利普·约翰森-莱尔德（Philip Johnson-Laird）所证明的一样。[11]

肯尼斯·克雷克不仅思考思维的内在模型——他还制作了许多实物模型。认识他的人都钦佩他的动手能力。小型蒸汽机就是他制作的物什之一，他经常会从口袋里掏出把玩。蒸汽机模型上有一根小管子，他可以对着吹气以替代蒸汽；气一吹，模型上的轮子就旋转了起来。

第二次世界大战爆发了，由于先天性髋关节脱位，克雷克没有资格入伍。在战争初期，他设计建造了剑桥驾驶舱（Cambridge cockpit）。这是一种早期的飞行模拟器，属于以喷火式战斗机的驾驶舱为蓝本的模型。通过在安全情况下对不同的空中情况进行体验，空军飞行员能比平常学得更多、更快。借此，心理学家也得以尝试改进飞行员的训练方法，并避免他们因疲劳而犯错。在今天，你如果要学习驾驶飞机，最好选择在飞行模拟器上进行练习，因为你在短短几个小时内体验的情况和突发事件，可能比一生遇到的还多。遇到紧急情况时，如果你之前在模拟器中体验过了，你就更可能保全自己和乘客的生命。

克雷克给那些认识他的人留下了这样的印象：敏捷思维，实事求是，喜欢直击问题的核心。借助于对机械、电气和心理学技能的融会贯通，以及在剑桥驾驶舱上的研究工作，他在第二次世界大战期间研究了许多其他实际问题，包括飞行员资质、枪械瞄准、潜艇的视觉定位、注意力以及信号检测。这些成果得益于许多人的共同参与，既有科学家，也有军衔和职业不一的各种军人，从将军、海军上将、空中警察到二等兵、普通海员和飞行员，等等。

了解克雷克的人都认为他智慧卓绝，同时乐善好施、尽心尽力。但在内心深处，他非常孤独。他似乎没有任何亲密朋友（不论同性异性）。奥利弗·赞格威尔（Oliver Zangwill）在为克雷克写的讣告中引用了他的句子："在感情上而言，我一直觉得生活是一场挣扎，我努力打破将我四面围困的墙壁……这是一堵由人对他人思想和感情的无知筑起的墙。"12 所以，像赫尔姆霍茨一样，克雷克是谦虚的。也许对于他们两个人来说，这让他们产生了对思维运作方式的好奇心。

虽然克雷克心灵手巧，但或许因为髋关节脱位，他做大幅度动作时常常显得笨拙。一位同事曾对他说，他骑自行车上路就是一个麻烦。1945 年 5 月 7 日，也就是第二次世界大战欧洲战场结束的前一天，31 岁的克雷克沿着剑桥的主道国王街骑行，一辆已在路边停好的汽车突然打开车门。克雷克撞上车门被甩到了路上，此时一辆卡车恰巧迎面而来。他被送往医院，但再也没能恢复意识，几个小时后便撒手人寰。

心理理论

让·皮亚杰和他的同事巴蓓尔·英海尔德（Bärbel Inhelder）制作了一个由三座假山组成的模型①。每座山有不同的大小和形状，山顶的东西也各不相同。其中一个被白雪覆盖，第二个坐落着一座教堂，第三个有一栋小屋。皮亚杰和英海尔德让认知发展处于前运算阶段的儿

---

① 该实验被称为"三山实验"。——译者注

童围着模型转圈,以便他们从各个侧面进行观察,然后叫孩子们坐在模型的一侧,把玩偶放在另一侧,并要求孩子们从展示的几张图片中选出哪张是玩偶看到的模型的样子。处在前运算阶段的儿童无法完成这个任务。他们倾向于选择从自身视角看到的样子。只有当他们长大后,才能建立一个心智模型,对别人的视角进行想象。

海因茨·维默(Heinz Wimmer)和约瑟夫·佩尔奈(Josef Perner)于1983年对这一研究做出了重要的扩展。他们给孩子们讲述了男孩马克西的故事。马克西有一堆巧克力,他出去玩时把巧克力放在一个蓝色的橱柜里。当他不在家时,他的母亲用一部分巧克力做了一块蛋糕,她没有把剩下的巧克力放回原来的地方,而是放在了一个绿色的橱柜里。然后马克西回到了家中。实验者向听了这个讲故事的孩子们提问:"马克西会去哪里找他的巧克力呢?"图9是马克西的图片,他正在考虑查看哪个橱柜。

图9 在海因茨·维默和约瑟夫·佩尔奈的研究中,马克西将在哪个柜子里找到他的巧克力?
资料来源:© 苏珊·比蒂(Susan Beattie),已获许可。

大约 4 岁以下孩子往往会回答说，马克西会去绿色橱柜里寻找他的巧克力。因为他们知道巧克力就在那里。只有 4 岁及以上的孩子才会认为，马克西会去蓝色橱柜里寻找，因为他之前把巧克力放在那了。无论孩子的年龄较大还是较小，他们都有外部世界的模型。但年龄较大的孩子能理解他人的信念（belief）可能与自己的相异，所以也能据此建立一个马克西式的思维模型。关于这个问题的研究，即我们如何理解和思考他人的想法，现在被称为"心理理论"（theory-of-mind）。

也许，虽然肯尼斯·克雷克对内在和外在模型的构想和运用十分杰出，但对他而言，建立对于他人的模型——心理理论（也称为"观点采择"或"心理揣测"）——却是一个难题。

心理理论的一个基本问题在于，它是如何影响我们与他人的交流互动的。珍妮弗·詹金斯（Jennifer Jenkins）和詹妮特·奥斯汀顿（Janet Astington）分三次测试了 20 名三四岁的儿童，每次相隔三个半月。她们通过三项任务评估儿童的心理理论。第一个是位置变化的任务，孩子们需回答类似于马克西在哪里寻找巧克力那样的问题。第二个任务用到了装有未知物品的容器。例如，向孩子展示一个"聪明豆"（Smarties）的糖果盒（看上去像装着名为"聪明豆"的糖果），但里面其实装的是蜡笔。孩子们既要说出盒子里起初装的是什么，也要回答他们认为自己的朋友会怎么想。第三个任务与此类似，但却与外观和现实有关，例如一个物体看似一块岩石，实际上却是泡沫。孩子们被要求与朋友做游戏，他们拿到了玩具和角色扮演用的服装，这一过程还被录成了视频。当儿童与朋友合作完成游戏或角色扮演（例如，当一个孩子说，"假装你现在正在向我喷水"，或在角色分配中，当一个孩子对另一个说,"你好,老师")时,就能获得分数。儿童的心理理论能力可以预测他们在联合规划和角色分配中的表现。也就是说,当孩子们能够更好地构建对方思维的心智模型时,他们在游戏期间就能更好地制订合作计划并参与到相互依存的角色当中。

詹金斯和奥斯汀顿发现,一般来说,早期的语言能力预示着早期的心理理论能力,但是在游戏过程中联合规划的能力更强,并不意味着儿童在后续心理理论任务中的得分更高。在发展过程中,心理理论与语言能力似乎相伴而生,且以个性化的方式进行。

时至今日,探究儿童理论如何发展及在何时发展的研究已经不胜枚举。深层次的问题是,人想要成为人(也就是说为了在关系中与他人互动),需要建立彼此的心智模型——通过与他们互动,了解他们是热情还是冷漠,了解他们在约定中是否可靠,再通过亲戚朋友在谈话中对他们的评价,将这些模型建立了起来。

我们人类不仅拥有基于对他人了解的心智模型,而且知道(也需要知道)其他人的心智模型:他人对别人的看法也包括了别人是如何想的。在《人类的算法》(*The Human Story*)中,罗宾·邓巴(Robin Dunbar)就是这样说的。莎士比亚的《奥赛罗》(*Othello*)涉及多层次的心理理论。我们将他们的心理状态用斜体字表示,并用方括号括了起来。

莎士比亚*希望*[1]我们这些观众*理解*[2]奥赛罗*认为*[3]他的仆人伊阿古(Iago)在声称自己*知道*[4]他的妻子苔丝狄蒙娜(Desdemona)*爱*[5]中尉卡西奥(Cassio)时是诚实的。[13]

要作为观众并理解这出戏剧，我们必须拥有至少四个级别的心理理论。作为作者，莎士比亚自己则需要上述五个级别的心理理论。

作为人类，我们为自己认识的人建立心智模型。我们中的有些人也会发现，为他人的模型建立模型也并不困难，甚至三或四级的模型也是如此。我们所处的社交世界熙熙攘攘，但如果不了解别人是哪类人，不了解我们自身实际上是哪类人，这些社交圈几乎不可能运转起来。也许肯尼斯·克雷克之所以孤独，是因为他在第二级或第三级的心理理论——知晓和理解别人对他的了解以及别人如何思考和感受他对别人的想法和感受——中感到无所适从。

第 8 章
数字世界

艾伦·图灵（Alan Turing）所设计的自动计算机（automatic computing engine, ACE）的原型。

艾伦·图灵发明了数字计算，并提出了人工智能（artificial intelligence）的概念，这也为我们感知、思考和使用语言的理论提供了基础。杰弗里·辛顿（Geoffrey Hinton）证明了如果向人工智能中输入大量样例来进行归纳并构建内部模型，人工神经元网络中的连接就会发生变化，进而实现人工智能的学习。目前谷歌提供的语言翻译功能就基于这种方式，而非乔姆斯基提出的语言规则。

图灵机

使艾伦·图灵名声大噪的第一篇文章发表于 1936 年。他在文章中证明了机器也可以计算所有能被人类计算出结果的问题，并对这种机器进行了详细的描述。这就是著名的图灵机（Turing machine），亦即所有计算机的基础。本章开头图片所展示的，就是图灵最早设计的计算机之一——自动计算机的试用版。

图灵的这一发明是现代生活的基础。如果你有一部智能手机，那它就是一台基于图灵构想的小型计算机。计算（computation）也已成为认知科学的基础。新的认知科学是一场真正的革命。在图灵的成果诞生之前，心理学理论多使用隐喻或类比的方法。例如，研究者认为记忆像照片或录音机一样记录某种痕迹，并将其存储在大脑的某个地方。图灵的想法则是对计算机进行编程使其能够真正地记忆、决策和思考，这已经成为认知科学的基础。[1] 随后涌现出的理论不再仅涉及心理过程，而是以人类思维所做的加工为基础。人类思维和计算机都能够形成对外部世界的模型。根据这些模型得出推论并产生行为，是古今不变的原理。

虽然艾伦·图灵和肯尼斯·克雷克有段时间同在剑桥就读，但他们似乎并没有相遇。他们的想法在很多方面都有相似之处。克雷克也曾设想他所提出的心智模型能像可以计算的机器一样。但是这两个年轻人所在的学院分别坐落在大学校园相对的两侧。

图灵会穿过学校到另一侧,参加由路德维希·维特根斯坦(Ludwig Wittgenstein)开设的课程。后者曾在《逻辑哲学论》(*Tractatus Logico-Philosophicus*)(4.01)中写道:"这个命题是我们想象中的现实模型。"[2] 1936年图灵前往美国普林斯顿大学完成他的博士学位。后来,第二次世界大战爆发,他回到英国并开始在距离伦敦尤斯顿火车站40分钟车程的布莱切利庄园(Bletchley Park)工作——那里便有隐秘的英国政府密码学院(British Government Code and Cypher School)。

布莱切利庄园的计算

第二次世界大战期间,图灵曾经的构想在布莱切利庄园成为现实,他研发出一种计算机,将类似人类思维的模型编程进去,以破解纳粹指挥官用来向他们的军队发送信息的密码。图灵和他的团队最初关注的是德国人使用的一台名为恩尼格玛(Enigma)的编码机。[3] 它有打字机键盘,上面是按照打字机进行排布的字母,当按下一个键时,键盘后排加密字母区与之相对应的一个字母便会亮起,代表加密后的字母。操作员输入一条消息时,这种机器可以将该消息的每个字母("明文")加密输出,显示为后排亮起的字母。

恩尼格玛的部分机制是通过一个连接板实现的,操作员每天都会在连接板上设置一种不同的配置,而所有操作员所使用的都是相同的密码本。这个连接板使机器能够以大约150,000,000,000,000种方式进行设置。第二种机制基于3个转子实现,由操作员从5个备选转子中进行选择。在转子工作时输入字母,第一个字母传输电信号以产生一个加密过的输出字母，输入下一个字母时，转子旋转形成一种新的设置，因此下一个字母采用的是一种新的加密方式。从 5 个转子中选择 3 个进行组合，共可以形成 60 种可能性。每个转子有 26 个位置，3 个转子得到的设置数量是 26×26×26=17,576。因此，在这些加密过程中，设置的可能性总数为 150,000,000,000,000×60×17,576：这是个天文数字。以长度为 20 个字母的编码信息为例，如果某人以每秒一次的速度计算其全部可能性，那么破译将花费数十亿年的时间。纳粹分子当时认为恩尼格玛生成的代码是不可能被破解的。

在战争之前，波兰的破译者就知道恩尼格玛机器的存在，并启动了信息破解的工作。他们知道每个编码操作都是对称的：如果输入字母 A 且加密输出的是字母 R，那么如果输入字母 R，则其加密输出的就是字母 A。由于这种配对的存在，为了接收加密信息，操作员将在一台正确设置的恩尼格玛机器上键入加密后的信息，机器上的字母依次点亮，这些字母所组成的序列就是原始的德语明文信息。波兰的破译者也知道，转子的设置方式每天都有变化，而设置的指令是通过无线电波发送的，这是由三个字母组成的信号，共传输两次。

在波兰代码破译者的工作基础上，根据明文与加密字母（原始的转子设置信息）之间的配对以及系统中的其他规律，艾伦·图灵得以与剑桥数学家戈登·威尔希曼（Gordon Welshman）一道进行推理。基于波兰名为"Bomba"的原型机，图灵和威尔希曼建造了一个改进的版本——"炸弹"①（Bombe），这是一台恩尼格玛机器的模型。它

---

① Bomba 在波兰语中意为"炸弹"，而 Bombe 意为"气罐"或"甜点"。图灵制作的机器名为"Bombe"，但国内大部分资料上依然称其为"炸弹"。文中也采用"炸弹"的翻译方式。——译者注

被设计为反向的工作方式,先通过无线电获取摩尔斯加密消息中的加密字母序列,继而破解出连接板和转子的设置,最后破译出被发送的消息。

"炸弹"是一台专门用于搜索恩尼格玛机器的设定模式的计算机。图灵、威尔希曼及其同事的任务是利用恩尼格玛机器的规律性减少必要的搜索量,并使用"炸弹"以比人类更快的速度破解出可能的设置方式。"炸弹"工作的目标是剔除产生矛盾的设置,例如不符合德语拼写规则的无效设置,直到这台模型给出少量关于设置的假设,盟军就可以从中推断出明文的德语单词。"搜索"是那时的思维计算模型的核心,在今天情况也是如此。

据说,图灵在破译来自希特勒及其指挥官的信息方面的工作将战争缩短了两年,从而挽救了数百万人的生命。到战争结束时,布莱切利庄园中运转着 10 台名为"巨人"(Colossus)的大型电子计算机。但在冷战时期,那里发生的一切都是保密的。除了极少数人之外,没有人知晓全部的运算情况。这在计算史上留下了一个巨大的空洞,只能留待后人逐渐填补。

模仿游戏

1936 年,图灵发表论文,提出了一种可以与人类进行同样计算的机器构想——图灵机,这一构想为认知科学的发展奠定了基础。1950 年,图灵发表了另一篇论文,进一步阐述了这一构想。这成了人工智能研究的肇始。这篇论文的题目是《计算机器与智能》("Computing Machinery and Intelligence")。图灵在其中概述了他所谓的"模仿游戏"。如论文中所述，游戏中包括名叫艾米（Amy）和比阿特丽斯（Beatrice）的两个人，还有一台名为"克洛伊"（Chloe）的计算机，她们通过电传打字机的方式互相交流，放在当今就相当于她们相互发短信。比阿特丽斯要回答艾米提给她的问题。克洛伊是一种模仿人类思维的仿制品，可以操作克雷克所描述的心智模型进行思考，也能回答艾米的问题。艾米知道比阿特丽斯和克洛伊这二者中，一个是人类而另一个是计算机。根据她们的答案，她必须分辨出哪个是人，哪个是计算机。图灵提出，未来在这个游戏中，扮演艾米这个角色的人类将无法区分人类与计算机人类模型之间的差别。

这是图灵想象的对话的一部分——[4]

问题：请给我写一篇以福斯桥为主题的十四行诗。

答案：这题算我输。我写不出来诗。

问题：把 34,957 与 70,764 相加。

答案：（暂停约 30 秒然后给出答案）105,721。

问题：你会下国际象棋吗？

答案：是的。

问题：我的 K1 上有王，没有其他棋子了。你只有在 K6 上的王和在 R1 上的车。现在该你下了。你会走哪步棋？

答案：（暂停 15 秒后）车走到 R8 将死。

你怎么看？这些答案是人类比阿特丽斯回答的，还是计算机克洛伊回答的？第一个问题的答案很可爱，但说明不了什么问题。至于第二个，我们知道计算机可以计算数学加法。它们比人类更擅长计算，速度很快。如果计算机克洛伊在进行回答，她会插入 30 秒的停顿来模仿人类。第三个关于国际象棋的问题呢？如果是比阿特丽斯在回答她，她会建立一个棋盘的心智模型，上面有 3 个棋子的位置。国际象棋选手可以做到这一点；国际象棋技术越好，他们就越容易找到这种心智模型。国际象棋也是人工智能程序员最早试图解决的问题之一。1997 年，一个名为"深蓝"（Deep Blue）的计算机程序在 6 场比赛中击败了国际象棋冠军加里·卡斯帕罗夫（Garry Kasparov）。[5] "深蓝"是一个在 IBM 计算机上运行的国际象棋电脑程序，有着包括棋盘、棋子和国际象棋规则在内的心智模型。

电影《模仿游戏》由莫滕·泰杜姆（Morten Tyldum）执导，于 2014 年上映，主要讲述了艾伦·图灵在布莱切利庄园破解代码的故事。在这部电影中的人们大多通过密码互相交谈，这可谓一个绝妙的想法。图灵一心渴望真相，他想知道为什么我们不简简单单直白地告诉对方我们的意思。在影片中，他意识到他在用密码与在布莱切利庄园工作的数学家琼·克拉克（Joan Clarke）说话。图灵和克拉克偶尔会同去电影院，借着其中一次机会，图灵向克拉克求了婚，克拉克接受了。图灵感受到了她的爱意，并高兴地与她一起去拜访双方的父母，但对于图灵自己而言，同性恋才是他的自我模型。当图灵向克拉克坦白时，她表现得泰然自若。你会如何解读这些信息呢？后来，图灵认为自己不应该结婚，所以必须调整这种情爱关系。他与克拉克仍然是亲密的朋友。

现在，有许多计算机模型能够以类似人的方式回答一系列问题，甚至可以与人进行对话。图灵的"模仿游戏"构想，如今被称为"图灵测试"。到目前为止，还没有任何计算机程序通过图灵测试的一系列问题，但许多专家认为这不过是迟早的事，或许就在不远的将来。

实际上，还有更深层次的问题需要思考。计算机和人工智能为心理学引入了新的原理。如果你了解一些心理过程，真正理解它，那么你应该能够为这一过程编写一个计算机的版本。举例而言，如今按照赫尔姆霍茨所阐述的一些原则（就像第1章讨论的那样），机器人已经能够通过编程在环境中活动，并感知环境本身和环境中的物体。

要在认知科学领域做出优秀的研究，编写计算机程序的能力是核心。它有着以下作用：例如想要了解一个心理过程，即感知、对话和推理，可以将通过实验和其他方法发现的各个部分组合成计算模型。在对这样的工作模型进行编程后，人们能获得极佳的领悟，了解思维在工作时需要什么。编写程序使人们能够以一种不可替代的方式创造关于心理过程的理解和新假设。我们可以将这种原理看作整合，并将其与根据假设和实验得出的分析原则一同使用。

人工智能

在各种计算模型或计算模拟中，如今最常见的就是电子游戏中所使用的那种类型。玩这类游戏，或观看此类预告片时，你会看到一幅电子景象：你或你的化身可以在其中畅游；你会看到城堡和峡谷；你可以选择沿着这条路走，也可以穿过那扇大门；或有猛禽在上空盘旋，或有持剑的战士向你逼近。借助过去50年中对三维模型和它们在二维表面（如电脑或电视屏幕）上投影这二者间关系的理解，所有这一切都得以实现。而了解如何使用这些模型，则得益于对感知的认知理解在不断发展。

编写电子游戏程序的程序员从三维模型着手，确定模型主要部位的坐标。想象一张地图，地图的参考包括东西方向的坐标和南北方向的坐标；在三维空间中，在上下方向上还需要另外一个坐标。三个坐标确切地定义了一个物体某个部位的位置，例如剑的尖端。然后，利用模型物体其他部位的坐标，可以知道整个物体在三维空间中的位置和朝向。然后通过代数，可以计算出从任意视点望去，物体投射在二维屏幕上的图像是什么样子，也可以计算物体移动或变化时的外观。

电子游戏和虚拟现实可以解决难题，也常常涉及与对手进行互动。这种游戏源自克雷克心智模型的构想，以及图灵编写程序以实现模型的设想。在模拟世界中游玩时，游戏玩家看到的二维景象的模型，则生成于玩电子游戏所使用的计算处理器数十亿计的代数计算。

1951年，在第二次世界大战中为战胜纳粹做出了最为突出的贡献之后，在设计了伦敦附近的特丁顿的国家物理实验室（National Physical Laboratory）的计算机（即本章开头照片中的计算机）的雏形之后，图灵因同性恋行为被判有罪。他接受了雌性激素注射以进行化学阉割。1953年，图灵的死讯传出，或为自杀，年仅41岁。他在死后被赦免。以今天的观念来看，绝大多数人会认为他的行为本不应被判为违法。

图灵提出的一些原则已成为人工智能的基础，其中包括搜索模型中的众多可能性，缩小搜索范围。正是通过这些方法，"深蓝"才能够通过提前思考各种棋着的变化以及可能的应对方法，在国际象棋对战中击败加里·卡斯帕罗夫。最近，谷歌以巧妙的方式缩小搜索范围，这正是其在互联网上取得成功的关键所在。

新的认知科学

1985 年,霍华德·加德纳出版了《心灵的新科学》(*The Mind's New Science*),这本书对思维认知方法进行了精彩的介绍。在书中,他讨论了巴特莱特和皮亚杰的研究。他也提到了克雷克,并根据克雷克的观点回顾了约翰逊-莱尔德关于推理的实验。然而,他写道:"对认知科学最终具有最大意义的逻辑数学工作的完成者是……艾伦·图灵。"[6]

乔治·米勒(George Miller)是新认知方法的支持者之一。加德纳在书中告诉我们,1956 年 9 月 11 日,在麻省理工学院举行的信息理论会议上,米勒发表了他的报告。这个日子是真正的转折点,[7] 即认知科学真正开始的日子。诺姆·乔姆斯基在这次会议上发表了一篇名为《语言的三种模型》("Three Models of Language")的论文,并在其中描述了他对转换语法的观点。艾伦·纽厄尔(Allan Newell)和赫伯特·西蒙(Herbert Simon)第一次展示了计算机对定理的证明——"逻辑理论机"(Logic theory machine)。乔治·米勒也提出了他的观点,即短时记忆中有大约 7 个存储格(slot),每个存储格都能够携带一些内容,内容可以简单至一个数字,也可以复杂至一个概念。这个想法随后发表于一篇名为《神奇的数字:7±2》("The Magical Number Seven, Plus or Minus Two")的论文中。离开会议时的米勒,带着"一种坚定的信念……人类实验心理学、理论语言学和认知过程的计算机模拟都是一个更大整体的一部分"。[8]

米勒与尤金·加兰特(Eugene Galanter)和卡尔·普里布拉姆(Karl Pribram)合著了一本书,名为《计划与行为的结构》(*Plans *and the Structure of Behavior*）。他们不够大胆，没有将其取名为《计划与思维的结构》，但它确实向前迈出了一步，揭示了人类思维的确基于结构、计划等可以产生结果的其他加工过程。计划由多个部分组成，它起始于一个理想世界的心智模型中的目标，接着反向运转经由该世界一系列的状态直至当前世界的状态。这些状态被存储起来，对于每个状态，人们都设想了一个行动过程加以实现。为了制订计划，把每个步骤以相反的顺序进行，即始自当前状态而终结于目标。最后，思维可被视为由操作运算组成的，这些运算所得出的结果，与其说是行为，不如说是行为过程这个更为重要的整体。

首先，人工智能中唯一的方法就是手工编写程序，其主要形式为一连串"如果-那么"（if-then）的指令：如果是这种情况，就那样做；或者如果计算结果是这样，那么模型世界的状态就是那样。人工智能是对皮亚杰观念的一种发展，皮亚杰认为成年期的人通过逻辑运算来思考。我们可以编写程序分析视觉场景，从视觉图像开始，并对三维世界的结构进行推断。人类对于视觉已知的大量内容，如今都可以通过计算来实现，这有助于理解人类视觉系统的工作原理。[9] 信息应用程序也可以用于语言领域，编写好的程序可以执行多种语法规则，包括乔姆斯基提出的那种在内。[10]

大卫·鲁姆哈特（David Rumelhart）、杰弗里·辛顿及其同事则开创了一种不同的方法。依照这种方法，运算不再基于逻辑和规则，而是基于可被激活的人工神经元。这种模拟神经元比大脑神经元更为简单，但它们体现了生理学家已经提出的一个想法，即信息存储与神经元之间连接的强度有关。如图 10 所示，在这种系统中有一组输入神经元（相当于感受器，或受体）、中间神经元（隐藏神经元）层，以及执行动作的输出神经元（相当于运动神经元）。

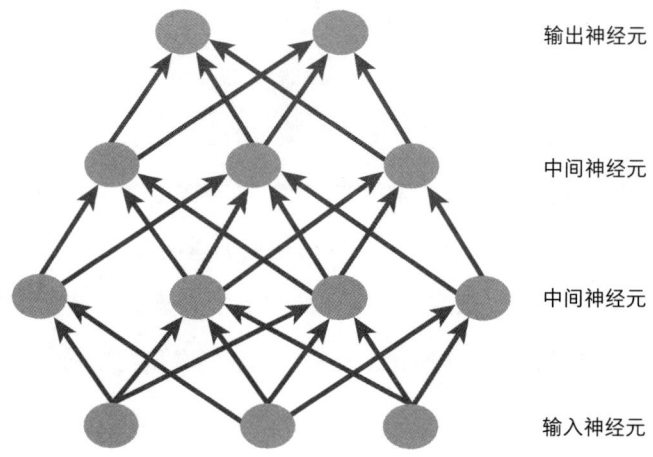

图10　通过调整各层中人工神经元之间连接的强度来学习的系统简图。
资料来源：基思·奥特利提供的简图。

想象在图10所示的这种网络中，给予输入神经元（在简图的底部）的信息是数字（数字共有10个而不是图中所示的3个），该网络的任务是将每个数字分类为奇数或偶数。再想象一下，当数字一个接一个地输进系统，10个输入神经也依次激活。简图右上角的输出神经元的激活代表输入数字是"偶数"，而左上角输出神经元的激活代表它是"奇数"。当每个示例数字呈现时——例如2、4、6——程序员已经安排好从右侧输出神经元开始反向（一种被称为"反向传播"的过程）发送一个信号，以改变隐藏层里网络中各个连接的强度。激活"偶数"输出神经元的连接强度增加，同时激活"奇数"输出神经元的连接强度降低。对每个输入的数字都应用了多次反向传播迭代，每次迭代都能消除少量系统连接中的错误。这样学习训练的结果是，当向该网络提供任意数字时，系统都会显示出它是偶数还是奇数。这种方式被称为"监督学习"(supervised learning),因为必须有人界定每个输出是否正确。这种方法类似于行为主义者所支持的强化学习。

深度学习

相较于监督学习,当今更为重要的是无监督学习(unsupervised learning),在这种学习方式中,既没有信号以标明某个输出的正误,也不存在强化。取而代之的是,以向大型网络提供数以百万计的数字化图像作为输入。系统从这些输入中习得视觉世界中的规律性,并通过系统连接的强度体现出来。这种系统的工作原理不是逻辑运算,而是形成规律性的分布式心智模型。大卫·哈特利(David Hartley)在18世纪提出了一种建立关联的加工过程,无监督学习正是根据这一过程实现的。泛化则是基于时间和地点相近的事物之间的关联。200年后,唐纳德·赫布(Donald Hebb)在一次报告中扩充了泛化的构想,他提出神经元被同时激发时,神经元之间的连接就会被强化。

杰弗里·辛顿称新的无监督模式——通过改变神经网络中的连接来制造关联——为"深度学习"(deep learning)。[11] 辛顿及其同事设计出了一个深度学习系统,将一台录制实景的摄像机作为输入源提供给输入-感受器层。系统移动相机时,就如同人类的眼睛一样,会知晓该对输入图像的改变做出怎样的预期。在这种运动当中,输入-感受器层上的图景变化使得系统可以计算出引发图景输入的物体各部分的三维坐标变化:可能是物体的角,或是强反射的片段。通过这种方式,系统可以构建出外部世界中物体的三维模型。

辛顿后来加盟了谷歌公司。借助他的深度学习视觉感知系统,谷歌浏览器得以根据你的文字要求，为你搜索出网络上对应内容的图片。你可以自己动手试试。打开谷歌浏览器并输入"房屋"，选择"图片"，你会看到一系列房屋的图片；如果你输入"珠宝"，你就会看到珠宝的图片。搜索房子并不是太难，因为房屋有许多相关的规律性特征，包括直线边沿和矩形窗户等。但珠宝就不容易了，其图片可能具有明亮的特征，但灯泡也是亮的。珠宝可能戴在人的脖子上、耳朵上，也可能排成一排。谷歌的这个系统能够对数百万个样例进行概括，将各式各样的珠宝图片呈现给你。

要想看见事物，我们需要从视网膜上受体激活的二维小块中提取信息，这些信息可视为一种线索，进而促使我们构建世界的三维模型。在这种方式中，辛顿的深度学习系统可谓赫尔姆霍茨所解释的无意识推理的现代版本，我们在第 1 章中对后者进行了阐述与思考。

深度学习的一项重要成果是将文本从一种语言翻译成另一种语言，例如将英语译为法语。计算机过去的翻译方法是生成短语列表，并通过手工编码的方式将每个英语短语与法语中的对应词匹配起来。在辛顿及其同事们发明的无监督学习网络中，充任"输入"的是维基百科中的大量句子，约合 5 亿个单词。对于每个输入词，系统都将搜遍所有句子中与其相关的词，并进行归纳概括，形成有意义的深层结构，也就是心智模型。因此，现在你在谷歌翻译中输入一个英文句子，它会创造一种像思想一样的东西，扩散于网络的连接中；或一种接近于作者想表达的含义。[12] 模型以反方向运行以完成翻译，并根据这种内在思想提供输出一段法语。

在图 11 中，你可以看到取自谷歌翻译系统的词义关联分布图：来自维基百科输入内容（共 5 亿个单词）中的 2,500 个英语单词的关联亲密度，亲密度生成自矢量模型，并表示为分布图中的空间紧密度。在图 11 中，顶部附近和中心右侧的集群（cluster）是地名。其中，集群顶部的是弗吉尼亚州，它靠近密苏里州和华盛顿州。而在集群的底部，那两个在意义空间上非常接近的词是越南和伊拉克。

图 11 约瑟夫·图里安（Joseph Turian）的词义关联分布图，展示了源自维基百科的单词输入以及这些单词在输入的句子中的相互关联。

资料来源：Joseph Turian from Collobert, R. & Weston, J. (2008, July 5–8). A unified architecture for natural language processing: Deep neural networks with multitask learning. Paper presented at the ICML'08 Proceedings of the 25th international conference on machine learning, Helsinki. © 约瑟夫·图里安，已获得许可。

如今在谷歌上，你可以通过输入单词和短语来找到你感兴趣的东西。使用基于含义的系统，将来你甚至可以让谷歌根据含义找到文章段落。正如辛顿提出的那样，你可能想要找到这样的段落：其含义表面上支持了为减缓气候变化所做的努力，实际上却在试图驳斥表明气候变化正在发生的证据。

在另一项应用中，伊桑·法斯特（Ethan Fast）及其同事分析了超过10亿字的小说，以了解人类用物体来做什么。他们的系统俄歇（Auger）对模型进行训练，使之能够根据人类的环境预测人类的活动，诸如与朋友一起吃饭、参加会议与自拍。人类对俄歇的预测进行了评估，最终表明该模型94%的结果都是合理的。

人工智能引发了许多争议，其中一个问题是，计算机在感知、翻译语言和游戏方面的运算是否有助于理解人类是如何处理这些事情的。人类目前的理解支持了赫尔姆霍茨提出的感知产生方式，神经生理学实验中发现的神经元特性也十分重要。但也有观点认为，计算机处理事物的方式应当与人类思维的处理方式毫无关联。

在认知科学之外的世界里，人们激烈争论人工智能是否会夺走人类的饭碗并引发失业。在接受英国广播公司（BBC）采访时，物理学家斯蒂芬·霍金（Stephen Hawking）说：

> 受生物缓慢进化限制的人类无法与之竞争，并将被取代……全面人工智能的发展可能意味着人类的终结。[13]

如果有一天，计算机通过了图灵测试并且很难在智力上与人类区别开来，它们会像霍金所说的那样，超越我们人类吗？辛顿的答案是，这不是科学和技术问题。这将取决于政治安排。

为了达到弗朗西斯·培根（Francis Bacon）所提出的目标——改善人类状况，我们或许会选择使用计算机式的类人能力。[14] 从另一方面来说，我们也可能会担心新的人造生物对我们来说太过危险，因而将其摒弃。想要做出抉择，我们不仅要研究如何使机器以类似人类思维的方式工作，还要研究社会认知，以了解有益的相关举措如何能在社会中被创造出来，并让人们根据价值进行选择。这个问题已经在艾萨克·阿西莫夫（Isaac Asimov）名为《我，机器人》(I Robot) 的短篇小说集，以及亚历克斯·嘉兰（Alex Garland）的《机械姬》(Ex Machina) 这样的电影中有所体现。由硅而非碳组成的新生物可能有感情和权利吗？

科技在人类发展进程中起到了推动作用。古腾堡（Gutenberg）将活字印刷技术引入欧洲，使得教育之泉流入寻常巷陌，这反过来使人们有了阅读的机会。在人们所阅读的浩瀚书海中，小说的浪潮涌起于19世纪。20世纪，文学评论家弗吉尼亚·伍尔芙（Virginia Woolf）写道："1910年12月左右，人的性格发生了变化。"从某种程度上讲，她指的是在探索性格的过程中，小说体现出的精神性。在《纽约书评》(New York Review of Books) 的一篇文章中，爱德华·门德尔松（Edward Mendelson）写道，伍尔芙"言之过早了100年"。他认为："2010年12月左右，人的性格发生了改变，当时似乎所有人都开始使用智能手机了。"[15] 他接着说，人类的生活不再主要是私人的、熟人主导的和内向的，生活的大部分已经变得公开化、广播化、外向化。在国内，监视和监测等已成为新的手段。而在国际上，无人机等设备也已投入使用，它们可以对他国施加远距离的影响。

会不会出现的新方式，促使思考参与到我们新的数字世界当中呢？例如，我们能否利用彼此间一些新的数字联系，以更多的参与度和更大的影响力参与其中，进而为关乎人类生活走向的政治决策提供帮助？[16]

心理学的深度原则

数字技术的上述意义可能既及时又重要,但还有其他基本原则需要心理学去思考。

人工智能中使用的心理学理论不仅仅是类比——将记忆类比为录音机,其生成的模型实际上可以像人类一样工作。(基于神经元及其连接的)深度学习的成功已经证明,通过加工大量的样例,深度学习可以像婴儿一样进行学习,以将时间和地点上相近的事物联系起来进行概括。皮亚杰和诺姆·乔姆斯基等人的想法是,思维由逻辑或规则的内在机制产生。然而,现在看来,与其说内在逻辑过程与语法是思维和对话的基础,不如说逻辑与规则本身并非内在机制的基础——它们是对产物的总结。

目前最好的一种假设是:基于分布式神经网络中的关联,心智模型首先被构建为难以解释的直觉,而后这种直觉式模型被赋予了意识,或作为谈话或交流中的言语和非言语,外化给他人(以及我们自己)。

第三部分

思维与大脑
Mind and Brain

第 9 章
检查一下脑袋

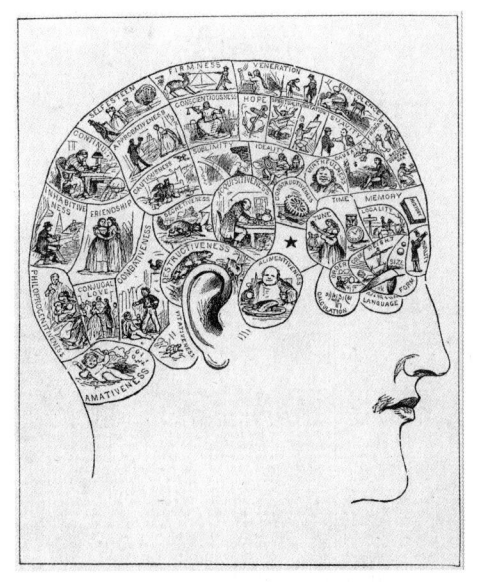

人脑上不同性格倾向的颅相学图解。

颅相学（phrenology）的观点认为性格特点位于大脑的特定部位。性格特点虽然也是现代心理学的一部分，但这种定位说并不被认可。卡萝尔·马盖（Carol Magai）和珍妮特·哈维兰-琼斯（Jeannette Haviland-Jones）提出，性格体现于心理传记（psychological biography）中，基于早期的人际关系，表达在与他人的情感交流当中。大卫·肯尼（David Kenny）提出，我们的性格是多面的。在某个层面上，我们对身边的大多数人都表现出相同的性格特点。在另一个层面上，我们能激发他人不同的情绪。更进一步而言，有些层面只会在与特定他人的情感关系中表现出来。

颅相学

假设现在是 1840 年，你去检查自己的脑袋。一个专家先是拿着卷尺测量你的头骨，又用手指在你的头上摩挲着，标注出突起和凹陷。检查后，你收到一份诊断书，上面可能写着你的怜爱情结——对自己孩子的爱——发育良好，也可能写着你不够谨慎。专家对你大脑的两种能力进行了说明，每种能力都定位于大脑的某个特定部位。当一个部位发育良好时，它会在你的头骨上推出一点形成隆起。如果发育不良，该处就形成了凹陷。

检查你的脑袋的人是颅相学的专家，这门学问是一套关于思维和大脑的体系，流行于 19 世纪上半叶。[1] 你可以在本章开头看到大脑的颅相区域图。颅相学的创立者是弗朗兹·加尔（Franz Gall）。他的一些早期研究是在疯人院患者和监狱囚犯身上进行的。他发现，扒手头部侧面耳朵上方 4 厘米左右的区域特别发达。他认为，这个区域包含着贪欲器官。

还是一名小学生时，弗朗兹·加尔就发现，通过某些同学头部的形状，就能够看出他们的心理特征。后来他成了一名医学生，并继续做着这样的观察。他发现那些眼睛明亮的人记忆力往往很好。1800年，在加尔获得医学资格后，约翰·施普茨海姆（Johann Spurzheim）加入了他的研究，二人开始在欧洲各地讲学。施普茨海姆引入了"颅相学"一词，是他让这一理论普及了开来。

加尔的核心著作于1810年开始出版。它的题目在图书馆的所有书中或许是最长的之一。翻译成汉语，这一题目是《关于大脑及其各个部分的功能：观察通过大脑和头部以测定人和动物的本能、习性、天赋、道德和智力倾向的可能性》。书的第一卷讲解了整个神经系统，包括感觉神经、脊髓、小脑，等等。直到这本著作的第二、三、四卷，加尔才进入严格意义上的颅相学主题，其最后一卷发表于1819年。

当然，加尔本人的脑袋也是经过检查的。一位颅相学传记作家这样写道：

> 加尔的爱恋、怜爱、黏人度、好斗性和破坏性器官都非常发达。他的掩饰性器官也很大，但他从来没有将其用于不道德之处。他过于清楚自己的心智能力，不会通过狡诈或欺诈来达到目的。[2]

加尔提出，人有37种精神倾向，每一种都由大脑中特定的器官产生。到了1840年，评论家们开始批评颅相学是一种伪科学，尽管颅相学的学会和期刊一直存活到了20世纪，其被接受的程度其实早就日益衰微了。

来看看汽车版的颅相学。打开引擎盖，我们看到一块隆起。那一定是它的动力性器官。它的制动性怎么样？也许这个器官在靠近车轮的某处。其他部分——速度性器官、经济性器官和噪音性器官又如何呢？是不是也有一个堵车的器官呢？我们知道这种想法是错误的。要了解汽车的工作原理，我们需要了解点火系统、活塞和凸轮轴等部件的功能。

尽管如此，约翰·范·威赫（John van Wyhe）等历史学家仍认为加尔的影响十分重要。在他的那套丛书中，加尔提出大脑是心灵的器官，大脑内不是同质的，而是多种不同功能的集合，每个功能都定位在大脑特定的部位。现在，我们认同大脑才是心灵器官，且特定的脑区具有特定的功能。而在200年前，许多人认为那些精神病患者是被恶魔附了身。在颅相学等因素的影响下，人们意识到了那些精神病院里的病人或许是大脑出了问题。

现在如果有人说："你去检查检查你的脑袋吧！"那么他不是在指一个过时的系统，而是在对你恶语相向。但在当年这个人的本意是告诉你，你的某个倾向发育过度了，你应该意识到这一点以便抑制它。诊断和自我治疗的观点使得颅相学大受欢迎。虽然颅相学中某些倾向的名称有些怪异，但心理功能这一概念着实令人感兴趣，"心理功能是由大脑生成的"这一观点似乎也是客观的。颅相学的吸引人之处也在于，它闪耀着希望的光芒。它告诉我们，我们可以培养或减弱某种倾向，以此来提升自我。在加尔进行颅相学演讲的100年后，这种思想演变成为一种实践的核心，该实践在今天被称为心理治疗。

人 格

现代心理学告诉我们，每个人都有经久不变的倾向：人格特质。比奈和西蒙发明了测验提问的方式，同样地，对问卷的结果进行分析就可以探查人的特质。在问卷中你会看到类似这样的陈述："你情绪稳定，不容易心烦"或"你是个健谈的人"等。你需要在"非常不同意"和"非常同意"之间的范围内评价这些陈述。对第一个陈述非常同意的人会在情绪稳定性（emotional stability）上获得高分，对第二个陈述非常同意的人会在外倾性（extraversion）上获得高分。

作为两种特质，情绪稳定性和外倾性被纳入了一种公认的人格特质模型之中：保罗·科斯塔（Paul Costa）和罗伯特·麦克雷（Robert McCrae）在20世纪80年代开发出了大五人格测验（Big Five test of personality）。[3] 其他三个特质是宜人性（agreeableness），即社交性和友好性；对新体验的开放性（openness），包括想象、情感和美学；以及责任心（conscientiousness），包括尽职尽责，争取成绩。大五人格中最后一个特点——责任心，也是加尔所提出的37种大脑能力之一。

达尔文提出了变异的观念，他认为心智能力与身体特征都可以被继承，人格可能也具有遗传基础，大五人格也基于这样的观点。梅利莎·摩尔（Melissa Moore）及其同事基于对共享100%基因的同卵双胞胎和共享50%基因的异卵双胞胎的研究，发现遗传成分在大五人格特质中每一个的占比均约为50%，与个人自身世界经验所占的比重几乎相同。

人格特质带有情绪的色彩，人们甚至可以将人格特质视为长期的心境。情绪稳定性低是一种焦虑和悲伤的倾向；外倾性则与快乐紧密相关；宜人性高代表热情和友善；开放性代表渴望；责任心强的人往往认真诚挚，并不避讳忠言逆耳。

当然，有研究试图了解大五人格特质在大脑中有着怎样的表征。[4] 在这个领域，研究尚未得出非常明确的结果。我们已经知道的是，情绪稳定性低的人倾向于对事件持消极态度，且有焦虑症和抑郁症的倾向，这涉及杏仁核等大脑区域；外倾性则与调节奖励的大脑系统有关。

与加尔提出的 37 种性格倾向相比，区区 5 个特质的构想似乎看上去有些吝啬。但科林·德扬（Colin DeYoung）和他的同事提出，每个特质都包含两个方面。低情绪稳定性包括反复无常和退缩，外倾性包括热情和自信，宜人性包括同情和礼貌，开放性包括智慧和开放，责任心则包括勤劳和有序。

或许你对自陈问卷这种方法是否有效还存有疑问，1988 年，科斯塔和麦克雷发表了一项研究报告，他们招募了 167 名接受大五人格测验的参与者，并让他们的配偶在情绪稳定性、外倾性和开放性维度上对他们进行评定。[5] 参与者的自评与其配偶对其所做的他评在结果上有极高的一致性。在同一篇论文中，研究人员报告称 983 名参与者的大五人格测验结果在 6 年之内稳定不变。在 30 岁之后，不论男性还是女性，在 5 个维度上评分的稳定性都很高。布伦特·罗伯茨（Brent Roberts）和丹尼尔·姆罗切克（Daniel Mroczek）则发现，在 30 岁之前，大五人格测验的评分可以说是稳中有变的。他们发现，在大约 20 到 30 岁，总体上人们会变得更加自信，对他人也更加友善。同时，他们的情绪稳定性和责任心往往也有所提升。

科斯塔和麦克雷在一篇文章的开头提出了这样一个问题："在你

78 岁生日后的两个月零三天，你会有什么感受？"⁶ 你可能会说，你感觉自己老了，或这要视情况而定。科斯塔和麦克雷则会告诉你，你很可能错了：更有可能出现的情况是，你那时的感受与此刻没有多大差别。情绪性和心境与童年的气质有关。从那时到此刻，它们已经弥漫在你的生活中，并有可能在将来持续下去。

人格、性格、传记

理解人的另一种方式是性格，这就是小说中所刻画的东西。在《小说的艺术》（"The Art of Fiction"）中，亨利·詹姆斯（Henry James）写道："性格不就是对事件的决定吗？事件不就是对性格的说明吗？"⁷ 这句话同样适用于传记作品，相比于人格的特质，性格更接近于我们对自我和他人建立起的心智模型。

与"你是个健谈的人"这种一般性的倾向不同，传记和小说中的性格是指一个人如何处理特定的情况。利顿·斯特拉奇（Lytton Strachey）所写的《维多利亚名人传》（Eminent Victorians）是一本十分著名的传记，在书中他讲述了从 19 世纪到 20 世纪一些著名人物的生平事迹，他所强调的人物特征与那些流传开来的、被神化的人物光环截然不同。例如，他在书中讲述了弗罗伦斯·南丁格尔（Florence Nightingale）的事迹。她在年轻时以一名护士的身份活跃着，在克里米亚战争中与士兵并肩奋战，并被誉为"提灯天使"。不那么为人所知的是，在战争结束后，她致力于推动英国军队和民间的公共卫生建设，并做出了令人惊叹的卓越贡献。45 岁时，她搬进了伦敦南街靠近帕克巷的一所房子，并在那里待了 45 年，她很少外出，大部分时间都在床上。在那里，她从事着统计和流行病学事业，也会见了前来探望的国内外政要。[8]

卡萝尔·马盖和珍妮特·哈维兰-琼斯在当代进行了一项进展很有吸引力的研究，她们在对 3 位心理治疗师——卡尔·罗杰斯（Carl Rogers）、阿尔伯特·艾利斯（Albert Ellis）和弗里茨·皮尔斯（Fritz Perls）——所做的研究中，将人格、性格和传记作品进行了融合。在第一部以心理治疗为题材的电影中，3 位治疗师分别与前来进行心理治疗的来访者格洛丽亚（Gloria）进行了谈话，研究者分析了 3 人在电影中的情绪表达。[9]她们还分析了在 3 位治疗师的学术作品、自传作品和传记作品中显现的主题。这种理论方法源自弗洛伊德的构想，即我们从自己与父母的关系中发展出一套关于生存的特定情感模式，这些模式逐渐成为习惯，并形成了性格以及与他人互动的基础。

以下是马盖和哈维兰-琼斯对卡尔·罗杰斯的概要描述。他生于一个富裕的基督教家庭，有 5 个兄弟姐妹。他小时候身体并不健康，父母因而对他关爱有加。他的家庭氛围充满了关爱，但不允许人们表达愤怒。罗杰斯上大学后不久就步入了婚姻的殿堂，这段婚姻长长久久，大部分时间都是幸福的。他的职业生涯也非常成功，他开创了一种名为"咨询"（counseling）的心理治疗模式。尽管他与精神病学的同事发生过争执，但认识他的人对他的印象是温和而少怒。或许是为了逃避这些冲突，他在职业生涯中曾多次搬迁自己的工作地点。

马盖和哈维兰-琼斯写道，卡尔·罗杰斯与父母关系很好，尤其是他的母亲：

然而，他在与其他社交伙伴进行交流时可能有些暴躁……罗杰斯非常害羞，却也会被他人所吸引，他甚至参加过"会心团体疗法"（encounter group therapies）。他在参加会心团体时，常让他人成为团体的主角。他虽然也经常与其他人发生冲突，但并不是一个特别容易"愤怒"或有敌意的人。[10]

看上去，罗杰斯似乎渴望在治疗中，为自己和他的来访者重建他与父母间那种温暖而亲密的关系。但他的性情中夹杂了很多羞愧感，这似乎是他那热衷于指出缺点的母亲所培养出来的。他一生始终渴望与他人亲近，但仍不免受到拘束。他说话时常用语气词"嗯"和"呃"，他的非言语动作也并不落落大方。他所开创的疗法可以被认为是一种逃避羞愧感的方式，其目标是获得亲密和自我接纳。

在与格洛丽亚拍摄电影时，罗杰斯表现出了极大的兴趣，但略微倾斜的眉毛透着一种悲伤。访谈交流结束后，格洛丽亚说，与罗杰斯在一起时的自己更加可爱，令她惊讶的是，她发现自己竟敢于与他公开谈论"性"的话题。在交谈中，罗杰斯的性格包含着一种鼓励，让格洛丽亚表达出她自己的某一面——更可爱的一面。谈话结束后，罗杰斯对着镜头说，他自认谈话进展顺利。马盖和哈维兰-琼斯注意到了一个瞬间，罗杰斯说："我觉得在今天这种情况下我确实做到了——与人开展一段关系。"马盖和哈维兰-琼斯写道，在说这句话的时候，他的语调上扬了：

这种语调的上扬是自发的，带着兴奋和自豪的满足。在这个关键时刻，他的面部表情呈现了一种更加开放且没有戒备的状态。这在整部电影中是唯一一次，我们看到了唯一一次"纯粹的"符合原型的兴趣表达（眉毛上扬和拱起）。此外，接下来发生的事情更能说明问题。上扬的眉毛仅仅持续了约一秒，紧接着控制眉毛外侧的肌肉受到自主控制，将眉毛的外角下拉，做出了一种悲伤的眉形。[11]

马盖和哈维兰-琼斯谈到，罗杰斯在此刻似乎有一瞬间的兴奋，但他性格的情感结构让他无法沉溺于此，因为表达自我满足或骄傲是可耻的。

马盖和哈维兰-琼斯发现了一件事，虽然不起眼，却揭示了卡尔·罗杰斯性格的核心内容。马塞尔·普鲁斯特（Marcel Proust）在他的小说《追忆似水年华》（À la recherche du temps perdu）中曾这样表达过一种想法：

> 我们脸上的那些特征不过就是时常做出的表情，它们已经因习惯而固定了。就像庞贝古城的灾难一样，就像若虫的变态①（metamorphosis）一样，大自然让我们陷入了习惯性的运动中。[12]

人格源于我们每个人出生的气质，具有很大的遗传成分。这是个人的问题。然而，我们的大部分生活都具有社交性。那么，个性与社会性之间是否存在关联呢？在一项研究中，参与者拿到了他人填写的问卷，其中有他们对自己人格的特征描述，参与者据此回答问卷填写者在特定情况下会采取怎样的行动方式，结果发现参与者能够为想象

---

① 指生物个体在发育中，其形态和构造上所经历的阶段性剧烈变化。——译者注

中的人建立心智模型。[13] 尽管如此，对人格的这些概括与我们对爱人、朋友和熟人建立的心智模型中的细节依然相差甚远。要怎么做才能让人格特质连同与他人情感交往的习惯，更紧密地与传记事件中所描述的那些特质结合在一起呢？

社会关系

传统观点认为，性格具有普遍性，与具体社交场景无关。有的人健谈，有的人坚持己见。大卫·肯尼和他的同事提出了一种社会关系模型，在这种模型中，人们既影响着他人，也受他人的影响。其中一种影响被称为"行为者效应"（actor effect）。这是一个人与他人表达自我时表现出的一般性风格。有的人对他人热情友好，也有人常满怀自信。另外一种影响是"互动对象效应"（partner effect），这是指一个人在他人身上所激发出的反应。有的人常能让他人笑逐颜开，也有的人会惹得旁人火冒三丈。在与格洛丽亚合拍的电影中，卡尔·罗杰斯激发了格洛丽亚身上更为可爱的一面。还有一种影响仅在特定关系中产生，其产生方式与其他关系中的有所不同。这被称为"二元效应"（dyad effect）。在与某人相处时，我们可能会笑声不断，而跟另一个人相处时，我们可能会更加严肃。要怎么测量二元效应呢？总效应减去在所有关系中发生的行为者效应和互动对象效应，剩余的效应量就是特定关系中所特有的效应。

乔恩·拉斯巴什（Jon Rasbash）、珍妮弗·詹金斯及其同事研究了687个非离异家庭和重组家庭，每个家庭都由父母双方和两个处在青春期的孩子组成，研究观察了行为者效应、互动对象效应和二元效应，以及对于某个家庭而言，是否有某种与众不同的相关关系。研究设计包含遗传学分析，因而在非离异家庭中有同卵双胞胎、异卵双胞胎及非双胞胎三种情况，在重组家庭中有双方均有兄弟姐妹，一方有兄弟姐妹和无遗传相关的兄弟姐妹三种情况。每对参与者（例如母亲－父亲、母亲－年长的孩子、母亲－年幼的孩子）录制了 10 分钟的视频，其间要通过交谈解决双方一致认为存在的两个问题。问题既涉及自我的行为，也涉及其他家庭成员的行为，包括家务、分享、家庭作业、金钱和姻亲。

研究人员的关注点在于情绪的消极性和积极性，二者都是通过视频记录编码的，即通过言语内容、语调、面部表情和手势。消极情绪包括恼怒、不赞成、批评和敌意，它表现在严厉的养育、兄弟姐妹间的竞争和婚姻冲突中。在这项测量上获得高分的人，无论是留在家庭中还是离开，都拥有比他人更低的幸福感。这些影响可以持续一生。积极性则包括温暖、亲情和亲密，在这方面得分较高的孩子长大后患精神疾病的概率更低。

在这项研究中，研究者采用多层次模型（multi-level modeling）的分析方法区分行为者效应、互动对象效应、二元效应以及家庭效应（family effect）。行为者效应可通过计算个体与所有家庭成员的关系中表达的情绪消极性和积极性得分得出。互动对象效应可通过计算个体激发出每个特定他人的每种特定情绪的得分得出。（在减去行为者效应和互动对象效应后得到的）二元效应是某种关系中特有的，例如，对于其中一个子女而言，二元效应是指她（或他）与另一位兄弟姐妹一起，或仅与母亲一起，或仅与父亲一起时的效应。家庭效应则是一种所有家庭成员都具有的效应。

正如你在图 12 中看到的那样，在拉斯巴什及其同事的研究中，作为行为者，父亲和青少年儿童表达的消极性（烦恼、抱怨、批评等）比母亲更多，而积极性（温暖与亲情）则比母亲更少。总的来说，行为者效应——在这个模型的众多效应中最接近传统的人格测量——在积极性中的解释力较在消极性中更强，它在前者中解释了 28% 的方差（表示研究中个体间差异的术语），在后者中解释了 20% 的方差。行为者效应大于互动对象效应，但消极性中存在一个稳定的互动对象效应，它能够解释 9% 的方差。

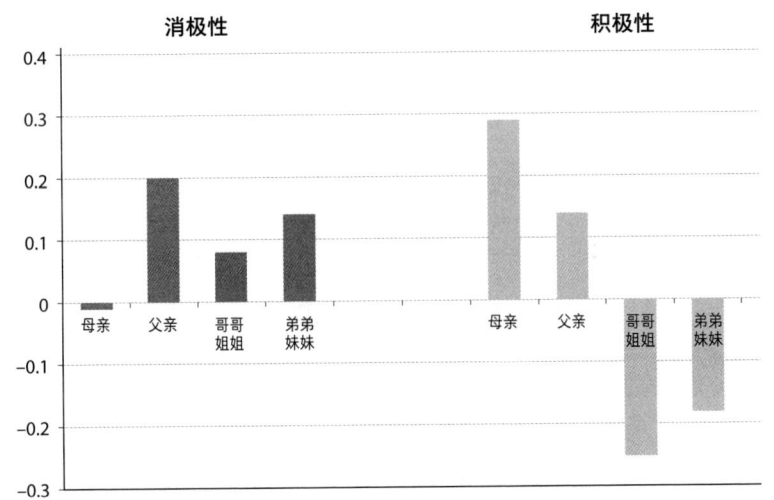

图 12 乔恩·拉斯巴什、珍妮弗·詹金斯及其同事的研究结果，在家庭成员中的行为者效应这一项中，积极性与消极性的平均量。

资料来源：Table 1 of Rasbash, J. Jenkins J.M., et al.(2011). A social relations model of observed family negativity and positivity using a genetically informative sample. *Journal of Personality and Social Psychology*, 100, 474–491。由基思·奥特利绘制。

该研究的一个重要的发现在于，在消极性和积极性中，大约 50%

的方差可以归因于二元效应，即每对参与者的特定组合（例如某个父亲和他 15 岁的女儿，或一对继兄弟姐妹，等等）。

除此之外，在这项研究以及其他研究中，詹金斯和她的同事发现了稳定的家庭效应，即每个家庭的情绪氛围以同样的方式影响着其中所有的成员。[14] 列夫·托尔斯泰（Leo Tolstoy）在《安娜·卡列尼娜》（*Anna Karenina*）的开篇中这样写道："幸福的家庭都是相似的，而不幸的家庭则各有各的不幸。"用统计术语来说，不幸的家庭之间存在更多的变异性，这点已经得到了证实。

关于遗传和环境的作用：在拉斯巴什、詹金斯及其同事们的研究中，青少年儿童所表达的消极情绪大约有 35% 是遗传因素造成的，19% 是共享的家庭环境造成的。

因此，与人们从标准理论（如大五人格）中得到的结论有所不同，人格并非一成不变的。我们每个人都有情绪风格（行为者效应），但我们往往也会激发出他人的某些情绪（互动对象效应）。我们每个人都往往受到自己所生活的家庭的影响（家庭效应），在与不同的人交往时，我们也是不同的（二元效应）。

工业社会中最知名的二元效应，就是坠入爱河并开始与某人一起生活。对此的研究又有何结果呢？莉萨·内夫（Lisa Neff）和本杰明·卡尼（Benjamin Karney）以调查问卷的结果为基础，并以两对新婚夫妻为样本观察他们彼此间的交流，最终发现两对夫妻都以很强的积极性接纳了彼此。虽然这项研究没有采用基于行为者效应和互动对象效应的方法，但我们可以说，内夫和卡尼发现的是一种新婚人士所独有的二元效应，他们称之为"全面爱慕"（global adoration）。这项研究中的部分人在同居开始后会感到意外，他们发现自己的另一半有某种所谓的个性，即形式怪异的本质和行为（一种行为者效应）；也会有一些特点（体现在互动对象效应中），激起与爱慕无关的情绪。当积极而全面的爱慕消退后，只有部分新婚人士能够准确认识到爱人的独有特质。总体而言，妻子比丈夫更加能够建立起对这些独有特质的准确认知，这使她们能更加支持自己的配偶，也让婚姻更有可能延续下去。

第 10 章
精神病、心身症

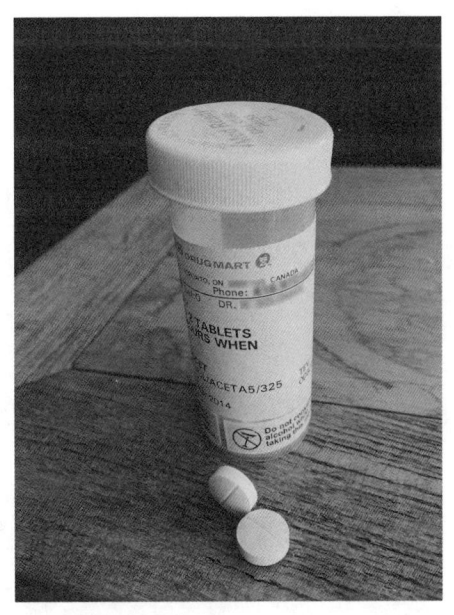

精神药物已经广泛用于治疗精神障碍。

精神病院已被精神病药物所取代。有些精神疾病的病因是大脑功能障碍,但乔治·布朗(George Brown)和蒂里尔·哈里斯(Tirril Harris)发现,最常见的精神疾病是抑郁症,其起因通常不在大脑，而在生活。不同国家以及同一国家内不同地区的精神疾病发病率高低，与该国家或地区人们收入之间的不平等程度有关。种类各异的心理治疗已被证实能有效控制精神疾病。此外，对于因某种压力所引起的心身症（psychosomatic illness），心理治疗也同样有效。

我们的大脑正常吗

许多化学物质参与了神经系统的工作，它们在大脑中的分布并不均匀。大多数作用于大脑的药物是通过影响大脑某些系统中的传递物质（即递质）、激素或其他化学物质的代谢来实现的。它们有的可能会让人警觉，有的可以减轻疼痛，还有的则可以改变情绪。本章开头图片中展示的那类药物已经屡见不鲜。虽然有些精神活性药物，例如酒精，在几千年前就被发明了，但它直到20世纪50年代才被用作处方药来干预心理功能；时至今日，酒精的应用已经很普遍了。

在20世纪50年代和60年代的欧洲和北美，精神病学发生了翻天覆地的改变。你可以在安德鲁·斯卡尔（Andrew Scull）《疯狂的文明》（Madness in Civilization）中读到相关的内容。新药物的出现的确是原因之一，另一个重要原因则是反精神病学运动。当时，有些精神疾病患者被强制长期居留精神病院中，同时并非所有病院都能做到人员配备齐全或维护良好，反精神病学运动就对此提出了质疑。那时患有幻觉、妄想、躁狂或抑郁的人都被迫留院"观察"。斯卡尔说，在20世纪50年代的"英格兰和威尔士，不论哪一天你都可以看到有150,000名患者被关在精神病院……而在美国，其人数几乎是这个数字的 4 倍。"[1] 在这种情况下，斯卡尔写道："在 1951 年的纽约州，政府医疗开销的 1/3 都被用于支付精神病院的费用，而当时全国的平均比例为 8%。"[2] 除此以外，当时还没有标准的精神病诊断系统，明确的诊断和具体的治疗建议达成一致的比率仅为 65% 左右。[3]

反精神病学运动的领导者是美国的托马斯·萨斯（Thomas Szasz）和英国的 R. D. 莱恩（R. D. Laing）。两人都受过精神分析方面的培训，这是当时心理治疗的主要方法。当时还有一种精神病治疗的生物学方法：电惊厥疗法（electro-convulsive therapy，ECT）。随着人们在精神病院接受治疗的方式逐渐受到关注，公众的意见也开始产生影响。这在米洛斯·福尔曼（Milos Forman）的电影《飞越疯人院》（One Flew over the Cuckoo's Nest）中有所展现，其中兰德尔·麦克默菲（Randle McMurphy）不情愿地住进了精神病院，并受到了专制护士拉契特（Ratched）的折磨。当他违反医院规定时，会被施加 ECT 作为惩罚。最后拉契特得偿所愿，迫使麦克默菲经受了额叶切除手术。

反精神病学运动的目标是精神病院。反对者认为长期住院治疗是失当的，与此同时，地方当局也对精神病院的花费感到震惊。而氯丙嗪（Thorazine）等抗精神病药物也在此时出现，与上述改变无缝衔接，共同促进了精神病学的改变。[4] 这场运动以精神病患者受到了更好的照顾告终，且如原文中短语所强调的那样："在社区中。" 19 世纪建造的大批精神病院如今依然伫立在城市的周边，有些破败不堪，有些则改作他用。现在，轮到那些以往在精神病院里住院接受治疗，如今却坐在杂货店外面倒置的牛奶箱上的人喊着想要改变了。在目前的大环境下，如果医院准许一个人因精神疾病入院，对患者进行药物治疗，并在几天内同意患者出院，是要承担很大压力的。

精神药物的作用方式之一是将传递物质保留在突触（synapse）中的时间延长或缩短。这一时间的延长可以通过防止重吸收来实现。被称为"选择性5-羟色胺再摄取抑制剂"（selective serotonin reuptake inhibitors，SSRIs）的药物就可减少5-羟色胺（血清素）这种传递物质的重吸收，使其保留在突触中并持续激活连接链中的下一个神经元。最著名的选择性再摄取抑制剂药物是百忧解（Prozac），在1987年，它作为抗抑郁药进入市场。

在阿道司·赫胥黎（Aldous Huxley）的著作《美丽新世界》（Brave New World）中，社会规范由精神活性药物辅助，智力的遗传由管理人员管控，人在特殊的单位中被繁育出来，同时被划分为5个特殊的社会阶层，"阿尔法"（α）、"贝塔"（β）、"伽玛"（γ）、"德尔塔"（δ）、"厄普西隆"（ε），其中阿尔法智力最高，厄普西隆因智力最低而被分配了最为枯燥琐碎、最不需要智力的工作。管理人员利用条件反射使人们不带抱怨地融入自己的社会角色当中，药物"索玛"①（soma）被普遍用于提升人们的幸福感。

百忧解并不是索玛，但这种说法出自1993年彼得·克雷默（Peter Kramer）的畅销书《神奇百忧解》（Listening to Prozac）。据其简介描述，这本书：

> 宣告了一场自我科学的革命。特丝服用百忧解，因为她一直处在抑郁之中；朱莉娅服用百忧解，因为她不知道自己是谁；当萨姆服用这种药物时，他感觉"好多了"。自推出以来，已有450

---

① 小说中一种虚构的致幻剂。——译者注

万美国人服用过这种抗抑郁剂,而且许多人已经变得更加自信、受欢迎、精神敏捷,也有了更强的情绪恢复能力。

在2008年的一篇文章中,玛西娅·安吉尔(Marcia Angell)提出,制药公司现在控制着大多数关于精神活性药物的研究,她说:"越来越多的证据表明,他们经常歪曲他们所赞助的研究,使他们的药物看起来更好、更安全。"5 3年后,在《纽约书评》中,她回顾了质疑百忧解和其他此类药物疗效的书籍。在她的评论中,安吉尔复制了刊登在1995年《美国精神病学杂志》(American Journal of Psychiatry)上的百忧解广告。广告的彩色照片上有一个活泼的女性,她正开心地笑着。广告的标题是:"对于抑郁症患者,百忧解一诺千金。"该广告标题之下是明确列出的承诺:"它提供了三位一体的治疗,信心、便利、合规。"这意味着如果你是位精神科医生,你可以确信你的患者会喜欢这个处方,它适用于各种抑郁症,是最便利的方案,并且患者基本都会乖乖吃药。抑郁症是西方世界最普遍的精神疾病。

制药公司对百忧解和其他选择性5-羟色胺再摄取抑制剂进行了营销推广,其基本观点在于,抑郁症即是大脑突触中5-羟色胺的不平衡。这些公司宣称,通过调和这种不平衡,这类药物将解决这一问题。安吉尔报告说,2011年,美国6岁以上的人中有10%在服用抗抑郁药,许多人也称药物是有效的。制药公司的抑郁症理论存在一个问题,即这一理论在科学文献中并没有得到证实。在《皇帝的新药:抗抑郁症神话的破灭》(The Emperor's New Drugs: Exploding the Myth of Anti-depressants)中,欧文·基尔希(Irving Kirsch)写道:"毫无疑问……将抑郁症视为大脑内的化学失衡是完全错误的。"[6] 制药公司的解释无异于阿司匹林（aspirin）的疼痛理论，即：疼痛由血液中阿司匹林的缺乏而引发。

基尔希在书中解释说，美国食品和药物管理局（FDA）批准药品的标准很低——远远低于证明该药物实际上比替代药物更有效的标准。基尔希进行了一项正当的药物试验，将参与者随机分配至安慰剂组或药物组。他发现，与安慰剂相比，选择性5-羟色胺再摄取抑制剂要么没有效果，要么效果很小。安慰剂是一种用惰性物质做成的药丸，但被患者当成了有效的药物。基尔希认为，由此可以说明，安慰剂比不进行治疗更加有效，且与82%的抗抑郁药同样有效。

通过改变大脑化学物质来解决问题，假设抑郁症是大脑故障引发的，这是完全错误的。虽然大脑毫无疑问地牵涉其中，但有证据表明，人们的抑郁，是发生在他们生活中出现了重大问题时，而不是他们的大脑出了问题时。

生活事件与人的脆弱性

我们对身体疾病的理解分为两个阶段。第一阶段被称为"流行病学"，人们开展调查以找出患有某种疾病的人，并查明他们的生活状况。然后，在第二阶段中，人们对从第一阶段得出的假设进行探索，以找到特定的机制并寻找治疗方法。第一个明确的流行病学发现是约翰·斯诺（John Snow）在1854年做出的。与当时其他的调查和发现不同，他追踪了伦敦苏荷区爆发的霍乱，并证明人们是通过从特定的水泵中取水从而染上了霍乱，据此推断疾病是由细菌传播的。一百年后，理查德·多尔（Richard Doll）和布拉德福德·希尔（Bradford Hill）在一项对医生的调查中发现，吸烟与肺癌有关。直到10年之后，精神疾病流行病学才开始出现，其第一项研究的对象是生活在英格兰南部怀特岛的儿童。在成人群体中，最重要的一项精神疾病流行病学研究，是在儿童研究10年后进行的一项关于抑郁症的研究。这项研究由乔治·布朗和蒂里尔·哈里斯开展，调查对象为居住在伦敦南部的女性。之所以这样选择，是因为成瘾现象在男性中更普遍，而抑郁症则多发于女性。

布朗和哈里斯采用了标准化的诊断方法，用半结构化方式进行访谈。他们发现，那些被诊断为抑郁症的女性，可能遭遇了极糟的生活事件或困境，这对她们产生了负面后果。在接受采访的458名女性中，有37名在采访前一年内患上了抑郁症。而在这37名女性中，33名在抑郁症发作前经历过极糟的生活事件或困境，其遭遇逆境的比率远高于未患抑郁症的女性。所谓极糟的事件，是诸如亲人死亡，或被解雇且无望再就业等。所谓困境是一个长期问题，例如严重的疾病，或孩子违法犯罪等。如果这种逆境降临在某些女性身上，她们同时有着所谓的"脆弱因素"——例如在她们的生活中没有亲近的人，不能与他人分享自己的情感生活——那么她们可能会变得抑郁。来自朋友和亲密关系的支持，被称为"社会支持"，是目前公认的逆境中遏制抑郁症的主要因素。一位女性如果处于离婚的困境中，抚养着两个小孩，朋友寥寥，收入微薄，则可能会患上抑郁症。

在布朗和哈里斯的工作后，人们发现即使困难没有加剧，在经历过一次抑郁后，复发的可能性也会变得更高。此时，大脑似乎发生了变化，增加了抑郁出现的可能性。

关于这些问题，玛丽·亚霍达（Marie Jahoda）、保罗·拉扎斯菲尔德（Paul Lazarsfeld）及其同事们在早期完成了一项重要工作，他们于1930年在维也纳附近的马林塔尔村开展了一项对失业影响的研究，该村村民多在一家纺织厂上班，但这家工厂关闭了。[7]这是一项跨学科研究，也极具创新性。研究者采用的方法包括观察、访谈和研究居民所记录的日记。研究小组还引入了无干扰测量（unobtrusive measure）的构想，包括调查当地图书馆借出的各类书籍的数量，然而尽管人们有了更多的时间可用来阅读，这一数字却在下降。贫穷是个严重的问题，更严重的是人们意志消沉、冷漠和人格解体（depersonalization），即抑郁症。收入固然十分重要，但亚霍达及其同事总结说，工作最重要的益处在于社交层面和个人层面。

在21世纪，阿夫沙洛姆·卡斯皮（Avshalom Caspi）、特里亚·莫非特（Terrie Moffitt）和他们的合作者开展了一项关于抑郁症的重要研究。他们的成果表明5-羟色胺似乎确实与抑郁症有关，尽管抑郁症不像药物公司所说那样存在化学失衡，却可以用百忧解等选择性5-羟色胺再摄取抑制剂进行治疗。

2003年，卡斯皮和他的同事发表了一项对新西兰达尼丁的1,032人（男性占52%，女性占48%）的研究，他们对这些年龄处在3岁至26岁的人进行了追踪。参与者进行了5-HTT转运体基因——其功能是促进传递物质5-羟色胺的释放——的测试。该基因有两种类型：长和短。长型在促进5-羟色胺释放方面更有效。由于每个人都有配对的染色体，一组来自父亲，一组来自母亲，每个人都有两个这样的5-HTT转运体基因。因此，这些配对可以是长－长、长－短、短－长或短－短。在所有参与者中，31%的人为双长型，51%的人为长短混合型，17%的人为双短型①。参与者还报告了他们在21岁至26岁生日之间经历过多少次极糟的生活事件。

结果表明，那些遭受过极糟的生活事件，并且至少有一个短型基因的人比那些有两个长型基因的人更容易抑郁；那些遭受极糟的生活事件并且有两个短型基因的人患抑郁症的风险最大；那些具有一个或两个短型基因但没有遭遇糟糕生活事件的人并没有患上抑郁症；即使发生了极糟的生活事件，长型基因也能保护人们免于抑郁。研究者已经完成了许多后续工作。在一项元分析[8]（meta-analysis）中，卡加·卡格（Katja Karg）及其同事发现了逆境既与抑郁症存在因果关系，也在5-HTT转运体基因与抑郁症的关系中起到调节作用。在另一项元分析中，尼尔·里施（Neil Risch）及其同事发现了逆境与抑郁症存在因果关系的证据，但没有发现5-HTT转运体基因在这种关系中的作用。在最新的研究中，例如，萨斯基亚·塞尔泽姆（Saskia Selzam）及其同事发现，对心理的重大影响是多个基因共同作用产生的，并非单个基因的"一己之力"。

精神病、社会状况、疗法

抑郁症是精神病学中最常见的单一诊断②结果。它表现为弥漫的悲伤或低落情绪，通常伴随着对愉快的活动失去兴趣，以及其他几种症状，包括无法集中注意力、睡眠障碍、体重减轻、动作减慢、无价

---

① 由于单项中进行了四舍五入，三项之和仅为99%。——译者注
② 单一诊断，single-diagnosis，是指仅有精神健康问题；与之相对应的双重诊断，dual-diagnosis，指既有精神健康问题，也有物质滥用问题。但在中文语境下，双重诊断多用于中医领域，另有其他含义。——译者注

值感以及自杀倾向。

长期的逆境能增加患抑郁症风险,包括在童年时被忽视、被社会孤立、失业、遭受家暴。虽然现代工业社会有许多好处,但悬殊的收入加剧了逆境。因此对许多贫困人士来说,生活中充斥着广告、电视报道和那些自己无法拥有的东西,收入不均就成了一个重大的危险。患上抑郁就是对生活变得绝望,也是对做些什么能使生活变得更好感到绝望。

一个国家收入的不平等程度对该国抑郁症等心理障碍的患病风险存在影响。图 13 展示了 4 个国家中,精神疾病患者人数在该国全部人口中所占的百分比。每个国名下面的数字代表该国收入的不平等程度:该国收入前 20% 者的经济所得与后 20% 者的比值。在日本,这一比例是 3.4 倍。而美国,这个工业化世界中最不平等的社会之一,

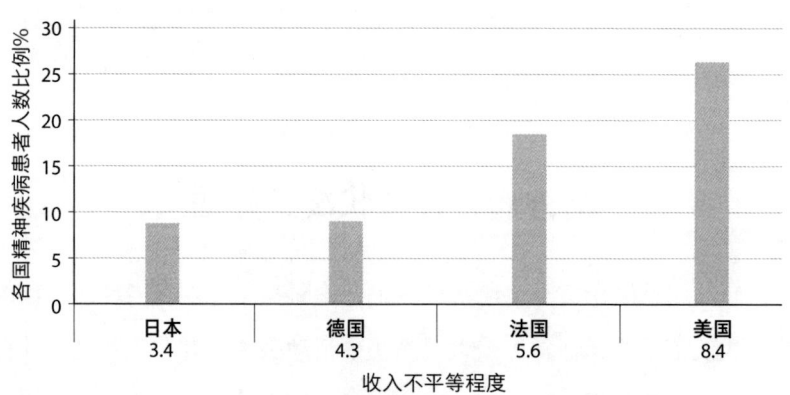

图 13 凯特·皮克特、奥利弗·詹姆斯和理查德·威尔金森发现,在收入不平等程度不同的国家中,精神疾病患者的百分比也不同。

资料来源:Pickett, K. E., James, O. W., & Wilkinson, R. G. (2006). Income inequality and the prevalence of mental illness: A preliminary international analysis. *Journal of Epidemiology and Community Health*, 60, 646–647。由基思·奥特利绘制。

前 20% 的人口的收入是后 20% 的 8.4 倍。你会看到，收入不平等程度越高，患精神疾病的人也就越多。在美国，确诊患有精神疾病的人口比例为 26%。最常见的是抑郁症，但这项研究中的精神疾病也包括焦虑症和成瘾。理查德·威尔金森（Richard Wilkinson）和凯特·皮克特（Kate Pickett）发现，收入不平等的负面影响同样适用于身体疾病、寿命、肥胖和许多其他结果。他们也发现，各国的这一模式在美国不同州之中也是存在的。虽然美国各地的文化和习俗大致相似，但在收入不平等程度较高的州，人的精神和身体疾病发病率也更高。

贫困加剧了对儿童的忽视和虐待，研究人员也已证明，这些因素会使他们在长大成人后更易患抑郁症等精神疾病。而当父母收入得到改善时，这些问题也相应会得到改善，因为父母不再过分担心生计问题，可以为子女提供更好的照顾。

抑郁是绝望，是放弃。无力承担生活的重担时，人就可能陷入抑郁。在这种状态下，人们解决问题的能力会变得越来越差，因此，尽管对于罹患抑郁症的大脑是如何运作的，我们尚无定论，但让人们感觉不那么抑郁的药物可以帮助人们更好地应对他们的生活。可若要谈利用药物使人们不再感到那么无望，或减少对命途多舛的焦虑，我们仍有一段距离。药物并不能解决诸如由社会不平等、极糟的生活事件或困境，以及儿童被忽视和虐待引起的问题。重要的是，在对这些问题的严重性和普遍性的关注上，药物相关问题不应该分散我们的注意力。同时，药物有时也可以让人们更好地处理自己的问题，应对遗传和童年早期经历带来的性情与倾向。

心理治疗，即谈话疗法，有助于治疗抑郁和焦虑障碍，弗洛伊德是这一方法早期的支持者。罗尔夫·桑德尔（Rolf Sandell）及其同事对精神分析疗法进行了评估,他们发现 156 名患有严重精神疾病症状的患者在 3 年后都有了实质性的改善。[9] 在这项分析结束后,这些患者也还在持续好转,最后他们的心理健康状况与普通人已无差别。

精神分析疗法耗时长,价格贵。还有一个问题在于,想要做好是很难的。甚至弗洛伊德本人都说自己并不是很擅长,否则朵拉也不会在治疗结束之前就离开。珍妮特·马尔科姆(Janet Malcolm)在书中称,精神分析为"不可能的职业"。现在有数百种心理疗法,其中许多旨在使治疗更快更简单地进行。几乎所有人都遵循弗洛伊德的观点,治疗应建立在如下基础上:治疗师仔细聆听,并努力从心理上理解患者(或客户)所说的话。

认知行为疗法(cognitive-behavior therapy)是一种公认的值得开展的心理治疗形式。在治疗抑郁症方面,人们发现它比药物更有效,且复发率较低。[10] 正念冥想(mindfulness meditation)经常与认知行为疗法或精神分析疗法相结合,是一种新的治疗方法。[11] 正念来自佛教的冥想,每一天都要花一段时间独处静心,专注于自己选择的某些事情,比如自己的呼吸。在这种练习中,当焦虑和抑郁的想法在这个安静的时间进入脑海时,冥想者要回归于自己所关注的事物,那些消极的想法就会再次消散。

在《效果不过如此:抗抑郁药的案例》(Ordinarily Well: The Case for Antidepressants)中,彼得·克雷默收回了他在上一本书中所做的声明,即抗抑郁药可以使一个人的状况"好上加好"。这回他站在统计和临床证据的角度,给出了大量汇总结果,并得出结论:药物在某些时候对部分人有帮助。他还写道,在其作为精神病医生的职业生涯中,他比较推崇心理治疗,并将药物疗法视为下策。

心理学家需要致力于改善治疗方法。也许更重要的是防患于未然。文森特·菲利蒂（Vincent Felitti）及其同事的研究，加上范·尼尔（Van Niel）、菲利蒂等人的后续研究，均表明儿童时期的不良事件（体罚或性虐待，母亲遭受家暴，家庭成员滥用药物、患有精神疾病或曾经入狱），在很大程度上预示着日后的身体问题以及心理障碍，包括抑郁和成瘾。他们发现儿童遭遇逆境的次数越多，出现问题的风险就越大。[12] 因此，心理学家需要努力减少这些风险，而所有这些风险都会因长期的贫困而加剧。我们需要一同努力以减少收入不均等因素，这些因素既会自童年时期起对心理健康产生负面影响，也是肥胖症和社会凶杀案等状况的风险因素。

压 力

"心身"一词指的是心灵与身体之间的联系，其中的核心问题是压力。在抑郁症流行病学中，压力与逆境的意思相同，但前者的使用范围往往更广，既包括轻微的问题，也可以指严重的问题。人们常常可以在报纸上看到"压力"这个词，也可以琢磨解决方案：锻炼、瑜伽、冥想、过放松的生活，或为自己腾出更多时间。

遭受压力时，我们的身体会分两个阶段做出反应。第一阶段反应迅速，涉及神经系统和激素：肾上腺素使血流量增加，皮质醇使血糖水平提升；身体从平静状态切换到紧急状态，准备好战斗或逃跑。根据达尔文和情绪（第3章）的内容，我们可以说压力反应是恐惧的表现。

如果压力严重且持久，则会进入反应的第二阶段，身体的免疫系统可能由于长期处于紧急状态而发生变化。首先，伤口需要更长时间才能愈合；其次，免疫系统在识别和消灭传染性细菌等方面的效率会降低；第三，免疫系统无法识别身体自身的组织，因此类风湿性关节炎（免疫系统攻击身体的关节）等自身免疫问题可能会变得更严重；第四，免疫系统无法检测和摧毁癌细胞；第五，心血管疾病（心脏病和中风）的发病率上升，这也可能是免疫系统的变化引起的。

珍妮丝·基科特-格拉泽（Janice Kiecolt-Glaser）是一位标新立异的研究人员，她提出压力是心理学与健康科学整合的基础。在一项关于伤口愈合的研究中，她和同事在暑假期间，在11名牙科学生唇部的一侧做了一个很小的、标准化的3.5毫米创口。[13] 几周后，在学生下一学期第一次重大考试之前3天，研究人员在每个学生唇部的另一侧做了同样大小的创口。考试前所做创口的愈合时间，比休假期间平均长3天（长40%）。这项研究已经被重复验证。

在一系列关于长期压力的研究中，基科特-格拉泽和她的同事们将长期照顾患有痴呆症配偶的人，与和他们的情况相似但无照顾患病配偶责任的人进行了比较。[14] 研究发现，那些长期处于压力中的人体内一种名为白细胞介素-6的物质（它参与免疫系统中的信号传导）比非压力组的水平高了4倍。这种物质可能诱发心脏病。

第三项研究由杰米·潘尼贝克（Jamie Pennebaker）和桑德拉·比尔（Sandra Beall）发表。他们随机选择了46名心理学学生，要求他们连续4个晚上用15分钟时间记录他们生活中的创伤或偶发状况。其中一部分学生被要求记录与创伤相关的事实，另一些则被要求记录与创伤相关的情绪，还有一些则既需要记录事实，也需要记录情绪。结果发现，那些需要同时记录事实和情绪的学生在动笔后立即表现出血压升高和负面情绪增多，但在接下来的 6 个月里，他们在大学保健中心的医疗咨询次数要少于其他组的学生。

潘尼贝克与珍妮丝·基科特-格拉泽和罗纳德·格拉泽（Ronald Glaser）一起，对上一段所述的研究进行了重复，共有 50 名参与者参加了实验室研究，他们被分配到创伤条件下或控制（无创伤）条件下。那些创伤组的人收到指示："在 4 个记录日中的每一天，我都希望你写下你一生中最痛苦和最令人沮丧的经历。"那些被分配到无创伤组的人，每天都收到一个中性的话题，并据此进行记录，同时他们被要求不能讨论自己任何的想法与感受。在第一天的记录前、最后一次记录后的一小时，以及记录后的第 6 周，所有参与者共接受了 3 次心率、血压、皮肤电、血液及心理测试。从主观的角度看，创伤组参与者比控制组参与者的痛苦程度更高，但后来在免疫挑战中，他们有着比控制组参与者更好的恢复性反应。与潘尼贝克和比尔的研究一样，记录创伤的参与者与记录中性主题的参与者相比，寻求大学健康中心帮助的次数也更少。

潘尼贝克及其团队，以及几组独立研究人员多次重复了这些结果。毫无疑问，无论是通过书面形式还是与他人的交流来回忆创伤经历，都会产生治疗效果。潘尼贝克提出，我们经常无法抑制创伤经历的影响。它产生了一种压力感，通过向他人倾诉这些事情及相关的情绪，或者通过写作来回忆，都能缓解压力。[15]

总之，基科特-格拉泽说，慢性压力的影响在女性中更为严重，并且不论男女，随着年龄的增长其影响都会加重。然而，该领域的研究存在一个问题，尽管一些研究看上去是直截了当、不容置疑的，例如关于压力和伤口愈合的研究，但是，压力与癌症和心脏病等重大疾病的关系的结果却更为复杂。

在工业化的世界中，心脏病每年都会导致数百万人死亡。证据表明，心脏病可能是压力引起的。克里斯蒂娜·奥斯-戈默（Kristina Orth-Gomer）领导的核心调查小组开展了一项研究，试图了解斯德哥尔摩地区女性患冠状动脉疾病的风险。2000年时，奥斯-戈默和她的同事发现，在已发作过心脏病且接受了4.8年随访的已婚妇女中，与没有婚姻压力的妇女相比，有婚姻压力的妇女心脏病复发的可能性则高出3倍。相比之下，那些承受着工作压力的人并不会比那些没有工作压力的人更容易发作心脏病。2009年奥斯-戈默及其同事研究了237例连续的急性心脏病住院患者（具有心肌梗死、冠状动脉搭桥或其他类型的冠状动脉问题）。他们被随机分组，一组接受常规的出院后护理组，另一组接受心理干预，每4至8名患者共同接受一名女性组长的治疗。疗程持续一年，共进行了20次，每次2~2.5小时。每次小组治疗都从放松训练开始，然后重点关注对风险因素、认知重组、应对家庭和工作压力、抵消抑郁和焦虑，以及改善社会关系和社会支持的教育。治疗组长确保每位患者在每次治疗过程中都进行了交流。在此后的7年里，常规护理组中有25名女性（20%）死亡，但干预组中只有8名（7%）死亡。因此，干预提供了近3倍的保护作用。

现代医学的第一次重大进展是约翰·斯诺的流行病学发现，他发现霍乱通过含有细菌的污染水传播。然后，家庭开始使用未受污染的水，并清除污水和垃圾废物，以进行预防。抗生素是在那之后才出现的。

在了解逆境——糟糕的生活事件、长期生活困境和其他主要压力因素——是如何引发心理问题和心身疾病的方面，我们正在进步。人们在预防层面才刚刚起步,去为那些与孩子一起经历生活困难(例如由于贫困)的人提供帮助,人们也在从心理治疗着手,帮助人们解决自身和人际问题。

第 11 章
fMRI 和体验的脑基础

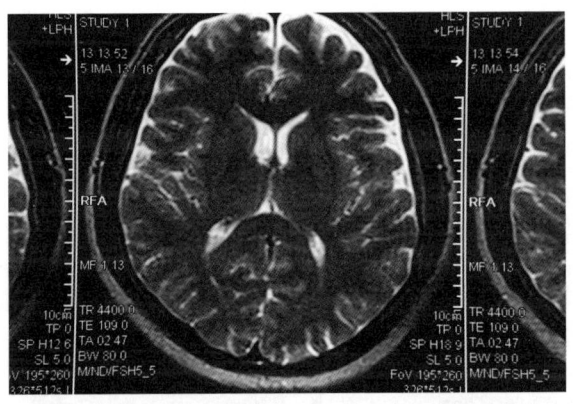

计算机利用 fMRI 技术生成的人类头部和大脑某截面的图片。

脑成像技术让我们能够在经历不同体验时，对大脑活跃的区域进行观察。加布丽埃勒·斯塔尔（Gabrielle Starr）使用 fMRI 研究人们在欣赏诗歌、视觉艺术和音乐时大脑的活动。她发现艺术在触动我们时，也激活了类似于我们回忆他人和自己时的脑网络。萨米尔·泽基（Semir Zeki）等其他研究人员发现，那些有影响力的艺术作品，其含义可能是模棱两可的，同样的画作会让人们以不同的方式产生共鸣，从而引发我们内心不同的联想。

体验产生于何处

自 20 世纪 90 年代初以来，fMRI 已成为心理学中一项重要的研究手段。采集 fMRI 图像时，参与者需要躺在一个大型的磁体空间中，检测大脑中血流的局部变化。数据采集价格昂贵，因此参与 fMRI 研究中的人往往较少，但它对参与者没有负面影响。这项技术的原理是，大脑区域在激活时会增加血液流动。由于被吸收到神经元中携带着氧气的血液（充氧血），与卸下氧气后流出神经元的血液（缺氧血）有不同的磁性，人们可以通过磁力探测血流变化。随后通过计算机构建，你就可以看到本章开头的那种图像，图中显示了处于激活状态的脑区域。

这个领域中活跃着很多研究者，其中一位是加布丽埃勒·斯塔尔。虽然身为英语教授，她也用 fMRI 来研究人们的内心体验。她研究的对象是诗歌、绘画和音乐，这被她称为"艺术三姐妹"。

关于诗歌和其他艺术的作用与意义，罗马诗人贺拉斯（Horace）在《诗艺》（*Ars Poetica*）中的论述影响深远。他说诗歌能给人欢愉和指引。欢愉？嗯，我想是的。但这其实没给我们太多帮助。那指引呢？父母教他们的孩子做人，政治家引导我们为其投票，广告商诱导我们去掏腰包。但是艺术也会指引我们吗？

斯塔尔有她更好的解释。她写道：

> 我认为，艺术通过引导注意力，塑造观念，创造我们不曾有的冲突或和谐来调解我们对周围世界的认识，因此，美学赋予我们的是价值的重构。[1]

斯塔尔说，"价值"与情绪反应的质量有关。体验情绪十分重要，它是人类意义的核心，因为它表明某件事物影响重大。艺术作品可以促使我们观察、感受和思考的方式发生彻底的变化。

斯塔尔提出，"审美经验要求大脑将外在感知（perception）与内在感觉（sense）结合起来"。² 艺术调动起我们的情绪并重新调整我们的感知。她认为，运动想象①（motor imagery）是一种思考艺术对我们的影响的好方法，因为它可以让我们感受到"如果我们真正去做我们正在思考的事情会是什么样子"。³ 亚当·斯密（Adam Smith）在他的《道德情操论》（*The Theory of Moral Sentiments*）中用类似的方法写道，同情始于我们的内心，当我们想象自己与别人处境相同时，同情就由内而外转移到了他人身上。

但艺术并没有让我们真正去做什么。烤面包机能将一片面包变成烤面包，但艺术不是这么运作的。艺术不会让事情真的发生，但它提供了可能，构成了发端。当一个人沉浸于关乎诗、小说或画作的想象活动中，艺术可以使他在改变感知时体验到情绪。其人未变，其情绪却因想象而丰富。

斯塔尔还在书中提到了约翰·济慈（John Keats）的诗《希腊古瓮颂》（"Ode on a Grecian urn"），这首诗描写了艺术与普通生活的关系：艺术源远流长，生命倏然即逝。

以下是颂歌第二节的最后四行，这是几句作者与古瓮的对话，瓮上画着一个美貌的少年，他正追求着一个少女：

---

① 运动想象是一种心理过程，个体通过这种方式排演或模拟某种行为过程。——译者注

> 勇敢的恋人，你永远，永远也亲吻不上，
> 虽然已是那样接近——但也不必悲伤；
> 她不会老去，而你也不能如愿以偿，
> 你的爱直至永远，她的美永不消亡！

这是斯塔尔书中的一个例子，读到这段时，我感到自己的眼眶湿润了。我之前也读过这几行诗，也许是 5 次，也许是 10 次。因此，济慈的诗句让我的感知进行了重构，注意力有了指引，和谐的或冲突的心理联想得以建立起来，同时，这些大脑加工活动不仅发生了一次。就一些艺术所讨论的主题（永恒与瞬息的关系是其中之一）而言，有越来越多的事情要去思考，去反思。

斯塔尔的讨论还有一部分涉及艺术对思维的影响，以及意象（imagery）如何令想象的内容贴近人的感知。济慈这首诗中最著名的诗句是最后两行：

> 美即是理，真即是美——这就是一切，
> 你们知道的，所需要知道的一切。

这些诗句延续了永恒与瞬息互相关联这一主题，但在对斯塔尔的讨论加以思考后，再看这几句诗时，我便很想弄清楚：济慈是否不仅想要阐释"此"即是"彼"（永恒与短暂的一致性），还想提出斯塔尔所说的那种假设：美之所以为美，是因为它为我们提供了迈出一步的可能，让我们更加接近真理。

与体验相关的神经科学

不同的体验与大脑不同区域的激活有关吗？爱的体验是什么样的？在安德烈亚斯·巴特尔斯（Andreas Bartels）和萨米尔·泽基于 2000 年发表的一项研究中，研究者要求 17 名自我报告正处在热恋中的参与者，在 fMRI 仪器中观看自己恋人的照片并接受扫描。相比于其他同龄人的照片，当参与者看到爱侣的照片时，内侧脑岛（insula）和前扣带区域这两个大脑皮层区域以及两个皮层下区域的激活程度明显更强，而另一些脑区的活动则降低了。比安卡·阿塞韦多（Bianca Acevedo）及其同事进行了一项类似的研究，参与者为已婚的 10 名女性和 7 名男性，他们与伴侣相爱的时间平均为 21 年。在研究过程中，研究者发现了类似的大脑激活模式，这与他们观看故交或泛交的照片时表现出的明显不同。

颅相学认为，所有倾向或习性都有与之对应的特定大脑区域，例如所谓的爱恋区域，负责性欲和吸引力，但这是一种错误的观点。因此我们必须小心，避免脑成像成为新的颅相学，同时也要自问，脑成像研究真正蕴含了什么信息。而在一项对 10 万名美国人的调查中，乔纳森·弗里德曼（Jonathan Freedman）发现，大多数人认为，真正让生活有意义的，不是金钱，不是世俗成就，甚至不是健康，而是婚姻中的爱。因此，与爱侣幸福地生活可视为一种幸福的状态：这与精神疾病恰好相反。fMRI 的结果可能正好说明了这种爱事实上是与众不同的。

在 2004 年的一项研究中，巴特尔斯和泽基让 20 位母亲观看一些照片（既有她们自己的孩子的，也有她们认识的其他孩子的）。在观看自己孩子的照片时，母亲们脑岛和扣带皮层区域的激活方式，与身处热恋中的人看自己爱人照片时的脑激活方式一致。此外，皮层下的活动变化也显示出了类似的一致性。因而可以进一步得出的结论是，浪漫的爱情与对婴儿的依恋有关。

不过，或许我们还不应该急于得出这个结论，因为这种激活的出现，可能只是大脑奖励调节系统表现出的一般性结果。这一观点的支持性证据在于，当观看自己孩子的照片时，一方面，某些脑区出现了激活，另一方面，与对于他人的批判性评价相关的脑区出现了活动抑制。在这篇关于爱情和母爱的论文的最后，巴特尔斯和泽基谦虚地说：

> 因此，虽然很有限，但这些结果让我们对生育（最令人敬畏的进化手段之一）的神经基础有了进一步理解，这一基础使得物种的生育及抚养成为一种极其有益且令人愉快的体验。[4]

与艺术相结合的神经科学正在发展壮大。[5] 川畑秀明（Hideaki Kawabata）与泽基合作研究了大脑对美的反应。他们要求 10 名参与者观看 192 幅画作——抽象画、静物画、肖像和风景——并以从 1（丑陋）到 10（美丽）的维度对它们进行评定。几天后，研究者在 fMRI 仪器中向参与者呈现被评为"丑陋"（1 和 2）、"中性"（5 和 6）和"美丽"（9 和 10）的照片。与被评为"丑陋"的作品相比，那些被评为"美丽"的作品强烈激活了视觉皮层和眶额皮层，后者与奖励和情感投入等功能相关；丑陋的作品更多地激活了运动皮层，这可能与规避和拒绝行为有关。但这种解释仅是种推测。因此，大脑似乎仍然保留着它的一些秘密。纵然还不知晓个中原因，但我们再次发现，面对于己有利的事物，我们倾向于接近，反之则会避开。在对文学作品的体验研究中，亚当·泽曼（Adam Zeman）及其同事发现，几段能够触动参与者的诗歌和散文不仅激活了与阅读相关的区域，还激活了与音乐相关的区域。

有关意识和经验的脑成像研究的数量与日俱增。其中多数都是相关研究。格奥尔格·诺德霍夫（Georg Northoff）及其同事们对脑成像研究进行了综述并得出结论：自我的体验是由与其他大脑区域密切相关的皮层内侧区域和中脑来进行调节的。但这些研究并没有告诉我们，那些活跃的脑区以何种方式产生某些心理状态。然而，一类新颖的研究正在进行。朱莉·柳（Julie Yoo）及其同事对因果关系进行了探究。他们发现，当大脑的某些区域（而非其他区域）活跃时，人们可以学习得更好。由此，研究人员越来越接近于弄清楚，不同的大脑区域分别负责加工哪些心理功能。

歧义性

艺术不仅限于美。在 2004 年发表的一篇论文中，萨米尔·泽基提出假设，伟大艺术作品的含义往往并不明确。为了进一步探究这个想法，他用 fMRI 研究了参与者观看两歧图时大脑的情况，以图 14 为例，它看起来既像鸭子也像兔子。随着对这些图像的解释发生变化，大脑

图 14　鸭兔两歧图，基思·奥特利模仿约瑟夫·贾斯特罗（Joseph Jastrow）的作品绘制。

资料来源: Draw by Keith Oatley after Jastrow, J. (1900). *Fact and Fable in Psychology*. New York: Houghton, Mifflin & Co.。

不同部位的 fMRI 激活也会发生变化。

泽基继续探讨的不是这种视觉模糊性，而是认知模糊性：当一个人对一些主题或艺术作品深入思考时，他们的解释会如何变化。他举了约翰内斯·维米尔（Johannes Vermeer）《戴珍珠耳环的少女》（*Girl with a Pearl Earring*）的例子。他说，这幅画作本身在视觉上并没有歧义，它本身就是一幅不会变化的画作，但女孩的面部可以有以下几种解读方式：

> 她似热情奔放，却遥不可及；风流魅惑又贞洁无瑕；如怨亦如慕。只有当你知道这些情绪表达在脸上的样子，并具备相关的记忆和经验时，才能理解相应的解读。维米尔的天才之处在于他没有给出答案，却能以微妙的方式表达所有这些神情——尽管观众在任何特定的时刻都只能意识到一种解释。由于没有正确答案，这件艺术作品本身就成了一个引人入胜的问题。[6]

泽基指出，米开朗琪罗（Michelangelo）有 2/3 的作品未完成。塞尚（Cezanne）也留下了一些未完成的画作，并表示他对完成它们并不感兴趣，因为只有走进了欣赏者的内心，一幅画才能变得完整。要成为艺术，画作必须兼顾两点：其一是画作本身要引人入胜；其二是要有伏笔蕴于画外，引领观者的大脑进行思考，为作品赋予意义。

艺术深入人心

埃德·维塞尔（Ed Vessel）、加布丽埃勒·斯塔尔和纳瓦·鲁宾

（Nava Rubin）共同探究了大脑是怎样运转的，让我们知晓艺术对于感受的影响。他们使用 fMRI 进行研究，参与者以随机顺序观看 109 幅画作。这些作品的时期从 15 世纪跨越到了 20 世纪，其来源兼顾东西方，类型各异，有具象画也有抽象画。之所以选择这些作品，是因为它们通常不会出现在艺术书籍当中，因此参与者对它们并不熟悉。研究人员告诉参与者："这些画作有的'美丽'，有的'奇怪'，有的甚至'丑陋'。根据这幅画作触动你的程度做出回应。"参与者被要求根据作品触动他们的程度，评价每张画的等级（从很不动人到极其动人）。有 16.7% 的画作被评价为"极其动人"。

然而，观察者们却很少在"哪些画作最动人"上达成一致。这表明"被不熟悉的绘画所感动"是个人癖好层面的事。首先，当参与者按照要求观看每张图片时，一种被称为"默认网络"（default mode）的神经网络活动减弱。当人们在外部世界进行一项特定任务（对应到该实验中，则是参与者对画作进行评价）时，这种活动减弱就会出现；但当最动人的画作出现时，这个网络又被激活了。研究者发现，当个体不专注于外部世界的任何事情，而是只想到自己（无论是独处或与亲密的人在一起），或冥想时，这个网络就会活跃起来。

这个结果意味着，艺术以一种"个性化"的方式打动了我们，在艺术的沉思中，我们为自我而思考。那些最打动参与者的画作深入了他们的内心，触动了他们的自我。维塞尔和他的同事这样说道：

> 通过一种有着清晰的生理关联与结果的方式，即设法让那些外部刺激的神经表征进入与自我有关的神经基质并参与加工过程，某些艺术作品可以与个体的自我感觉"产生共鸣"。[7]

第 12 章
感受自我，感受他人

怀尔德·彭菲尔德（Wilder Penfield）精心绘制的"感觉小矮人"（亦称"感官侏儒"，sensory homunculus），图中手、嘴唇和舌头等分别代表各种感觉，它们所处的位置就是相应的感觉皮层的位置。

贾科莫·里佐拉蒂（Giacomo Rizzolatti）及其团队在猴子身上发现了镜像神经元（mirror neuron），当猴子看到另一只猴子做某个动作时，或者当它们自己做同样的动作时，这种神经元都会被激活。尽管对于这种神经元的功能的解释尚存争议，但是"镜像"现象是确实存在的。它是人类共情能力的一个组成部分。塔尼娅·辛格（Tania Singer）及其同事证明，当一个人感到疼痛时，他的某个大脑区域会被激活，而当他得知心爱的人处于疼痛中时，这一区域也会被激活。共情既有其大脑基础，也根植于体验之中。我们并非孤立的个体，反而与他人有着千丝万缕的联系。

神经元及其活动

约翰·哈洛记录了菲尼亚斯·盖奇所遭受的事故及其严重的后遗症，这类早期发现，让人类得以一窥大脑产生思维的方式。神经学家将受损的大脑部位称为"损伤"（lesion）。有时，为了在动物研究中实现某些研究目标，或在人类群体中达到某些治疗效果，我们会故意造成损伤，损毁部分神经元。安东尼奥·达马西奥所研究的那些当代菲尼亚斯·盖奇就属于这种情况。有时，为了减轻棘手的癫痫之苦，阻止它从大脑一侧扩散至另一侧，需要通过手术切断连接左右半脑的神经元束（胼胝体），这也属于有目的地进行损伤。借助这种损伤，研究者们得以弄清两个半脑分别有着怎样的功能。对于大部分右利手的人来说，大脑左半脑负责语言功能，而右半脑主导着空间推理和非言语活动。

18世纪时，路易吉·加尔瓦尼（Luigi Galvani）发现，在对已经死亡的青蛙的腿部通电时，蛙腿动了起来。[1] 当18岁的玛丽·雪莱（Mary Shelley）与她的新婚丈夫珀西·雪莱（Percy Shelley）和其他朋友在阿尔卑斯山度假时，他们一起讨论过这类现象和结果，这给了她创作《弗兰肯斯坦》（*Frankenstein*）的灵感。这部小说讲述了研究人员维克多·弗兰肯斯坦（Victor Frankenstein）的故事，他把从藏尸间搜集来的人体部件拼凑成巨大怪物，并用电赋予其生命。

加尔瓦尼的发现让人们认识到，至少从某种程度上讲，大脑是借助电来运转的。因此，一种新的方法出现了：用电流进行刺激。怀尔德·彭菲尔德及其同事开展了一项研究，对正进行外科手术的人脑部分神经元施加电刺激，处于局部麻醉状态下的病人依然有意识，并能够对电刺激的作用进行报告，结果发现与感觉相关的大脑区域，以一种类似人体地图的方式铺展开来，其中手指和嘴部这些最重要的区域，对应的皮层区域要比背部所对应的更大。彭菲尔德将各种与身体部位相关的皮层用卡通的形式画了出来，这就是本章开头图片所示的"感觉小矮人"，各个身体部位的大小，代表了相应感觉皮层的大小。此外，人们还做了另一幅类似的卡通画来描绘运动皮层。

到了20世纪，借助对电子学的新认识，人们发明了无线电广播，同时，另一种新的研究手段也应运而生。除了损伤与刺激等方法外，记录大脑活动也不再是天方夜谭，这种记录方法被称为"脑电图"（electro encephalo grams，EEGs）。起初，人类记录的是脑部大范围内的电活动，即包含数十亿个神经元的平均活动。使用这种方法得到的研究成果使人们对癫痫产生了更进一步的理解。

之后，人们开始对单个神经元进行记录。研究者们将神经元的活动转换成声音，这就可以听到神经元放电时的声音——"咔嗒……咔嗒，咔嗒，咔嗒……咔嗒咔嗒"；放电速度越快，神经元就越活跃。单神经元的记录最著名的发现之一是，向猫呈现小直线（线段）时，猫的视觉皮层会出现放电现象，且每个神经元只对一种方向的直线放电：或是垂直的，或是水平的，抑或是斜着呈各种角度的。[2] 这些发现揭示了为什么在辨别物体时，轮廓图如此有效。

1996年，在意大利的帕尔马市，贾科莫·里佐拉蒂及其团队发布了一份对单神经元记录的报告，这引发了一场"大地震"。他们在记录猴子大脑的一处动作控制区域时，发现其中有些神经元在猴子看到其他猴子拿起葡萄干时会放电，而在它们自己做这个动作时也会放电。研究者将其称为"镜像神经元"。

维托里奥·加莱塞（Vittorio Gallese）与里佐拉蒂和克里斯蒂安·凯泽斯（Christian Keysers）合作发表了一篇理论文章，解释了镜像神经元是如何促进我们理解社会认知（social cognition）的，即我们是怎样理解和思考他人的。让我们这样来想，假如你看到客观世界中发生了某些事情，例如云朵在空中飘过，或叶子从树上脱落，你可以运用感知系统来理解这些正在发生的事情。视网膜上的线索捕捉到了运动的迹象，视觉系统对此进行理解与领会，并与你对云或叶子的知识关联起来。然后，你将理解投射到视网膜的输入上，就明白了正在发生的事情。当我们看到一个人从椅子上站起来，或从桌子上拿起一张纸时，视觉系统中会进行同样的过程，此外还会进行其他一些加工。你大脑中控制腿部从椅子上起身，或控制手部拿起某物的那部分脑区也投入运转，因此你自己也会获得一种起立或拿起纸张的直觉。

里佐拉蒂和他的同事认为，共情（指一个人能够体会到他人的感受）也以镜像加工过程为基础。研究发现，如果看到某人做出厌恶的表情，我们自身也会感到厌恶。那时，包括脑岛在内的一部分脑区都会被激活——不论在我们所观察对象的大脑中还是在我们自己的大脑中。我们不仅仅是在分析面部表情，也意识到了经由镜像过程产生的内部情绪。

然而对于人类参与者，我们无法直接对其镜像神经元进行记录。因此乔瓦尼·布奇诺（Giovanni Buccino）及其同事使用了一种称为"经颅磁刺激"（transcranial magnetic stimulation，TMS）的方法，从头骨外部对运动皮层的部分区域温和地施加刺激。当这种刺激施加在与手部运动有关的运动皮层区域时，手部肌肉会发生运动。当施加于与脚部运动有关的区域时，脚部的肌肉会发生运动。接下来，研究人员让参与者聆听包含三个单词的句子，如："Suonava il piano"（他弹钢琴，如图15所示）或"Calciava la palla"（他踢球）。当参与者看到关于手部运动的句子时，对经颅刺激反应的手部肌肉活动减少。在脚部相关的句子和脚部肌肉的运动研究中，也发现了类似的结果。当参与者听到与手或脚部动作无关的句子时，这种活动减少的现象不会出现。研究人员认为，对经颅磁刺激反应的减少是由于当参与者听到关于手部动作或脚部动作的句子时，与这些动作有关的大脑区域已经被"占用"了。

这个结果可能看起来有点不够直接，但我们可以通过妮可·斯皮尔（Nicole Speer）及其同事的研究进一步揭开大脑的奥秘，他们训练了28名参与者，在屏幕上通过逐字呈现的方式传达一个故事。该方法可避免眼球运动干扰到fMRI记录。参与者在练习之后进入fMRI扫描仪，阅读4篇各需约10分钟的短篇小说。故事描述了某一天里，一个名叫雷蒙德（Raymond）的7岁男孩的一些事件。

图15 弹钢琴的手。
资料来源：基思·奥特利所提供的照片。

当故事写道"雷蒙德放下了他的铅笔"时，fMRI 记录表明，负责拾取和放下物体的运动皮层区域被激活。当人物改变位置时，额叶皮层的部分区域被激活。另一个发现是，当人物的目标或意图发生变化时，读者的颞上皮层（大脑侧面）和前额叶皮层的区域被激活。就好像，为了理解别人对我们所说的话，或是我们所读到的内容，我们会在脑海里完成那些动作中的一些部分，亲自体验文字中提及的那些变化。这与看见树叶飘落是截然不同的。

我认为，我们或许正在接近大脑的一些真相，而如果不借助脑科学的方法，我们甚至连"管中窥豹"都做不到。通过镜像神经元的构想，经颅磁刺激的研究，以及在阅读时 fMRI 变化的研究，我们获得了初步的了解，即我们听到的言语或读到的文字如何创造出了我们自身的想象动作与感知。语言可以描述动作和事物，我们对此进行理解和想象时激活的脑区，就是我们亲身去做那些动作，亲眼去看那些事物时所激活的脑区。

共情的由来

塔尼娅·辛格及其同事进行了一项研究，其知名度可与约翰·哈洛关于菲尼亚斯·盖奇的论文相媲美。该研究的内容是"共情"，共情是某种感受，与个体看到或想象到的他人正在体验的情绪相似，但同时个体也知晓情绪的来源是他人。在实验室中，研究人员对 16 名女性的大脑进行了扫描，同时她们的爱人就坐在扫描仪旁边。实验室中放置了一面镜子，这样扫描仪中的每位女性都可以看得到她的伴侣。研究人员分析了每个女性参与者在右手手背受电击时大脑的活动，以及同样的疼痛被施加到其伴侣的手背时她们的大脑活动。在参与者自己受到电击时，大脑的部分区域会被激活，以调节疼痛的生理基础。但是，还有其他一部分脑区，在参与者自己感到疼痛时，或当她们收到信号，得知爱人遭受疼痛时，都会发生激活。这些区域调节了疼痛的情感层面。

除了在神经科学方面的贡献之外，塔尼娅·辛格在经济学领域也做出了有影响力的研究。她认为"毫无疑问，心理学和神经科学领域的研究都表明，支撑主流经济模型的人性假设是完全错误的"。[3]

辛格所指的是那些对经济学理论至关重要的假设：即人类只为自己的利益行事。[4] 不可否认，我们每个人都是自私的——有时我们可能会极其自私——但辛格指出，"人类的经济活动只受自私的影响"这种说法是以偏概全的。我们也有理由去关心他人，并思考他们可能需要什么。心理学和神经科学已经表明，他人对我们而言十分重要，在同情心的作用之下，社会及其经济的互助性和可信赖度也会更高。"如果要解决一些最紧迫的全球性问题，例如气候变化和不平等，"辛格认为，"我们需要设计出新的经济模型，以适应人性中真实存在的复杂性。"[5]

若要更进一步，或许我们可以这样说，当经济学家主张个人的自身利益和交易是商业世界运转的动力时，他们是在开倒车。人类是相互协作的。交易和工业固然为我们所有人提供了必要的资金、设备和技术等，但二者本身都是我们合作的积极产物。

莱恩·贝克斯（Lane Beckes）、詹姆斯·科恩（James Coan）和卡伦·哈塞尔莫（Karen Hasselmo）对辛格等人的研究进行了拓展，研究人员分别在参与者被威胁将受到电击时，参与者的朋友受到威胁时,及一个陌生人受到威胁时这三种情况下,在 fMRI 机器中扫描了参与者的大脑。当参与者受到威胁时,大脑的部分区域被激活了。当他们的朋友受到威胁时,被激活的脑区几乎与上一种情况下相同,但却与陌生人受到威胁时不同。研究人员说,这些结果意味着我们所爱的人成了我们的一部分,这不仅是个比喻,更有其现实意义。研究人员得出结论:"从大脑的角度来看,我们的朋友和至爱确实是'我们是谁'(who we are)的组成部分。"[6]

研究人员一直倾向于将大脑研究的结果视为关于个体的研究结果。但是辛格和贝克斯等人的研究结果表明事实并非如此。"我们是谁"很少单指我们自己。"我们是谁"是指与他人紧密联系着的我们。

理夏德·普拉斯基尔(Ryszard Praszkier)认为,镜像神经元使人们能够通过共情的方式将他们的想法同步化,他还引用了一项研究,参与其中的儿童接受了共情能力的训练,并取得了良好的成果。[7]

镜像神经元的发现深深影响了我们对于大脑的看法,争议也随之而起。有一种说法认为,镜像神经元提供了一种解释我们如何理解他人的方法。鉴于一些言语可以对参与言语赋义的脑区产生影响,镜像神经元或可辅助说明语言是以镜像加工过程为基础的。持反对观点的人则认为:镜像神经元只在猴子身上进行过记录,但猴子并不了解其同类的思维,也没有语言;而那些患有中风,或大脑运动皮层(目前认定的镜像神经元所在地)遭受损伤的人也仍然能够理解语言的含义。[8]

虽然有关镜像神经元功能的一些观点和说法仍存在争议,但镜像现象本身却无可置疑。当父母对一个 3 个月大的婴儿微笑时,婴儿会还以微笑,这就是一种镜像现象。在另一项实验中,成年参与者观看了他人表达快乐或愤怒的视频,而在他们不知情的情况下,研究者把他们的面部表情录成了视频,结果发现参与者自己"镜像"出了他们所看到的表情,在这一过程中,既有内在认知的成分,也有交流的成分。[9]这种模仿似乎是人类思想在社会性发展中迈出的极其重要的一步。[10]

镜像神经元的存在是一个已被认可的发现,其意义仍在探寻当中。就像辛格首创的共情研究那样,也许最根本的是,神经科学和心理学已经着手探寻那些不受重视或在不经意间被忽视的问题——人类不仅仅是孤零零的单独个体。甚至在大多数情况下,我们根本就不是孤立的。我们是与所爱的人相处相依的我们,是与好友外出闲逛的我们,是与同事一起工作的我们。我们参与到了文化当中。即使我们独自一人,也常常将自己与其他人联系起来。

社会性

我们是怎样理解他人的?一种观点认为,我们通过自身模拟他人的思维。当我们与他人交谈,或考虑他人的所作所为时,我们常会探寻自己,想象自己身处他人的情况下可能会如何考虑,怎样感受。我们将自己的理解投射到那个人的身上,我们也会根据自己对他的了解进行纠正(这来自我们对那个人的心理模型)。思维是个颇为私密之所,眼睛也并非心灵的窗户,我们无法通过双眼洞察人心,因而推理是必要的。而这件事的困难之处在于,对于他人思维的推理是间接的;这是一种投射。这种推理没有落叶映入我们眼帘时的那种即时性。我们总是投射得太多而纠正得太少,雷·尼克森(Ray

Nickerson）如是说。

电影《黑狱亡魂》（*The Third Man*）的背景设定在第二次世界大战后的维也纳，当时这个城市被盟军占据了。[11] 奥森·韦尔斯（Orson Welles）扮演的哈里·利姆（Harry Lime）一直在从医院偷取青霉素，并通过稀释扩充其数量，然后以十分高昂的价格出售。稀释后的青霉素失去了药效，使用这些药品治疗脑膜炎的儿童因此遭遇了永久性的脑损伤。电影中有这样一幕场景，利姆和他的朋友霍利·马丁斯（Holly Martins）身处高高的维也纳摩天轮上。"往下看，"利姆指着地面上走动的人——从高空远远看去，他们就像一个个点——说，"如果其中一个点永远停止了运动，你真的会产生怜悯之情吗？"他说："如果每有一个点停止移动，我就给你两万英镑，你会拒绝我的钱吗？"

霍利·马丁斯对哈里·利姆心有好感，但是作为电影观众的我们，看得出利姆有着一副蛇蝎心肠。他无法共情。英国陆军军官卡洛韦少校因青霉素诈骗之事，一心想要控告利姆，因而劝说马丁斯检举利姆。为了让马丁斯更加坚定，卡洛韦带他前往医院，亲眼见见那些受害的儿童。

共情只是社会性的一个部分。纵观整个动物社会，我们人类所具有的社会性远超其他动物。我们并非孤立的个体，反而与他人有着千丝万缕的联系。

第四部分
社　会
Community

第 13 章

爱与斗

像人类一样,每一只黑猩猩(照片中所拍摄的动物)都有着独一无二的面孔。

简·古道尔(Jane Goodall)发现野生的黑猩猩虽然亲密地生活在一起,但会为雄性和雌性等级制度中的地位而争斗。它们也会追捕并杀死同类中的弱小者。在人类社会里,谋杀案中的男性罪犯比女性更多;谋杀率不仅取决于生物学,还取决于我们所处的社会类型。穆扎弗·谢里夫(Muzafer Sherif)和卡罗林·谢里夫(Carolyn Sherif)发现,夏令营中的男孩会形成等级制度,当两个团体参加拔河等比赛时,每个团体内部都会出现一种"自命不凡"的态度，并嘲笑另一个团体。只有当两个团体中的所有成员均在联合任务中进行合作时，这种对立的态度才会趋于缓和。

贡贝黑猩猩

我们人类往往认为自己高其他动物一等。我们用"兽性"和"野蛮"等词语来形容其他动物。查尔斯·达尔文把这种看法与他的进化论联系了起来。他在一本笔记中这样写道："我们的先祖无非是形同狒狒的恶魔。"[1]

在 400 万到 700 万年前，人类从黑猩猩中分离出来，形成了独立的分支——我们与黑猩猩有 98% 的 DNA 是相同的。黑猩猩大多以群居的方式生活，其群体的规模可达 50 只左右，包括成年雄性、雌性及它们的后代，黑猩猩幼崽知道它们的母亲是谁，但由于乱交，它们不知道自己的父亲是谁。

简·古道尔为我们打开了黑猩猩生活世界的大门。她和同事耗费了多年心血，对黑猩猩进行了细致入微的观察，并完成了《贡贝黑猩猩》(The Chimpanzees of Gombe)一书。他们的研究地点在坦桑尼亚的贡贝，该地区的面积与曼哈顿差不太多。那里森林茂密，河水流淌在深深的溪谷中，一直绵延至下游坦噶尼喀湖的湖岸线上。

古道尔之所以能完成观察和研究，她的两个做法至关重要。

首先，古道尔意识到，她需要花费时间静静地坐在群居的黑猩猩面前，让它们习惯她的存在。一开始它们似乎对这个奇怪的生物——人类——感到害怕，但慢慢就变得习惯了，这让她能够以足够近的距离观察它们在做什么，并跟着它们四处活动。她把水果放在自己营地附近一个黑猩猩够得到的地方，以此鼓励这种亲密接触。就这样，有一群黑猩猩适应了她和她同事的存在。此后，他们能够坐在离黑猩猩几米远的地方，观察、交流、拍照并做记录。

古道尔做的第二件事就是学会分辨每一只黑猩猩，并给他（她）取名字。这看似一个怪癖，就像给一只宠物取名字一样，但她这样做用意深刻。和我们一样，黑猩猩每个个体之间都存在关联。你可以在本章开头的照片中看到黑猩猩的面孔。因此，通过给黑猩猩取名字，并学会将他们区别开来，古道尔和她的同事们得以辨别出，谁喜欢谁，谁与谁在一起，谁在等级制度中处在怎样的地位，谁有什么样的性格——或爱出风头，充满攻击性；或不善交际，独居孤僻。

1934年，简·古道尔出生于英国伦敦，她的母亲万涅·莫里斯-古道尔（Vanne Morris-Goodall）是一名小说家，父亲莫蒂默（Mortimer Morris-Goodall）则是位商人。简一直都对动物着迷。她不断地攒钱，以供自己在非洲与野生动物生活在一起，在22岁时，她有了足够的积蓄，便动身前往肯尼亚与一位朋友同住——这位朋友的家人在内罗毕郊外有一处农场。抵达那里后，她通过电话联系到了知名的古生物学家路易斯·李基（Louis Leakey），并谋得了一份工作。李基把她送到伦敦研究灵长类动物，1960年，古道尔回到非洲，李基为她提供了一个项目，研究野生黑猩猩。两年后，她是剑桥少数几个在没有本科学位的情况下获准参加博士课程的人之一。1964年，她与摄影师雨果·范·劳克（Hugo van Lawick）结婚，后者拍摄了许多贡贝黑猩猩的照片。古道尔在与范·劳克劳燕分飞后，又与坦桑尼亚国家公园系统负责人德里克·布莱森（Derek Bryceson）结婚。后者能为古道尔在贡贝的研究提供保护，防止游客前往她的研究地点。在晚年,古道尔致力于推动黑猩猩的保育事业。

多数情况下,黑猩猩互相关爱,且性情友善。举一个例子:

> 梅利莎(Melissa)和她的女儿格雷姆林(Gremlin)把各自的巢建在相距 10 米左右的树上。梅利莎的儿子欣贝尔(Gimble)仍以当地的一种豆荚为食……格雷姆林还有个刚降生的孩子——盖蒂(Getty),他在母亲的头上时而摇晃旋转,时而踢腿,抓着自己的脚趾。格雷姆林时不时地站起来,懒散地搔着他的大腿根儿……突然,从山谷的远处传来一只雄性黑猩猩悦耳的吠叫:那是埃弗雷德(Evered),他可能也在自己的巢中。此处的黑猩猩们齐声回应,这正是欣贝尔起的头,他坐在梅利莎身边,把手搭在她的胳膊上,注视着那位成年的雄性黑猩猩——他诸多的"英雄"之一。[2]

古道尔发现,黑猩猩会被划分为不同的等级,这种安排被群体中的所有个体接受,这使得资源能够被相对和平地分配。黑猩猩群体中有一只居于统治地位的雄性(阿尔法雄性,alpha male)。他通过威胁、恐吓或争斗的方式击败前任统治者,赢得自己的地位。通常情况下,他会在位数年时间。其他雄性则在其下按等级粗略排列。雌性也有一个相似的等级制度。

在大多数时候,黑猩猩以水果为食,但他们也会捕杀小型动物,例如他们偶然碰到的猴子或小猪。雄性在狩猎中的参与度通常比雌性更高。当他们成功猎得食物时,可能会发生争吵,但有时他们也会分享食物,或以此换取好处。[3] 地位高的黑猩猩即使没有参与捕猎,也会获得一部分猎物，通常他们只允许自己的亲属和支持者来分享食物。[4] 无论黑猩猩是聚集起来采食素食，抑或以上述方式分食，都与人类分享食物的方式存在差异。

黑猩猩也十分好斗。他们打斗得很频繁，对象往往是那些与自己等级相近的黑猩猩，这样做是为了提升或维持自己的地位。古道尔将争斗分为三个等级。第一级是推搡、击打或踢踹。第二级是攻击，包括扯拽、用拳头重击等，持续时间不到 30 秒。第三级是十分严重的攻击，其方式与第二级一样，但持续时间会超过 30 秒。古道尔发现，攻击（包括第二级和第三级）占所有争斗的 15%，其中有 1/4 会造成流血或受伤。

古道尔在两个不同的年份对 13 只黑猩猩进行了共计 4,900 小时的观察，最终发现——除去黑夜、被观察的个体独处或只与未成年后代在一起的时间——在雄性间，每 62 小时就会发生一次攻击（第二级和第三级），而在雌性间，每 106 小时就会发生一次攻击。有一只极具有攻击性的雄性头领，每 9 个小时就会参与一次攻击；而一只最不具有攻击性的雌性，曾持续 230 小时未参与攻击。争斗过后，这群动物常常聚在一起，通过拥抱等方式进行和解。在争斗结束后，当失利的下级者接近统治者时，后者会"对下属顺从的姿态报以触摸、轻拍，甚至拥抱等动作"[5]，关于地位的双方协议就此达成，争议得到了解决。

我们一直认为，人类是唯一会杀死自己同类的哺乳动物。而在古道尔 1986 年所出版的书中，她自述惊异于目睹黑猩猩间的杀戮事件：有一群黑猩猩四处追捕并杀害其他落单或成群但数目不多的黑猩猩。这件事情的原委在于，古道尔和同事正在研究的那个黑猩猩群体发生了分裂。起初，分裂后的两个群体会偶尔相遇，例如，当他们来古道尔的营地取水果时。虽然某些黑猩猩在私下里仍可以友好地相处，但整体而言，分属两个群体的成员在这种偶遇中都有些紧张。

分裂后的两个群体，规模差异悬殊。较小的那个群体中只有6只成年雄性，他们多在古道尔营地的南方活动。渐渐地，南方的雄性开始避免靠近营地，两个新群体的成员也开始互相躲避。随后，古道尔和她的同事注意到，北方的雄性开始成群结队地沿着他们领地的边界巡逻，继而入侵南方群体的地盘。其中有一次，6名成年雄性、1名成年雌性和1名未成年雄性结队入侵，他们偶遇了一只南方落单的雄性。后者试图逃跑，但被北方"巡逻队"的成员抓住了。一只北方雄性控制住他，其他雄性则用拳头殴打了他大约10分钟，甚至撕咬了他几口。古道尔说他身受重伤，再也没有出现过，故而推断他因伤势过重而死。古道尔和她的同事们观察到，南方群体中其他的成年黑猩猩一只接一只地以同样的方式惨遭毒手，他们可以确定这些杀戮都是蓄意的。随后，南方群体中尚未成年的雌性加入了北方群体。

这些来自南方群体的新成员并不都是陌生面孔。她们中的一部分在被吞并前就与北方的群体建立了友谊。南方与北方群体这一系列被观察到的攻击，比之前任何一次群体内的攻击都要持久，其中甚至包括了肉体的撕裂和撕咬，其方式与黑猩猩吞食其他小动物的方式完全一致。进行杀戮的主要是雄性，他们的攻击对象都是在入侵对方领地时偶然遇到的，攻击或是对单体发动，或是对数量远小于己方势力的群体展开。古道尔没有观察到南方群体入侵过北方群体的领地，因此，冲突几乎不可能因领地争端而起。对于北方的黑猩猩而言，南方群体已经成为"异群"，并对他们怀有敌意，他们已经成了"敌方"，而非"友方"。

黑猩猩会杀戮同类。古道尔的报告引发了极大的争议，有些人认为，这种攻击不是自然发生的，而是由于古道尔在营地给黑猩猩提供了水果，这是种人为的现象。不过这种观点遭到了驳斥——其他没有提供食物的观察点也报告了上述现象的发生；群体内的杀戮很少见，但它确实发生了。[6]

敌我双方

亨利·泰弗尔（Henri Tajfel）和他的同事发现，"敌我双方"（us-versus-them）是一种非常基本的现象。为了开展实验，他们将参与者随机分配到不同的小组当中。参与者会被告知自己所在的小组是哪个。例如，通过投掷硬币的方式，根据结果将参与者分为"正面组"和"反面组"。随后，参与者被要求为"正面组"和"反面组"的成员分配奖励，即使他们并不认识与自己同属一组的人，也不认识另外一组的人。研究者发现，参与者会在分配奖励时偏向与自己同组的人，即使这种"优待"并不会提高自己所得的奖励。丹尼尔·尤德金（Daniel Yudkin）及其同事在惩罚中也发现了类似的偏见。参与者被置身于一场经济游戏之中，游戏中也有其他玩家，参与者认为有些玩家与自己同为某运动队的支持者，有些则不是；有些玩家与自己同属一个国籍，有些则是外国人。在游戏中，他们目睹了另一名玩家在实施偷窃。当他们认为犯罪人不属于自己的团体时，会对他施加更为严厉的惩罚。

穆扎弗·谢里夫和卡罗琳·谢里夫也进行了一系列研究，他们在

1949 年、1953 年和 1954 年对参加夏令营的男孩进行了观察。研究人员想要研究的是，在没有外部压力的情况下所产生的非正式分组。他们选择了年龄十一二岁，智力略高于平均水平的男孩作为参与者。他们在挑选参与者时，采访了他们的父母和老师，选择了那些身体状况良好，家庭状况和睦而稳定，家庭收入中等的孩子。男孩们被邀请参加夏令营，这种形式在当时的美国非常普遍。在抵达营地之前，孩子们互相并不认识，也不知晓这项研究的目的。谢里夫研究小组的成员担任营地的工作人员、辅导员等职务。第一项研究开展于 1949 年，地点位于康涅狄格州北部，共有 24 名男孩参加。夏令营分为三个阶段。

第一阶段为期 3 天，男孩们都被安置在一个简易大农舍里，他们很快就产生了友谊。

第二阶段中，男孩们被平均分为两个组，同时研究人员确保那些关系要好的孩子们分处于不同的组。分开是痛苦的，但孩子们随后参加了激动人心的单车旅行和野外宿营，这种不快也就逐渐被冲淡了。两组孩子都形成了等级制度，选出了一个领袖——这与古道尔笔下的黑猩猩群体十分相似。两个小组分别为自己的组起了个名字：斗牛犬（Bull Dogs）和红恶魔（Red Devils）。二者都划定了己方的领土，形成了自己的习惯和文化。斗牛犬小组的领导者"在规划和执行集体活动，调整和整合小组成员的任务和角色方面贡献较大，并借此升到领导地位"。[7] 他设计并管理了多项任务，包括改善垃圾房、建造一个营地厕所，以及开辟一块秘密的游泳池。他鼓励小组中的其他男孩，称赞他们的工作，并确保等级最低的男孩也参与了进来。相比之下，红恶魔小组的领袖"主要是因为他的大胆、出众的运动能力和韧性而被认可"。[8]

两个小组都设立了处罚措施，惩罚那些没有正确执行分内任务的孩子。在斗牛犬小组中,惩罚措施是从秘密泳池中运走大石头。研究者只观察到一次斗牛犬的领袖以此威胁另一个男孩,且只是口头上的。小组内的其他孩子认为,总体而言他们的领导者是"公正的"。相对而言,红恶魔小组的首领所采用的方法,既包括威胁,也包括"殴打"。

这两个小组在组织上也有所不同。斗牛犬小组成员关系紧密,男孩高低等级之间的情感距离并不大。红恶魔小组的等级差距则更加明显,他们的领导者虽然有很高的威望,但却有自己的小团体,他有3个亲近的副手,他既会给他们优待,也更喜欢跟他们在一起;底层的男孩子在情感上与上层是疏远的,有时候还会被欺负。

在男孩被分成两组后的第5天,约有90%的朋友关系都建立在团体的内部之间。在每个群体中都有多种感情,其中就包括忠诚和团结。有些男孩想要保持在第一阶段中形成的友谊,但他们彼时的朋友如今身处另外一组,因而被称为叛徒。当两个小组相遇时,大家总体上能够友好相处,如果有任何不友善的动态发生,也都会被称为"闹着玩"。

在第三阶段,两组之间开始竞争。内容包括棒球、拔河和足球。每个项目都有得分奖励,最后根据累积得分决出优胜组,该组的每个成员都会获得一份令人垂涎的奖品——猎刀。随着比赛的开始,每个小组都出现了一种骄傲自豪、自命不凡的态度。男孩们相信,他们自己的团体是强大而无所畏惧的。两个小组开始互相谴责。小组内部出现了亲密关系和相互依赖,小组之间则充斥着愤怒与蔑视,争斗一触即发。

在第三阶段中,小组间关系的恶化让研究人员感到震惊,他们试图找到改善关系的方法。有一年他们想到了一个法子,安排两个小组一起吃晚饭。但是其中一个小组先于另一个小组到达,并吃掉了大部分食物。另一组一赶到时便怒不可遏,争斗也由此爆发。事实证明这种方法行不通。最终,谢里夫猛然想到了一个缓解两组矛盾的方法,那就是在联合项目中进行合作。在其中一个项目中,研究人员有意将营地的供水切断。男孩们必须合作检查营地极长的引水管道,并努力修复它。在另一个项目中,当孩子们饥饿时,研究者有意制造了卡车发动故障,致使他们无法从镇子上获取食物。男孩们决定携手解决这一问题,用一根绳子(曾在拔河中使用过)拉动卡车,让它动起来以便点燃发动机。虽然敌对行为没有立即停止,但联合项目大大减少了

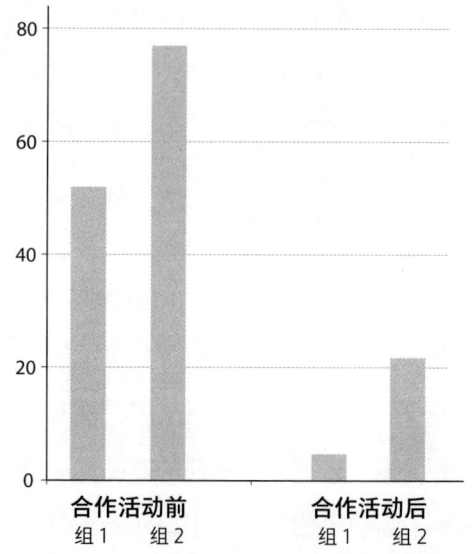

图16 穆扎弗·谢里夫和卡罗林·谢里夫所做研究中的敌意与和解:在第三阶段的尾声,合作活动的前和后,认为另一组中的所有(并非某些)人都是骗子和小偷的男孩人数,占各自小组总人数的百分比。

资料来源:Sherif, M. (1956). Experiments in group conflict. *Scientific American*, 195 (November), 54–58. 由基思·奥特利绘制。

这种行为的数目。其中一年合作活动的结果如图 16 所示。

人类杀手

在人类之中，不仅存在"敌我双方"的问题，还存在"男性与女性"的问题。马丁·戴利（Martin Daly）和马戈·威尔逊（Margo Wilson）发现，在对同性无血缘关系者痛下杀手的人中，男性远多于女性。举例来说，在这类案件当中，英格兰和威尔士的男 - 男凶杀案的比率是女 - 女凶杀案的 23 倍，而加拿大的则是 40 倍。行凶者和受害者的数量大致相同，杀手犯罪的高峰年龄在 25 岁左右。

对于人类而言，女性的体型比男性更为基础、天然。一位尚不知姓名的遗传学家称，男性的体型是"定制的"。他同时进行了类比，有些人在购买汽车时会进行定制，以使其更快、更强，男性的体型也是如此。

戴利和威尔逊指出，在谋杀这个问题上，纯粹的生物学解释是行不通的。社会因素也在起作用，正如我们所看到的那样，不同国家的谋杀率各不相同，同性谋杀案在美国底特律的发生频率是英格兰和威尔士的 58 倍。戴利和威尔逊说，更有可能的解释是，男性的杀人倾向源自生物和社会因素共同作用，男性会互相竞争，其中包括对性伴侣的竞争。未婚男性杀死其他男性的可能性要比已婚男性高至少 3 倍。

史蒂芬·平克（Steven Pinker）也发现了一个重要的社会因素。他发现在世界范围内，不论是在群体水平上（例如战争）还是在个体水平上（例如凶杀案），被蓄意杀害的人数占总人口的比率呈下降趋势。自中世纪到现在，欧洲暴力事件减少了 91% 至 98%，其原因有很多，其中很重要的一个文明进程由诺贝特·埃利亚斯（Norbert Elias）提出。他告诉我们，自13世纪以来，文明最早表现在贵族群体上，在他们共同进餐时（特别是有妇女在场时），缺乏自制力的行为和暴力行为变得令人难以接受。行为举止不考虑他人也变得可耻。与此同时，个人的宿怨和报复行为开始被国家管理的司法程序所取代。现在，人们喜欢阅读和观看案件侦破和法庭审判的故事，这说明我们对这些问题仍然非常感兴趣。[9]

自人类在进化史上与黑猩猩分道扬镳以来，至少存在过20个非现今人类直系祖先的人科动物。[10] 最近灭绝的一种是尼安德特人（Neanderthals）。他们一直生活在欧洲，直到我们的祖先在大约3万年前殖民这一地区。保罗·梅拉斯（Paul Mellars）推断，这两种生物的族群相遇并产生了摩擦。人类拥有比尼安德特人更先进的技术和更好的合作技能，因而在执行侵略目标方面占据了优势。梅拉斯与珍妮弗·弗伦奇（Jennifer French）合作，发现随着欧洲的殖民化，我们人类祖先的人口数远超尼安德特人，比例达到了10∶1，这导致了尼安德特人的灭绝。有证据表明，人类与尼安德特人间进行过杂交，据估计，大约有1%的人类基因来自尼安德特人，但作为一个物种，他们已经灭绝了。[11]

知晓了这一点，且知道人类是如何处理"敌我关系"这种倾向之后，可以说，我们的人类祖先似乎应对其他原始人种的灭绝负有（至少部分）责任。目前，我们仍然能在战争、种族灭绝、殖民化和阶级斗争中看到这种反社会目的。但是，正如史蒂芬·平克所发现的那样，我们的人性中有更加善良的天使。尽管20世纪发生了两次骇人的世界大战，但随着光阴流转，人类相互残杀的倾向已经逐渐消退。

第 14 章

合 作

一位母亲用手把某个东西指给她18个月大的女儿看。"(用手指或物体)指"这种动作是人类的共性,其他的物种不会这么做。

迈克尔·托马塞洛和他的同事发现,每个人都知道人类彼此之间是十分相似的,也知道自己和他人可以在环境中行动、处事。人类生活的基础在于合作。合作的演变过程分为两个阶段。第一阶段是共同意向(joint intention),我们合作共事,这包括承担各自的角色,分享所发生的事情。第二阶段是群体意向(group intention），这涉及对群体的承诺以及群体道德，例如忠诚和公平。交流也是合作的一种，在谈话中我们能够用言语与他人交换信息。这是一种建立友好关系并将其维持下去的方式，这种方式也需要我们构建对他人的心理模型。

协作共事

在本章开头的照片中，你可以看到一位母亲用手向她18个月大的女儿指着什么。孩子在降生半年到第一年内，便能学会用手去指自己感兴趣的事物。在写作这部分时，我恰好看到一个宝宝在指一条小狗，试图将其母亲的注意力吸引过去，那个婴儿看起来也不过6至8个月大。

"指"这个动作是人类的共性，也是合作的早期标志——"让我们一起来看看这个"。在所有动物当中，只有我们人类会这样做。[1] 从查尔斯·达尔文那里我们了解到了适者生存。从理查德·道金斯那里我们学到了自私的基因。我们同样知道，人类的动物近亲黑猩猩非常争强好胜。然而，在进化的过程中，一个全新的世界也为人类敞开了，那就是合作的世界。

丹尼尔·波维内利（Daniel Povinelli）和丹妮拉·奥尼尔（Daniela O'Neill）对7只黑猩猩展开研究，这些黑猩猩彼此相识并且相处融洽。通过强化的方法，黑猩猩被单独训练用绳子把放有水果的盒子拉向自己。随后，盒子重量增加，1只黑猩猩已无法独自拉动它。研究者从7只黑猩猩中选出2只，通过单独强化的方式训练它们一起拉绳子，将更重的水果盒拉向它们自己。这2只猩猩接受了训练并且掌握得很熟练。

如果一只与同伴一起学习过拉重箱子的黑猩猩被分配给了一只仅接受过单独拉绳训练的新伙伴会怎样?那只有经验的黑猩猩能否教会缺乏经验的同伴呢?

当一只有经验的和一只没有经验的黑猩猩一起完成对重箱子的合作拉绳任务时,经验丰富的那只会拿起一根绳子拉几下,之后马上放弃。有时它也会等待一阵子,甚至看向它那新伙伴。随后,它往往会生起气来。在没有经验的 5 只黑猩猩中,只有其中 1 只——梅根(Megan)——拿起了绳子,与经验丰富的黑猩猩合力把箱子拉了过来。梅根与两只有经验的黑猩猩均完成了合作任务。但是,所有有经验的黑猩猩都没能与其他 4 只没有经验的黑猩猩完成任务。此外,2 只有经验的黑猩猩都没有将绳子捡起来递给同伴(包括梅根在内),也没有尝试对同伴进行指示。有经验的黑猩猩尽管知道该怎样完成合作任务,却似乎并不知道那些无经验的同伴有意向,或者需要帮助来合作完成这项任务。

埃斯特·赫尔曼(Esther Hermann)、迈克尔·托马塞洛及其同事设计了一系列任务来比较黑猩猩、猩猩和婴儿的能力。研究中共有 106 只 3 至 21 岁的黑猩猩,32 只 3 至 10 岁的猩猩,以及 105 名年龄为两岁半的人类儿童。任务分为两组。其中一组是让·皮亚杰发明的客观世界任务,用于探究婴儿如何在感知运动阶段了解世界。这组任务包括寻找被藏起来的奖励、辨别数目、理解事件的起因,以及用工具取回奖励。第二组则是社交任务,包括观察另一名个体解决问题的过程,并随后试着用同样的方式解决;理解指示隐藏奖励所在位置的沟通线索;基于他人注意状态,选择动作与之沟通;追随他人对目标的注视；以及当他人没能完成任务时，了解他们在试图做什么。

在客观任务中，黑猩猩和人类婴儿的正确率为69%，且总体没有差异。猩猩的正确率较低，结果为59%。在社交任务方面，人类儿童的正确率达到了74%，而黑猩猩和猩猩的正确率还不及人类的一半，分别为33%和36%。在大多数情况下，猿类无法执行社交任务。

因此，理解自己和他人的意图是人类的共性，这让人类能够合作共事，两岁半的儿童就已具备了这一能力。这段时间是发展过程中的开放时期，观点采择和心理理论都在这一阶段习得。在第一阶段，婴儿到2岁左右才能认识自己和其他人有能力在这个世界上行动，可以形成改变世界的意图，也能够与他人合作。

这是一个重大的飞跃，也是各种文化活动的基础，其中包括通过语言进行交流。在随后的阶段中（大约4岁时），孩子们认识到，不论他人还是自己，都是有精神属性的个体，有能力进行思考和感受。合作、了解他人和自我思想，是我们在本书中讨论的最为重要的两个原则。

利他主义

人们常说，我们与动物的不同之处就在于我们拥有语言。更深层次地来讲，人与其他动物的区别在于人类成员间可以进行合作。几乎所有对我们来说重要的事情——包括爱情、亲情、友情和社交——都以合作为基础。费利克斯·沃尔内肯（Felix Warneken）和托马塞洛发现，2岁小孩在看到另一个人无法顺利完成计划时，会上前提供帮助。[2]

黑猩猩几乎也可以做到这一点……当其他黑猩猩或人类伸手去拿东西时，黑猩猩会把东西拿给对方。但它们不能理解他人的计划。它们无法看出计划中的问题，也无法伸出援手帮忙完善计划。

共同意向性

与猿类不同，人类在照顾孩子时会相互协作，为他人提供自己认为有帮助的信息，把自己知道的有益做法传授给他人，人们会做出群体决策，并维护社会结构和规范。

人类以外的灵长类动物不会以类似的方式进行合作，这是因为，它们尽管具有以个人方式实现意图的技能，却没有实现共同意向的技能或动机。只有人类具有足够强的社交性，能够构思和实现共同的意图。

在《人类思维的自然史》（*A Natural History of Human Thinking*）中，托马塞洛进一步提出了共同意向性假说。

> 虽然人类伟大的猿类祖先有社交能力，但他们过着充满竞争的生活，"个人主义"色彩浓厚，所以他们的思维旨在实现个人目标。但早期的人类在某一时刻被生态环境所逼迫，形成了合作性更强的生活方式，因此他们的思维更倾向于寻找方法与他人合作，实现共同的个人目标乃至群体目标。而这改变了一切。[3]

要实现以人类的方式思考，不仅需要语言或类似语言的特质，还需要能对语言进行支持的合作性。托马塞洛提出，共同意向性（shared intentionality）原则分两个阶段。

他将第一阶段称为"联合意向性"（joint intentionality）。它很可能出现于人类觅食的时候，在这一过程中，人类开始分配采集食物的任务。黑猩猩却不会这样做。它们的确成群地跋涉转移，以保证在找到一棵结果的树时，大多数成员都在一起。但是当它们找到水果时，它们会自顾自地拿起足够自己吃的水果，放到一边独自享用起来。当它们在狩猎中捕获了猴子或猪仔时，联合活动往往演变成了针对主导地位的争吵。[4] 相比之下，人类觅食者会寻找和生产食物，而其中大部分都是通过与他人合作得来的。托马塞洛推想，正是在这个阶段（大概40万年前），人类开始出现"指"这个动作。得知远处或许有食物后，人们在表达这个意思并做出动作的同时，可能会发出带有情绪的声音："额嗯。"或者在不远处看到了一只野生动物后，会嚷嚷："喔喔喔。"这种合作需要人们接受联合目标，即"我们"的目标，并把它看得比个人目标更为重要。然后，人们要根据这些目标来安排联合计划，而这些计划通常需要人们扮演不同的角色——"你拔出这些根，我兜着这块兽皮（当成一个袋子用），这样我们就可以把根装进去带回住处，我们族群里的每个人就都有的吃了"。人类一直很擅长扮演这样的角色。

凯塔琳娜·哈曼（Katharina Hamann）、沃尔内肯和托马塞洛一起研究了儿童对"我们"的目标，而不仅是"我"的目标的接受情况。他们让孩子两两配对，一起完成任务以获得奖励。当他们参与联合任务时，每一对中都有一个孩子在实验的安排之下提前获得了奖励，这出乎了孩子的意料。当两岁半的儿童遇到这种情况时，他们会惊讶于在任务完成前就获得了奖励，并拿走自己的奖励，不再参加联合活动。而三岁半的儿童对于这种情况则有不同的反应，即使对自己的奖励提前到来感到很吃惊，他们依然会积极地与同伴一起解决问题，直到对方也获得奖励。对于这些年龄更大一点的儿童来说，联合目标（两个人共同完成任务）比个人获得奖励的目标更加重要。

在成年期，联合意向和计划仍然十分重要。劳蕾特·拉罗克（Laurette Larocque）和我发现，人们平均每天大约要制订10个新的联合计划。我们还要求参与者记录下导致联合计划出问题的原因是什么。这些原因通常不是个性或自私，而是两个人都认为，自己和对方对联合目标（计划）的了解是相同的，但事实并非如此。举一个例子：

> 一位参与者与丈夫相约观看多伦多蓝鸟棒球队的比赛，但由于要先看着女儿完成家庭作业，才能带她去看比赛，她们迟到了。与此同时，她的丈夫拿着门票，一直在棒球场外等待她们。等她们到达时，丈夫已等待了太久，因而大为光火，并与她吵了起来，试图让她承认自己迟到的错误，而这使他们又错过了几个回合的比赛。这一事件并未按照计划进行。它有多个目标，其中就包括让女儿完成作业。愤怒情绪爆发，进而引发了争吵。在我们看来，事件中最为重要的特征，在于双方并未将弥补的重点放在已经出错的计划之上。根据参与者的报告，她的丈夫并没有说过类似这样的话："我们现在快点进去吧，不然会错过更多回合。"[5]

鉴于此，我们发现联合计划主要产生于有持续关系的人之间，这种关系（及其正在进行的一系列共同社会约定，如婚姻、友谊等）比任何特定的计划都重要。[6]

联合意向的难点在于，并非每个人都善于与他人一起开展活动，与他人保持长时间的良好关系也绝非易事。虽然我们有一整套的道德哲学体系，同时，提议大家规矩正派、乐于助人总没什么坏处。但正如马莎·努斯鲍姆（Martha Nussbaum）所说，这种能力会受到生活中的意外事件影响。

狄龙·布朗（Dillon Browne）及其同事研究了385个家庭，这些家庭均由一位母亲、一位父亲和两位亲兄弟姐妹构成。研究的对象是母亲与子女间成对的合作任务（即母亲与年长的孩子、母亲与年幼的孩子，以及两个孩子配对），他们需要用儿童积木搭建一个具有认知挑战性的建筑结构。研究记录了合作双方的交流，并根据互助性、心理理解和交流清晰度三项，对每个人的敏感性进行评分。结果发现，母亲在这些方面的能力不同是由个体差异造成的，但对儿童而言，这些能力被家庭内部的困境削弱了。这些困境包括生活贫困、父母不和，父母患精神或身体疾病以及其他类型的压力。这种困境起于萧墙，蔓延至人际交流之中，不仅父母受到了影响，孩子们也一样。随着时间的推移，这种影响成了儿童个人能力的一部分，使他们在参与多人共有的计划和项目时面临阻碍，那些困境也成了诱发成年期精神问题的定时炸弹。精神疾病可能令人（陷入抑郁、焦虑或怨恨当中）无法自拔，人们不能很好地与他人共同行动，无法参与社交世界中的任何事情。

对共同意向这一构想而言，进一步的挑战是，人们可能不会真正将共同目标提升到比个人目标更重要的位置。他们可能只会因约定而与其他人合作，例如，"如果你能为我办这件事，我就替你把那件事解决了"。这是一种互惠的个人意向。无论是在书上还是生活中，我们时常会看到有这种行为倾向的人。

当婚姻破裂时，双方会立即回归个人意向，许多夫妻在分居期间唯一能够达成共识的合作项，是优先考虑他们的孩子。然而，即便如此，这种合作也可视为一种个人意向，因为从生物学的角度来看，父母双方的基因都会被传递下去。

在2014年的一本书中，托马塞洛提出了合作的第二个阶段，他称之为"集体意向性"（collective intentionality）。他认为，我们不仅仅为共同的目标和计划而齐心协力，也因社会和集体而合作。开始狩猎或觅食时，人们会为整个集体带回食物。对人类来说，进食成了集体活动。我们认同自己所在的群体，因而在合作互动中会受群体协定影响，并为整个群体的工作做出贡献。群体仪式和群体规范也因此建立了起来。例如，我们集体在7点吃晚饭。其他团体活动也涌现了出来，那些没有贡献的人因而不被认可：这就是道德的早期阶段。每个人都必须发挥自己的作用，不多吃多占，不营私舞弊。正是在这个阶段，羞耻和内疚等强烈而真实的情绪开始出现。当我们做了违背群体利益的事情时，这些情绪就会产生。同样是在这个阶段，当人们约束自己的行为以适应所处群体的行为时，自我监督就发生了。

集体阶段的另一种功能是交流互动，这对未来产生了重要影响。父母教导他们的孩子，使他们能够从指导传授中进行学习。人类的学习方式不再仅仅依靠观察和模仿，也包括吸纳他人传授的目标、技能和知识。当然，那些受过教育的人可以继续将目标传递下去，指导他人掌握技能和知识。在对这个问题的研究中，刘易斯·迪恩（Lewis

Dean）及其同事设计了一个拼图盒，依据难度共设三个阶段，奖励也是依次递增的。第三阶段的成功建立在第二阶段成功的基础上，后者又基于第一阶段的成功。三四岁的人类儿童互相协作，成功地完成了高阶难度，猴子和黑猩猩则没有做到。合作处理是儿童应对高阶难度的基本方法，其中就包括彼此的言语指导和互相帮助。

在《人类道德自然史》（*A Natural History of Human Morality*）中，托马塞洛拓展了他的理论。他提出，他所概述的第一阶段名为联合意向性，这确保了联合事项的双方都具备相应的认知技能，能够分配角色，共同承担联合活动的结果。人类不再是"我和他"或"我对他"（me versus that other one），而是变得能够相互交往、相互承诺，我们不再独立，反而成了"我们"。在第二阶段，集体意向性，独特的文化群体涌现了出来，群体的道德基于忠诚、遵从和文化认同。"我们"的角色从施加者转为了承受者，从道德上而言，我们有义务遵守整个社会的标准，例如正义和公平。

教授和学习有诸多成效，技术是其中之一。燧石工具出现在三百多万年前。据推断，制作它们的技巧在最初是通过观察他人并模仿来传习的。正如弗雷德里克·柯立芝（Frederick Coolidge）和托马斯·韦恩（Thomas Wynn）所解释的那样，早期的燧石工具大多是刮刀，它们的造型在数十万年中保持不变。直到大约 5 万至 10 万年前，工具制造的技术才突飞猛进，人类发明了刀、箭等新形式的石器。同时我们也可以想象缝纫、烹饪和建筑技术也经历了类似的发展过程。到了近代，新的运输技术出现了，距现代最近的一场技术变革当属数字世界的开创。以上所有技术都需要讨论、计划与分享。人们确立了协定和公认的惯例。只有在这些惯例的基础上——例如词语有了其约定俗成的含义，语言才得以成为可能。

交流谈话

每个社会都会使用语言，那谈话又是如何产生的呢？罗宾·邓巴在《人类的算法》中给出了一个答案。[7] 谈话是人们建立和维持关系的主要手段。

灵长类动物生活在社会群体中，并且对于每个物种而言，群体的规模都有一个最大限度。对于狐猴来说，这个限度差不多是 9，对于卷尾猴来说大约是 18，对于黑猩猩而言约是 50，而对于人类来说，群体的最大规模可达 150 左右。对于人类来说，这个人数上限的含义是，个体能与其中的每个人保持社交关系，了解他们过去所发生的事、他们的人际关系以及他们的个性。灵长类动物大脑皮层的相对大小与其社会群体的规模密切相关。就狐猴而言，皮层是大脑其余部分的 1.2 倍。这一数字在卷尾猴中是 2.4，在黑猩猩中是 3.2，在人类中则是 4.1。如果根据脑的大小和群体大小制作散点图，所得结果应该是一条直线。换句话说，群体规模越大，大脑皮层也就越大。邓巴的解释是，社会群体中的个体越多，就需要用越大的皮层以保持相对应的心理模型。

黑猩猩通过给对方梳毛来维持彼此间的关系。它们会与亲近的同伴坐在一起，相互依偎，梳理对方的皮毛，剔掉树枝和虫子。这是一个放松而深情的活动。黑猩猩会花大约 20% 的时间来梳毛，并且会与群体中每一只关系密切的黑猩猩进行这项活动。邓巴提出，随着灵长类动物的进化，群体规模和大脑体积的不断增加，维持社会群体关系所需要的时间也随之增加。随着这种增长的持续进行，邓巴计算出，我们的祖先，例如直立人（homo erectus）和能人（homo habilis），需要花费 30% 的时间来梳理毛发，这是一个时间节点。一旦超出这个临界点，我们的祖先就没有足够的时间去处理其他事情了。也正是在达到这临界点时，交流与谈话出现了。根据邓巴的分析，交谈似乎发生在大约 20 万年前。

根据邓巴的研究结果，我们了解到谈话是毛发梳理的语言版本。关系建立伊始，我们会向对方介绍自己，同时我们也会了解到对方是什么样的人。谈话也是我们维持已有关系的方式。在谈话交流中，我们不仅仅会谈论自己，也会八卦闲聊：这是我们建立对他人了解的一种方式。

从开始学习拼写单词的那一刻开始，身为婴儿的我们就着迷于动作和动作的影响，被我们和他人的交流所吸引。邓巴与安娜·马里奥特（Anna Marriot）和 N. D. 邓肯（N. D. Duncan）合作，对大学自助餐厅、酒吧和火车等场所里人们谈话的主题，以及人们在不同主题上花的时间进行了统计。他们发现社交话题在女性的谈话时间中约占 70%，在男性的谈话时间中约占 60%，谈论的话题包括：关系（产生于社交活动的个人关系、社交场合中的社交关系和实际行为以及所涉及的情感体验）、个人经历（谈话者或第三方的真实经历或体验和对这些内容的情绪反应），以及未来的社交活动。[8] 体育和类似话题在谈话时间中的占比为 8.7%，与工作和学术相关的话题则占 13.5%。

我们及他人都可以在世界上行动，并与人共事，这就是迈克尔·托马塞洛和汉尼斯·拉科齐（Hannes Rakoczy）所谓的"真实的东西"，具备了这些，我们就会被自己和他人的行为及其产物所吸引。

信条与期望

保罗·格里斯（Paul Grice）提出，谈话有四个基本的信条（maxim）。首先，轮到你开口时，你讲的内容应该适量——不要太少也不要太多；其次是真实——不要说任何虚假的东西，或没有依据的东西；再次是相关性——你说的话应该与谈话中发生的事情有关；最后是要清晰有序——避免晦涩难懂的语言，恰当地组织你说话的内容，做到明快而简洁。

格里斯指出，这些原则也适用于其他合作活动。假如你正在帮别人做饭，对方要你把平底锅递给他。在"适量"这一信条下，厨师知道你不会递给他三个平底锅。如果厨师向你要盐，在"真实"的要求下，你不应乘其不备递给他糖。至于"相关"，如果厨师需要橄榄油，那么你不应给他烤箱布。对于"清晰有序"，你应该做出合理的调度，不要说类似"现在不行，我得先出去看10分钟书"这样的话。

人类的合作必须以语言为基础。它不同于鱼成群地游来游去，也不同于狼为了狩猎而聚在一起，或一同寻觅食物——黑猩猩也会分享一部分食物。合作是指与他人做出合作性的安排，例如与朋友外出、组建家庭、协同工作、构建社会。我们齐心协力想要达成的目标是那些个人力量所不及的事情。

当一个人回忆起某个事件，或建造、修复某个事物时，脑海中会产生个人的视觉图像。但是我们思想中的大部分（或者说绝大部分）内容，采用的都是语言或言语的形式。语言以社交合作为基础，因此大多数的思想是以社交为基础的。

我们人类感受自我和他人，这是一种拥有思维的生活，因而这种生活以合作为基础。在最近出版的一本书中,查尔斯·泰勒(Charles Taylor)提出,虽然语言通常被视为一种信息,或对我们所知事物和概念进行的准确陈述,但它其实不仅仅是描述。语言创造了一个世界,多数时候,它是一个社交世界。会话式语言是一种构建方式,可以描述与他人相关的个人经历。[9]

第 15 章

爱是什么

这是约翰·鲍尔比（John Bowlby）1951 年出版的著作的封面，该书研究了关爱和失去双亲对于孩子的影响。

资料来源：The cover of Child Care and the Growth of Love by John Bowlby (Penguin Books 1961). Text Copyright © John Bowlby, 1951。

约翰·鲍尔比和玛丽·安斯沃斯（Mary Ainsworth）研究发现，婴儿对其主要照顾者的依恋（attachment）在婴儿的发展中起到关键作用。一岁大的孩子主要有三种依恋风格，这些风格可以持续到成年期。一种是"安全型依恋"（securely attached），具有这种风格的人在亲密的关系中常感到舒适自在，对他人充满信任。相对地，有一种非安全型依恋被称为"矛盾型依恋"（ambivalently attached），婴儿渴望建立关系，但会表现出愤怒和回拒。另一种非安全型依恋被称为"焦虑型依恋"（anxiously attached），这类孩子只想要依赖自己。唐纳德·温尼科特（Donald Winnicott）提出，随着婴儿的成长，婴儿和照顾者之间会形成一个中介空间（space-in-between）。文化则正是在这个区域中发展的。长期的爱情可以包含依恋，但爱情本身是一种独特的人类模式。对许多人来说，爱情是一个影响重大的愿望，它为我们提供了深刻的生活意义。

依恋与超越

第二次世界大战过后，不论你是何种性别，出身于哪个种族群体，有着怎样的宗教背景，你都会被世界各地的社会所接纳。此外，我们也都有着基本的人权。但第二次世界大战也有其遗留问题，人们意识到有许多战后孤儿正生活在悲惨的状态之中。[1] 战争期间，安娜·弗洛伊德（西格蒙德·弗洛伊德的女儿）和多萝西·蒂芙尼·伯林厄姆（Dorothy Tiffany Burlingham，纽约珠宝商查尔斯·蒂芙尼的孙女）在伦敦设立了汉普斯特战时育幼院（Hampstead War

Nurseries），以救助在伦敦被空袭期间遭到破坏的家庭。[2]

失去父母后，孩子们的第一反应往往是抗议和反对，他们可能会到处寻找，继而变得悲伤起来。随后，他们多会陷入冷漠和绝望之中。针对那些在战争期间经历空袭、丧亲和疏散转移的儿童，世界卫生组织（WHO）委托约翰·鲍尔比完成了一份报告。基于这份报告，他在1951年出版了著作《儿童保育和爱的成长》（*Child Care and the Growth of Love*），本章开头展示了其封面。在这本书中，鲍尔比写道："婴儿和幼儿应该与母亲（或长期替代母亲的照料者……）处在一种温暖亲密和持续的关系当中，这对他们心理健康至关重要，在这样的关系当中，他们可以获得满足和快乐。"[3]

与母亲或其他照看者的早期关系，为儿童日后的关系（迈克尔·托马塞洛称之为"共同意向性"）奠定了基础。那些在小时候体验过关爱的人，在成年后也更容易将爱传递给他人。那些离开照看者，无人照顾或受到虐待的儿童，在成年期间则更难建立信任关系。同时，他们往往会发现，自己很难以一种他人接受的方式融入社会。这些不幸的人可能会患上精神疾病，也可能走上犯罪的道路，或两者兼而有之。鲍尔比认为，与他人（性伴侣、后代、朋友、同事和熟人）在成年期建立合作性关系的基础，在于3岁前与母亲或替代母亲的照料者建立的持续亲昵关系。

鲍尔比提出了"依恋"（attachment）的概念：这是一种以生命过程为基础的系统，其含义是，幼儿与照看者保持着密切关系，而照看者要在儿童最脆弱的时期照顾并保护幼儿。[4] 与之相反的则是"母亲的剥夺"（maternal deprivation），在鲍尔比1951年的著作中，他用这一术语为第二部分取了标题。迈克尔·路特（Michael Rutter）开创了依恋领域的研究，其影响十分深远，至今已有大量研究聚焦于这一主题。

让我们这样来想。哺乳动物是胎生的，经由进化，婴儿适应了母乳喂养，这是一种生理适应。依恋则是一种与之相对应的心理适应，其基础在于母亲或其他照看者在场时，婴儿的信任和安全感。照看者不一定非要是母亲，也可以是父亲，甚至是与婴儿没有关系的人。照看者在婴儿身边时，婴儿会感到安全，并能从关系的安全港湾出发，去探索外部世界。当照看者离开时，婴儿往往会感到强烈的焦虑并失去信心。

约翰·鲍尔比出生在伦敦上流社会的一个家庭中。[5] 小时候，他只能在晚餐后见到自己的母亲，时间不过一个小时，不过夏天的时候，见面的机会更多一些。鲍尔比的主要照看者是一个保姆，二人关系亲密。鲍尔比的职业是医生，在还是一名医科学生的时候，他就已经开始接受精神分析方面的培训了。正式成为一名精神科医生后，他对孩子和父母的分离特别感兴趣。第二次世界大战期间，他在军中担任医生，但此后旋即（借助安娜·弗洛伊德、多萝西·伯林厄姆等人的工作）将关注点再次投向了儿童与父母的分离问题。

康拉德·劳伦兹（Konrad Lorenz）发现了印刻（imprinting）现象。在幼鹅孵化出来后，它会把第一个能在周围移动的大型物体视为母亲。有时候，劳伦兹会刻意安排，让自己去代替大鹅的位置。你或许看过这样一张照片：劳伦兹在田野间穿行，后面跟着一群把他当成母亲的幼鹅。当研究生物学的朋友把劳伦兹的研究成果介绍给鲍尔比时，鲍尔比灵感涌现，提出了依恋的概念。

在思维火花迸发的电光石火之间，鲍尔比想到，依恋就等同于哺乳动物中的印刻——玛丽·安斯沃斯后来也如此叙述。[6] 人类的早期关系至关重要,这一想法搭建起了生物学与精神分析疗法间的重要桥梁。尽管许多精神分析师都强调患者的个人幻想,但鲍尔比逐渐坚定地认为,儿童遭遇的困境是以他们在婴儿期的真实经历为基础的。其后果就是,他遭到了许多伦敦精神分析师的排挤。

在实证研究方面,很明显,婴儿期确实是依恋形成的主要时期,婴儿期的依恋模式成了后来人生中的亲密关系的样板。然而鲍尔比认为,若认定婴儿依恋形成在 3 岁以前,那么这一窗口期未免过于窄小了。尽管年龄越大,想培养一段最亲密的关系也越难,但现在人们认识到,即使在早期经历了坎坷不幸,人类也可以在婴儿期之后建立良好的关系。

依恋的类型

玛丽·安斯沃斯在加拿大多伦多攻读博士学位,后来战争爆发,她与鲍尔比一样投身军旅。[7] 战争结束后,她随丈夫一起搬到了伦敦,并在那里完成了博士学位。她回复了《泰晤士报》(*The Times*)的一则广告,在塔维斯托克诊所找到了一份工作,并与鲍尔比合作,致力于解决孩子与父母的分离问题。她成了鲍尔比最重要的同事。后来,玛丽·安斯沃斯的丈夫在乌干达找到了一份工作,她随之搬去了那里,并在当地研究母亲和婴儿。她发现,虽然当地大多数的母婴有着与北美及英格兰相同的特点,但也存在一些差异。结束了乌干达之旅,这对夫妇又搬到了美国的巴尔的摩,而在那里,安斯沃斯与玛丽·布莱尔(Mary Blehar)、埃弗里特·沃特斯(Everett Waters)

及莎莉·沃尔（Sally Wall）共同设计了"陌生情境测验"（strange situation test）。

安斯沃斯所选择的"陌生情景"其实是她实验室中的一个房间，屋中有几把椅子和一些玩具：孩子对这个环境十分陌生。起初，孩子及其母亲一起坐在房间里，母亲安静地坐着。随后，一个陌生人进入屋内，也静静地坐着。然后母亲离开房间。你可以在图17中看到记录这一场景的照片。随后陌生人试图与孩子互动。之后母亲返回，陌生人离开。

图17 在玛丽·安斯沃斯及其同事设计的陌生情境测验中，婴儿的母亲离开了房间。

资料来源：© 苏珊·比蒂，已经许可。

安斯沃斯和她的同事发现了三种依恋风格。第一种风格是"安全型"（secure）。当母亲离开房间时，这种风格的婴儿会感到忧虑烦恼，但当母亲返回时，婴儿会找到她并让她来安慰自己。另外两种为非安全型的依恋风格。其中一些婴儿的风格被称为"矛盾型"（ambivalent）。当母亲返回时，他们想要靠近母亲，但是他们拒绝母亲来安慰自己。相反地，他们表现出明显的愤怒。另一种非安全的依恋风格为"回避型"（avoidant），当母亲离开时，婴儿假装没怎么注意到；当母亲返回时，他们也不会尝试与她互动——他们看上去对此并不关心。

婴儿期到成年期的工作模式

自鲍尔比和安斯沃斯的研究以来，依恋及其对青春期和成年期的影响，已成为社交发展研究中最热门的话题。依恋这一概念以西格蒙德·弗洛伊德的构想为基础，他提出，婴儿期的爱（感受到来自父母的爱且能够爱父母），造就了日后亲密关系的模板。[8] 鲍尔比提出，儿童会形成一种个体和依恋对象之间的内部工作模式（internal working model）。[9] 这种模式是一系列与关系中的期待相关的内在信念，例如，对方是否应该被信任。这些信念的形成远早于儿童言语的形成，但如果转化成语言表达，一个安全型的幼儿会这样说："这个人在我身边。如果我受到惊吓，我知道这个人会保护我。"一个回避型的幼儿会这样说："一旦出现任何危险，不要相信任何人。我会保持警惕，只依靠自己。"这些想法为后来的亲密关系奠定了基础。你可能会听到有人说"我们独自生活，我们独自死去"。尽管在此人看来，他的话可能是一个颠扑不破的真理，但更可能的情况是，这不过是他早年形成的内部工作模式的一种外化。[10]

不同的依恋风格对应于不同的内在工作模式，研究者通过对儿时的依恋风格是否会被带到成年期的探究，对依恋风格这一构想进行了关键性验证。卡罗尔·乔治（Carol George）、南希·卡普兰（Nancy Kaplan）和玛丽·梅因（Mary Main）开展了成人依恋访谈，在时长一小时的半结构化访谈中，参与者需要谈论与父母或看护人曾经的关系。例如，他们被要求列出 5 个形容词，描述自己与父母的关系，谈论在童年时期他们感到不安时会做些什么，以及是否曾感到被拒绝过。面试官还要求参与者谈谈他们目前的关系，研究人员借此可以了解到参与者在成年时期的内在工作模式。

采用"成人依恋访谈"（adult attachment interview）的方法，梅因和她的同事将成人的依恋风格总结为三种。第一种风格，他们称之为"安全/自主风格"（secure/autonomous）。这种风格的参与者在谈论自己早期关系时，带有客观性和平衡性。他们对童年经历的描述逻辑清晰，既有好的一面，也有坏的一面。对于第二种风格，人们称之为"焦虑型"（preoccupied）。此类参与者给出的描述逻辑不清。其中有些人有童年的创伤性经历，即使到了成年，这些过往仍严重地影响着他们。第三种风格则是"漠视型"（dismissing）。这类成年人对童年的描述不过寥寥数语，冷淡且疏远。许多事件已被他们忘却，在谈及时也没有流露任何情感。

在 1991 年的一项研究中，彼得·福纳吉（Peter Fonagy）及其同事对母亲进行了成人依恋访谈，并对她们一岁大的婴儿进行了安斯沃斯的"陌生情境测验"。他们发现，在母亲属于安全型依恋的情况下，孩子也为安全型依恋的概率为 75%，而有 73% 的焦虑型或漠视型母亲养育了矛盾型或回避型的孩子。

埃弗里特·沃特斯和他的同事对在一岁时参加"陌生情境测验"

的幼儿进行了追踪，并在他们年满 21 岁时，对他们进行"成人依恋访谈"。研究者在三组人中发现了不同的结果。其中一组由 60 名中产阶级的白人组成。在这一组中，72% 的人依恋风格（不论是安全型还是非安全型）保持不变。[11] 就那些风格发生变化的人而言，转变与负面生活事件有关，例如童年虐待、丧亲或父母离婚。第二组由 30 人构成，他们参与了关于"另类生活方式"的研究项目：其中 12 人来自传统家庭，父母已婚；另外 18 人来自非传统家庭，情况包括父母单身、父母未婚、父母生活在公社中或无所属群体。[12] 来自两类家庭的参与者有着相似的依恋稳定性。总的来说，在这项研究中，与非安全型状态相比，77% 的参与者保持了安全型依恋风格。第三项研究的参与者共有 57 人，均来自贫困和发展中家庭。[13] 研究人员并未在他们身上发现依恋状态的连续性。然而，这一群体中的人遭遇恶劣生活事件（例如童年时受虐待、母亲抑郁症的高发率及家庭功能失常）的比率更高。其中任何一个因素都可能是依恋风格变化的原因。在更长时程的追踪研究中，罗伯特·瓦尔丁格（Robert Waldinger）和马克·舒尔茨（Marc Schulz）发现，男性如果儿时生活在亲密关系的家庭中，那么到了七八十岁时，他会与配偶更亲密。

因此，对于涉及共同意向的活动，人们的参与能力是会受到影响的。我们甚至可以认为，精神疾病既受遗传气质的影响，也逃不脱人际关系和过往经历的作用。在不良的关系中，人们的意向彼此不同，个体会感到沮丧、恐惧或失落。

依恋只是婴幼儿与父母关系的一个方面，它的基础是保护孩子免受伤害。[14] 人们可以看到它在进化中的重要性。然而，同样重要的是父母对子女的敏感程度。依恋和敏感性都与共同意向有关。当依恋机制运作良好时，就算孩子陷入担心或悲伤，身边陪伴的照看者也会给他们安慰。就敏感性而言，当孩子需要关注时，照看者会给予积极回应，参与到小孩所需的任何事情中。

在一项关于母亲敏感性的研究中，维维安·扎亚斯（Vivian Zayas）及其同事发现，在孩子18个月大时，母亲对他们的敏感性越高，当他们22岁成人时，在朋友和爱人关系中所表现出的回避就越少。相比之下，若母亲的控制性更强，成年后的他们会更倾向于避开朋友，在与爱侣一起时，也会表现出更多回避和焦虑。

坠入爱河

在西方，吉约姆·德·洛里斯（Guillaume de Lorris）和让·德·梅恩（Jean de Meun）在中世纪诗歌《玫瑰传奇》（*Le Roman de la Rose*）中对爱情进行了生动形象的描绘。在故事的开始，一个年轻人在梦中漫步于生命之河的河畔，随后迈入了典雅的爱情花园，在那里，他看到了一位美丽的女子。年轻人的意识被具象化为一系列人物：希望、理性和甜蜜的想法等。女子也以一系列角色的形式出现：Bielacoil（她的自言自语）、Status（她自己的贵族地位感）和Pity（同情）。每当年轻人在追求的道路上走错一步，这些角色就会消失，并被恐惧或羞耻的角色所取代。当年轻人抵达花园中心，伸手触碰玫瑰时，爱神向他射出一支箭，让他为爱献身。

伊莱恩·哈特菲尔德（Elaine Hatfield）和理查德·拉普森（Richard Rapson）夫妇这样定义狂热的爱恋：

这是一种极其强烈的状态，人会渴望与另一个人结合。狂热的爱恋是一个复杂的功能性整体，包括评价或欣赏、主观感受、表达、模式化的生理过程、行为倾向和起重要作用的行为。相互吸引的爱（与他人结合）与满足和狂喜密不可分。[15]

放眼望去，爱情之花盛开在世界的每个角落。1992 年，威廉·扬科维亚克（William Jankowiak）和爱德华·菲舍尔（Edward Fischer）查阅了 166 个社会的人种志（大多数由人类学家所写），对其中与爱情相关的记录进行了概述，结果发现在 147 个社会中，至少存在以下某种内容：（1）个人的痛苦或渴望；（2）爱情主题以及类似主题的歌曲；（3）私奔；（4）用本土化的方式记录热恋；（5）人类学家断定有爱情出现。在几乎同时进行的另一项调查中，苏珊·斯普雷彻（Susan Sprecher）及其同事在美国、俄罗斯和日本合计采访了 1,667 人。在大学生中，59% 的美国人、67% 的俄罗斯人和 53% 的日本人说自己正在恋爱。

爱就是爱

伦道夫·内瑟（Randolph Nesse）曾表示，进化给予人类最好的馈赠就是爱的能力。我们可以爱我们的孩子、我们的性伴侣和我们的朋友，有时，我们甚至会爱慕我们的父母。但是，什么是爱？许多心理学家都认为，爱本身并不是爱，而是其他的东西。

一种观点认为，爱的本质是依恋。[16] 还有一种几乎同样流行的观点认为，爱是人类"一夫一妻"的配对方式（pair-bonding），这在哺乳动物中可谓与众不同。欧文·洛夫乔伊（Owen Lovejoy）提出，人类的这种配对方式是在脱离黑猩猩（它们并不知道自己的父亲是谁），进化成为新物种时出现的。在人类的进化过程中，我们的男性祖先开始只中意一名女性，为她和她的后代提供食物和其他资源，以换取她成为自己独有的性伴侣，并对自己百依百顺。这使得男性和自己伴侣的基因有更大的概率存活了下来，孩子也得以知晓自己的母亲和父亲究竟是谁。第三种观点则以社会交换为基础。因此，约翰·戈特曼（John Gottman）提出，好的伴侣们会给予对方积极的评价以巩固感情，要维持一段爱情关系，积极表述的数量至少要是消极表述的5倍。

尽管有观点认为，爱情不是爱情，是依恋，是一夫一妻，是相互的情感巩固，但"爱就是爱"的观点仍然难以辩驳。我们应该看的或许不是堆积成山的科学研究，而是玛格丽·威廉斯（Margery Williams）1922年出版的童书《绒布小兔子》（The Velveteen Rabbit）——这本书的主角是一只被当作礼物送给小男孩的兔子。尽管毛绒兔子很受男孩的喜欢，但在很长一段时间里，它都待在玩具橱柜中或幼儿园地板上。有些机械玩具自负精美，瞧不起兔子，它们认为自己是真的，而兔子是假的。兔子天生胆小，唯一善待它的是皮制的小马。有一天，兔子问小皮马，"什么是'真'（real）？"

"'真'，与你被做成了什么样子无关，"小皮马说，"'真'是发生在你身上的事情。当一个孩子爱了你很久很久，不仅是为了与你玩耍，而是真的爱你时，你就是真的。"[17]

中介空间

唐纳德·温尼科特写道，当婴儿想要什么东西时，他的母亲很可能会有所反应，这样婴儿就会知道，外界的事物会迎合和满足自己的渴望。[18] 一个满是奶水的乳房会迎合和满足一个饥肠辘辘的婴儿。但当生命走过了最初几个月之后，愿望和世界开始分离。温尼科特说，一个介于愿望和世界之间的空间出现了。他认为，所有的语言和文化都从这里开始培养。无论变得多么复杂而详尽，每个人的语言和个人文化都不会扯断其与父母或其他照看者早期关系的纽带。语言和文化就在中介空间中茁壮生长。

这个空间中出现的第一个实物，例如柔软的玩具或类似的物品，通常被温尼科特称为"过渡对象"（transitional object）。它被婴儿拥抱、爱抚，且具有不可替代性。它代表着母亲，也同母亲一样被爱着。

温尼科特认为，随着儿童不断成熟发展，过渡现象"扩散至整个中间区域，即'内部心理现实'和'两个人共同感知的外部世界'之间的区域，也就是说，蔓延至了整个文化场域中"。[19]

从母亲或其他照顾者的敏感性中，可能会产生联合意向性，以及后来的集体意向性。温尼科特在讨论过渡对象时，并没有提到《绒布小兔子》，尽管他或许曾在别处提过。然而，在他后续的研究中，他确实讨论了小兔子关于"真"的疑问，以及婴儿如何从接收到的爱之中体验到真实，即一种拥有真实自我的感觉。其中一种可能是，孩子会将一系列来自父母的期望内化，并试图达成它们以换取他人的爱。[20] 这样的做法会导致温尼科特所谓的"虚假自我"的形成，如此，就一个背负期望的孩子而言，他的内心可能永远都会感到空虚和不被喜爱。这其实正是对卡伦·霍妮所提构想的延续，我们在第 1 章中讨论过这一点。

当照看者能够以体贴的方式与婴儿共建密切关系，而不仅仅是强加期望时，爱就能够生长。而在一个人的成长过程中，这种来自温尼科特中介空间的爱，可以借助相互关系转化为合作关系的基础。相应地，这种关系也可以成为整个社会共同意向的基础。

第 16 章
文 化

玛格丽特·米德（Margaret Mead）在研究报告中称，萨摩亚（Samoa）少女的性生活随意而"不检点"，这在西方引发了惊恐。

不同社会中的习俗与信仰深刻地影响着我们的身份，也影响着我们对于他人的感受。在萨摩亚，玛格丽特·米德发现，青春期的女孩有多个恋人，她们过着一种无忧无虑的生活。在太平洋的埃法卢克（Ifaluk）岛上，凯瑟琳·卢茨（Catherine Lutz）发现，幸福在那里并未像在美国那样受重视，因为幸福会让人们对自己过于满意。尽管埃法卢克岛上的人大都愉悦快乐，但他们最主要情绪却是焦虑（针对社会群体中的每个人是否都平安健康）。在北极，因纽特人的生活可谓朝不保夕，让·布里格斯（Jean Briggs）发现，在那里成年人生活的主要原则是接纳他人，永远都不发怒。

玛格丽特·米德的萨摩亚研究

社会是由一群生活在特定地点和特定时间的人构成的。文化则是一个社会的习俗和信仰，它们被该社会的成员所接受，也正是文化将他们聚到了一起并将之维系成了一个整体。文化是特定社交世界中的生活方式，也是体现集体意向的约定俗成。文化人类学就是理解这些内容的社会科学。

玛格丽特·米德（参见本章开头摄于 1948 年的照片）是世界上最著名的文化人类学家。她曾前往萨摩亚生活，研究当地青少年女性的经历，并于 1928 年撰写了《萨摩亚人的成年》(Coming of Age in Samoa)。她从那里带回的观点，挑战了她本人所持的美国中产阶级思想。米德在一生中对西方以外的社会进行了若干次实地考察。她没有将自己圈囿于学院之内，而是置身于与不同文化有关的公开辩论中，并致力于从中获得可供西方世界借鉴的东西。[1]

米德于 1901 年出生，她的母亲是一位社会学家，父亲则是金融学教授。[2] 虽然父亲力劝她去当护士，但她不赞成，并于 1923 年获得了纽约巴纳德学院的心理学学士学位。她在纽约遇到了哥伦比亚大学教授弗朗茨·博厄斯,他是当时顶级的人类学家。(我们在前文提及的故事《鬼魂之战》便由博厄斯所收集,弗雷德里克·巴特莱特将其用于对记忆的研究之中,参见第 7 章的相关内容。)在博厄斯担任她的导师后,米德继续在哥伦比亚大学深造,并于 1929 年获得博士学位。

在《萨摩亚人的成年》的前言中,博厄斯写道:

> 恭敬、谦虚、礼貌和对明确道德准则的遵守是人类的共性,但什么才是恭敬、谦虚、礼貌和明确的道德准则?这一点在人类中并不是共通的。正因为米德小姐,我们才知道不同社会的道德准则大相径庭,其差异程度出人意料。这一点对我们很有启发……因此,我们感谢她,她完全地融入了萨摩亚青年群体之中,并用清晰易懂的方式,描绘了那些身处于与我们完全不同社会中的个体有着怎样的快乐与困难。[3]

米德学会了当地人所使用的语言。他们住在萨摩亚塔乌岛(Taū)沿岸三个毗邻的村庄里。这些村庄总共有约 600 人。米德写道,她"花了 6 个月的时间对所有 68 名青年女孩进行了私密而详细的了解"。[4] 米德与她们共同生活,与她们交谈,参加了她们的活动,给她们进行了智力测验,并记录了翔实的实地笔记。

在米德的描述中,当地儿童的保育方式比西方的更为分散,西方依赖核心家庭,而在当地,亲属和其他村民也会加入进来,这让儿童与多个成年人保持着密切的关系。儿童和青少年的世界与成人世界之间有明显的分隔。米德认为,女孩在进入青春期后的生活,既无压力也没有扰人的麻烦,不仅如此,她们与他人的性关系往往并不会持续很久，这为她们的生活注入了活力。这种性关系的对象，通常是与她们年纪相当的男孩，或是村里岁数不大的成年男子。

虽然人们的性关系是萨摩亚社会中交谈的主题，但大多数情况下，处于青春期的年轻女性不管选择与谁发生性关系，都不会遭到非议。她们保持着这种生活方式直至成年和成婚，而婚姻在很大程度上取决于经济因素，此时的她们开始抚养自己的孩子。米德说，也存在少数例外情况（她对此进行过详细讨论）：

> 青春期并不是危机或压力时期的代名词，一系列缓慢成熟的兴趣和活动反而在这段时间中有序地发展。女孩们的思维不会因冲突而迷惑，不会费解于任何哲学问题，也不会困扰于远大的目标。她们拥有相同（也令自己满意）的夙愿，那就是尽可能长时间地与许多恋人生活在一起，然后在自己的村庄里找个靠近亲戚的地方成婚，继而生养很多孩子。[5]

米德的书虽然畅销，却也备受争议。她发现青少年期的女孩在结婚前有着愉悦而随意的性关系，婚后可能也会有婚外性行为。这在那些于20世纪20年代末30年代初阅读她书籍的人眼中，可谓对社会规范和道德信仰的十足挑战。尽管如此，米德却将她的发现与对美国女孩个人状态的直接批判结合了起来，她形容她们的特点是处于对身份、性禁忌、渴望和沮丧的强烈焦虑之中，这成倍扩大了其著作所引发的轰动。

在米德于1978年去世后，一位名叫德里克·弗里曼（Derek Freeman）的人类学家出版了一本书，书中他坚持认为，米德被她在萨摩亚提供研究信息的首要合作者愚弄了。他声称此人捏造材料作为玩笑，而米德随后将其公开发表。然而，米德保留了详细的实地笔记，从中可以看出，在遇到这位合作者之前，她就已经形成了主要的结论，而当弗里曼遇见这位合作者时，她已经皈依了基督教。美国人类学协会（AAA）认为弗里曼的书缺乏科学性，且有误导作用。这个事件说明，或因嫉妒心理作祟，研究人员走红后会无端成为众矢之的。与此同时，人们意识到心理学界需要更清楚地了解哪些发现是可靠的，这也引发了一场新的运动，旨在强调那些有争议的发现应当是可重复的。[6]

维果斯基与社会世界的内化

让·皮亚杰着重研究先天的发展阶段，列夫·维果斯基（Lev Vygotsky）则强调文化的作用。当孩子习得语言时，他自身的资源会经由所处的特定家庭和社会资源得到扩充。根据维果斯基的说法，思维就是一种社交世界的内在化。但它并非简单意义上的容器，客体被放进去就能够转化为精神客体（心理对象）。思维是一种想象、计算和规划的手段，是一种与自己交谈，在内心与他人交谈的途径。它构成了一个人自身内部的社会世界，能够为与外部社会世界的互动交流提供信息。

以下是维果斯基的同事罗扎·莱维娜（Roza Levina）研究中的一个例子，她研究了一个4岁半女孩如何用一只凳子和一根小棍从柜子里取出一些糖果。小女孩用父母跟她讲话的方式自言自语，她不断地描述着自己的想法和实际情况，并用计划的方式给自己提出建议：

"不,那不行,"女孩说,"我可以用小棍。"她拿起小棍敲了敲糖果。"现在糖果动了,"她说道,然后认真思考了情况并分析了自己的做法。"糖果动了。只踩凳子我不能拿到糖,但有小棍就可以。"⁷

这就是正在运转中的思维:其内部是物质世界与社会世界。这二者是一种对于外部世界的模型,通过制订计划可使外部世界反映出内在世界。

维果斯基考虑到了私语(private speech)的重要性:这是一种从与环境中的他人进行对话,到能够用言语方式进行思维的过渡,是一种对意义的表达。当皮亚杰感知运动阶段的构想与语言交汇在一起,一场巨变出现了,它催生出了一种新的心理功能,即当我们仔细思考自己的想法和计划时,我们能像大人一样感知自我。

迈克尔·托马塞洛和他的同事表明,孩子们知晓自己和他人能够在环境中处事和行动。继而他们发现,随着儿童习得语言,行为既被象征化为动词和动词岛(我们在第 6 章中讨论过),也成了思考的手段,借助这种手段,就可以将象征性行为与世界中的人、物和自我渴望联系在一起。这种以研究儿童如何习得言语为基础的观点,正在取代乔姆斯基提出的那种将特定语言同化为普遍语法的构想。⁸

人在交流中会使用动词符号,以此来完成约翰·瑟尔(John Searle)所谓的"言语行为",比如引起对某事的注意,提出请求,同意做某事,等等。因此,婴儿可能会以说出"(我)还要果汁",来向母亲提出请求,他知道自己可以行动,通过"要(动词)果汁"来完成请求。这些言语是与他人进行直接合作的一种开端。它们基于被翻译成文字的知识，这些知识可用于引起注意，进行请求以及表达同意等。

在第 6 章的最后，我们讲述了一个幼儿使用语言的实例，主人公是 21 个月大的艾米丽，凯瑟琳·尼尔森要求她父母在她床边放一台录音机，记录她在睡觉前对自己说的话……艾米丽在入睡前会继续自言自语，这是在她 2 岁零 8 个月大时记录到的内容。

> 明天当我们从床上醒时，先是我和爸爸妈妈，你，跟平常一样吃早餐，然后我们要去玩，然后很快爸爸来了，卡尔会过来，然后我们要去玩一会儿。然后卡尔和艾米丽都要和某个人一起下车，我们要去托儿所，然后等到了那个地方，我们都要下车，去托儿所，爸爸会亲我们，然后准备走，然后说点话，然后我们会说再见，然后他会去工作，我们就在幼儿园里面玩。[9]

在这个例子中，我们看到了叙事结构的雏形，行为主体对世界形成了有意义的感觉，这个主体在时间进程中持续存在，还会遇到某些事件。尼尔森提出，由此我们能看到一种理解和构建整个世界的思维方式。艾米丽相当早熟，但基于她对世界的心理模型，我们有幸短暂地了解了她的思想：这是思想的一种外化版，就像是一场线上直播。

因此，语言不仅开辟了一个与他人合作的世界，也开辟了一个自我反思的意识世界。随着发展的进行，人们将能够与他人分享自己所经历过的情感。

与此同时，在艾米丽的睡前思考中，我们看到一个孩子正在接受一种文化：一个拥有妈妈和爸爸的核心家庭，一个重视儿童游戏的家庭，一个有汽车和托儿所的家庭：在这个家里，父母会亲吻自己的孩子，父亲去了一个叫作"工作"的地方。这些也是中产阶级生活的独特元素。而在其他社会中，例如萨摩亚的社会，以及下一节将要讨论的社会，家庭的规模更大，游戏不再重要，汽车也不复存在。

埃法卢克岛

凯瑟琳·卢茨在密克罗尼西亚的埃法卢克生活了9个月，这是一个约有430人的小岛。基于自己此前的研究，卢茨了解到在埃法卢克岛上，"性别关系比美国社会更加平等"。[10] 她想看看岛上的人如何以平等的方式组织自己的生活，从而"避免美国社会的诸多问题，尤其是无处不在的性别和阶级不平等，还有暴力，这些弊病使得美国文化受人轻贱"。

卢茨的研究主要集中在情绪上。它神似米德的研究，让我们得以继续思考诸如合作、共同意向等人类的共性。卢茨的著作名为《非自然情绪》(*Unnatural Emotions*)——这暗示了她在岛上的发现。她在埃法卢克岛上所看到的情绪，并不像达尔文所说的那样，以生物学为基础。卢茨将埃法卢克岛的情绪形容为"非自然的"，她并不是指岛上的情绪古怪诡异（只是采取了一种非常易于理解的表达方式），而是指创造和维持这些情绪的是文化，并非自然。

人类学家很清楚，短短地造访一年半载，并不足以使自己完全融入一个新的社会当中。一个人如果移民了，可能需要5年、10年或更长时间才能彻底成为新社会的一分子。因此，人类学家的目的不是获取这种经验。人类学家给我们带来的，是另外两方面的信息。一方面关乎远方社会中的世界，另一方面则关乎我们自己——工业化社会中的居民。卢茨做到了这一点，她将埃法卢克的思想和实践与西方的思想和实践对比列举了出来。她的影响在于改变自己，我们可以在她的身上看出她在太平洋环礁上生活过的痕迹。

她举了这样一个对比的例子。在美国，人们从小就接受教导，把自己有"追求幸福的权利"当作一个不证自明的事实。没错，幸福在美国社会中非常重要。埃法卢克的人们也是这样认为的吗？岛上有一个词——ker，翻译过来是"幸福"的意思。但尽管埃法卢克人也经常微笑，并采取与我们完全一致的方式，但他们并不认为自己有权利去"ker"。他们对此持怀疑态度，因为这可能导致过度兴奋、炫耀，甚至是闹哄哄招惹麻烦，所有这些行为在当地都是完全不提倡的。在埃法卢克岛上，正确的行事方式是"maluwelu"，意为"温柔、平和、安静"。[11] 这个状态非常重要，因为这在埃法卢克人看来是有社交能力的体现，同时也体现了群体中的每个人都安好无恙。

埃法卢克环礁最高处的海拔仅有 5 米。台风可以将妇女种植的芋头花园彻底摧毁，环礁湖中的鱼也不能幸免于难，而那是男人的食物来源。卢茨的遗憾之一在于，岛上的男女过着相当独立的生活，因而她无法深入了解埃法卢克岛上的男人世界。妇女们照顾婴儿，大一点的孩子以蔬菜为食。男子一边看护幼儿，一边制作绳索或修补渔网，并捕鱼给他们的姐妹吃。卢茨提出，埃法卢克人之所以重视相互依赖，是因为他们的生活风雨飘摇。相比之下，西方人则更看重独立，我们喜欢掌控力所带来的那份安全感。

假若卢茨是来自另一个环礁的女性，与埃法卢克人同属一个宗族，她会和十几个姐妹及婴儿一同睡在家中的主屋里，每个人的"褥子"都与旁边人的紧挨着。这样，就没有人感到孤单了。而当卢茨初到该岛时，她的养父曾与美国和平队的工作人员打过些交道。美国人对当地人来说算是异邦来客，他知道美国人都有些奇怪的想法，比如喜欢单独睡觉。两三天后，他们达成了一个解决方案，一个做饭用的棚屋被改造并搬迁到了距离女性住所仅几米的地方，这样卢茨就可以睡在里面了。这个办法，既满足了她独自睡觉的特殊偏好，也不会破坏岛上人与人之间亲近的良好氛围。

如果说埃法卢克岛上的人对什么情绪状态的重视程度与美国重视快乐一样，那就是"metagu"（担心/焦虑）。有一个事件可以说明这一点。正如玛格丽特·米德在萨摩亚所发现的那样，卢茨发现埃法卢克的性关系也是相对随意的：夫妻俩会一起外出，到环礁的内陆碰面并发生性关系。但这种事只发生在晚上。白天的夫妻碰面是公开的，也没有任何性的成分。

一天晚上，卢茨正在安静地睡觉，突然被一名男子"吵醒"，他"闯入了我没有门的棚屋。在那一刹那我意识到了危险，因而尖叫了出来，我下意识地启用了我从美国带来的那种判断力，即如同有个陌生男子在夜里闯入你家，想用各种方式来伤害你一样"。[12]

那个男人飞也似的逃走了，卢茨的养母和家人就睡在几米外，闻声也都立即赶了过来。当她们听说卢茨受到惊吓的经过后，不禁捧腹大笑了起来。尽管她们知道男人有时会让人不寒而栗，尤其是在公共场合中，比如他们喝醉了或者眼看着就要打起来的时候。但她们也知道，男人如果在晚上来，只会为了一件事。这是一种性暗示：在埃法卢克，这与会使女性受到惊吓的事情截然相反。

卢茨说，在那之后，虽然对于埃法卢克人而言，自己表现出

metagu 的原因似乎异常奇怪，但她发现，当她养母谈及这件事时，带着一丝欣慰。她之所以这样，是因为她的养女不再那样特殊，而是表现出自己已经足够敏感，能够感受并表达出 metagu 这种重要的情绪了。

在英语当中，人在情绪方面似乎显得有些被动。用以形容情绪的词语往往是形容词：他伤心（he is sad），她生气（she was angry），等等。这种用法意味着情绪发生在人的身上。在埃法卢克岛上，情绪与思想没有多少区别，所以"nunuwan"这个词的意思就是"情绪／思想"，它不用于个体，而用于社会。这是人们相互之间建立起的一种联系。在埃法卢克，情绪不会偶然出现。情绪需要人们去表现。俄语中也有类似的表达，不过，人们不会采用"我生气了"这种方式去表达，而是更接近于一种"我认为，我主张"（I contend）的方式，这带有一种把解决问题的希望寄托在与他人的交流上的色彩。[13] 英语中确实有更积极主动的情感，例如"爱"，这种情感就需要我们采取行动，这让我们与其他人建起了联系，但说英语的人似乎往往是在接受情绪，而不是去执行、去展现。

困惑摆在了我们面前。就美国而言，其人民有权利获得幸福。但是，在埃法卢克，与之对应的概念 ker 却是不可靠的，因为这意味着一个人开始一意孤行，变得过于自我中心，且有可能忘记自己对于他人的责任。对比而言，在美国，人们都想避免焦虑，并用安全取而代之。在埃法卢克，metagu（焦虑）则表达了人类的脆弱性。这种情绪与他人有关，将人们相互联系起来。不同社会中的情绪也存在共性。西方人可以理解埃法卢克人的情绪，埃法卢克人也可以理解西方人的情绪，至少在某种程度上是这样。但与此同时，双方的差异也是十分惊人的。

多样的社会，各异的思维

有许多社会与工业化的西方世界截然不同，描写这类社会的书籍和文章不胜枚举。尼尔森·沙尼翁（Nelson Chagnon）造访过一个社会，那里的人名为亚诺玛米（Yanomamö），他们称自己为"凶残的人类"。在这个社会中，临近的群体之间持续处于战争状态。因此，大部分的亚诺玛米年轻男性死于暴力。还有一个社会名为"Ik"，他们脱离了传统的游猎采集生活方式，因而遭受了毁灭性的饥荒。科林·特恩布尔（Colin Turnbull）与他们共同生活了3年，他对他们的形容是：逐渐变得极端个人主义。与此相反的是在北极生活的因纽特人，让·布里格斯与他们生活了一年半的时间。因纽特人几乎没有个人主义色彩。她发现，愤怒完全不存在于成人的生活当中。伊丽莎白·马歇尔·托马斯（Elizabeth Marshall Thomas）则前往"!Kung"作客，这个生活在卡拉哈里沙漠的民族保留了游牧的生活方式，在过去20万年的大部分时间里，几乎所有人类都过着类似的生活。

凯瑟琳·尼尔森让我们了解了小艾米丽，她在睡前回忆了自己在美国中产阶级双亲家庭中的生活。对于埃法卢克的艾米丽，或因纽特的艾米丽来说，与西方社会有所不同的，不单单是她脑海中的人、事和地点。她也会以一种截然不同的方式成长、思考和感受。

我们人类面临的一个问题是，如何将我们对父母、性伴侣或朋友的爱，延伸到我们当前身处的特定社会之外，扩展到一般意义上的人类社会大家庭中。

第五部分

共同的人性

Common Humanity

第 17 章

想象力、故事、共情

两个男孩一起在桌子下面玩耍；朱迪·邓恩（Judy Dunn）提出，这种游戏需要复杂的想象力，同时产生了亲密感。

朱迪·邓恩证明，儿童的游戏同时伴随着世界模型（model world）的建立。比赛（game）是玩耍的一种延伸，可以被看成各种交流互动的模型，正如欧文·戈夫曼（Erving Goffman）所说，它可以让人了解日常生活中的角色和交流模式。游戏和比赛都是想象的产物，保罗·哈里斯（Paul Harris）和他的同事证明，二者还与抽象思维有关。小说是童年游戏在成年时代中的另一种延伸，它让我们能够与文学人物产生共鸣，与他人的世界产生联系，并理解他们可能身处的状况。读懂了小说，人也就能更好地理解他人，产生共情。

儿童的嬉戏

所谓想象，就是创造一个世界的模型，你可以假想自己在这个世界中的地点和时间里生活；所谓想象，就是设想自己进入了另一个人的精神世界。我们可以在儿童的玩耍嬉戏中看到这种世界模型的建造过程。同时，我们也可以看到角色扮演：孩子们会扮成消防员、医生或小商店的店主。

朱迪·邓恩对两个4岁的男孩进行了观察记录——他们是一个托儿所里的朋友，相处了约一年的时间。两个孩子在屋子里玩耍，里面有一张桌子和一些可以用来角色扮演的衣服。你可以在本章开头的图片中看到这两个男孩，他们正在桌子底下。

开始时，男孩扮演的是寻找宝藏的海盗，他们船坏了，又遭到了鲨鱼的袭击；他们随后前往一个小岛避难，建起了一栋房子（在桌子下面）。他们用巧妙的方法解决了食材和烹饪的难题。他们精心策划的冒险、迅速解决的纠纷（例如他们是要面对鲨鱼的威胁还是鳄鱼的袭击），针对未来规划所进行的长时谈话——所有这些都被我们安装在房间角落里的摄像机捕捉了下来。[1]

邓恩称这种玩耍嬉戏为亲密关系的开始。在孩子们所扮演的角色中，他们不仅饰演着自己的人物——海盗，也了解对方的角色、对方所采取的行动和对方所说的事情。他们有着复杂详尽的共同意向性。在捉迷藏中，我们可以看到儿童经历了角色互换。要玩好这场游戏，在躲藏时，你必须想象自己扮演的是捉人者。嬉戏似乎是我们在儿时探索如何建立他人的模型，如何理解他人并与他们协调配合的方式之一。

约翰·赫伊津哈（Johan Huizinga）曾写过一本西方的中世纪史，该书被认为是这方面的最佳著作之一。但他并不满足于此，在那之后还出版了一本关于游戏的著作：《游戏的人：文化的游戏要素研究》（*Homo Ludens: The Play Element in Culture*）。赫伊津哈认为，我们这一物种（即智人）并非天赋异禀。相反，我们是一个借由丰富想象力和良好合作性聚在一起玩乐和沟通的物种，并创造出了以前不存在的东西。

游戏的乐趣

有些人会认为，嬉戏和玩耍只属于童年，长大后人们便不再进行这些活动了。但实际上，嬉戏并没有停止，只是转变了形态。游戏和体育运动就是两种游戏的"新形态"。

不同于男孩子扮演海盗那种无结构、无条理的嬉戏玩耍，游戏和体育对角色有明确的规定，详细说明了如何扮演这些角色，让我们知道可以采取哪些行动，应当遵守哪些规则。它们是生活模式（例如竞争和技能）的践行模式（enactive model），对此，社会学家欧文·戈夫曼概述了一种理论来进行解释。他说，在每场游戏中都有：

> 一系列可能发生的事件和一群推动事件发生的角色，共同构成的一片上演决定性戏码的场域、一个存在的位面、一台意义的引擎以及一个世界本身。[2]

除了数独等极个别的例子外，游戏和体育都是社交性的活动，也都是合作性的邂逅，即使其模式本身是竞争性的。并且，戈夫曼说：

> 似乎没有什么动因比"另一个人"更强大而有效了，他可以为给你带去一个充满生机的世界，也可以让你所寄寓的现实枯萎干涸，这所借助的不过是举手投足、只言片语和惊鸿一瞥。[3]

许多游戏和体育都反映了社会结构。例如，国际象棋以中世纪战争为蓝本，大富翁是在模拟房地产投机，蛇梯棋则模仿了我们起伏的人生旅程。将这个隐喻反过来说也成立：工作的各种形式都可以被喻为游戏或体育，例如金融游戏、写作游戏。有人也可能会说："这还真是出乎意料。"除了以上的例子，戈夫曼还解释了游戏是如何使我们思考的，即在日常的各种沟通交流中，我们会穿越一种半透膜，进入某种生活方式内部（其内部世界中），去参与生活、接受规则、扮演角色。在餐馆里，人们不会点自己吃不起的菜品，也不会像在游泳池的更衣室里那样脱掉衬衫。当一个人进入工作场所时，他又穿过了另一层膜。工作场所里充斥着礼仪规则、互动模式以及时间规划，这些都与家庭的半透膜不同。更重要的是，现实生活亦如游戏，正如戈夫曼强调的那样，我们在每个角色中所做的不同投入，让一切有了许多变化。如果我们不投入，甚至没有完全投入，事情都会不尽如人意。此外，他也指出，在现实生活和游戏中，小丑和精神病人都知道如何通过违反规则来制造混乱。

电影的乐趣

嬉戏也会转变为戏剧、小说、电影和电视剧。

据说法国有史以来最成功的一部电影是《欢迎来北方》(*Bienvenue chez les Ch'tis*，又译为《欢迎来雪堤》)。它讲述了住在普罗旺斯的邮局经理菲利普（Philippe）的故事。菲利普的妻子脾气暴躁，对生活状况很不满意，她希望菲利普能调到南方的蓝色海岸工作。为了完成调动，他决定伪装成残疾人。但是当他购来轮椅准备实施时，计划不慎被识破，作为惩罚，他反而被调往北方小镇贝尔格的一个邮局。地处英吉利海峡附近的贝尔格，对于那些生活在法国南部的人来说，那就像一个远在北极的流放地。到了之后菲利普发现，尽管当地天气不太好，但他的邮局同僚都很友好。然而，他们操着一种奇怪的口音。连英文字幕也都很幽默。

贝尔格早期场景的幽默部分来自交流，菲利普最初几乎无法理解当地的方言"Ch'ti"。[4] 在 Ch'ti 中，"s"的发音是"sh"，"a"被发成"o"。上班第一天，邮局的工作人员带菲利普去镇广场的法式油炸屋吃午餐，在那里，他和其他人一起吃了"弗里康戴尔"①（fricadelle）

---

① 一种肉馅香肠/热狗，当地美食。——译者注

和炸薯条。他觉得这种食物非常好吃，就问这里面到底有什么。"这个不能问，"一位邮局的柜台职员说，原料配方是保密的——"跟美国银（Americansh）和他们滴阔口阔落（Coco-Colo）一样"。

邮局的同事们让菲利普感受到了家的温暖，但在给妻子打电话时，菲利普则说，这儿比他们想象的还要糟糕。到了故事结尾，菲利普的妻子不再性情暴躁，转而变得善解人意，所以当他每隔一个周末回到普罗旺斯时，他的婚姻生活比以往任何时候都美满，他的工作也比以往更加称心如意。

亨利·柏格森（Henri Bergson）询问受访者，他们会因为什么发笑，人们的回答各式各样，但归根结底是因为人本身——我们不会对着风景或灯柱笑出声。我们会因为人而发笑，虽然他们是人类，但他们的行为方式有时却不那么符合人的方式，反而像个机器一样。一般来说，只有当我们与他人在一起时才会笑：笑需要他人的附和。它很可能是进化过程的一个方面，而这种进化促进了群体团结。

《欢迎来北方》获得了如此巨大的成功，让人们放声大笑，其笑点并不是谁踩到香蕉皮滑倒了，抑或谁做了什么傻事，而在于与别人一起开怀大笑。菲利普和他的同事一起笑，而观众们则随之笑了起来。

想象与推理

教育不断普及，随之而来的一个问题是，学习阅读和写作是否能提高人们的思考能力。例如，它是否能让人们如让·皮亚杰所说的那样，以更抽象的方式进行思考和逻辑推理？这些变化是否会影响整个社会？

埃里克·哈夫洛克（Eric Havelock）是这样将口头信息和书面信息区分开来的：

> 口头信息或许不适用于类似"三角形的内角和等于两个直角"这样的表述，但是如果你换种说法——"在战斗中，三角形站定身姿，两条登场的腿叉开着，它坚定地战斗只为保护它的两个直角免受敌人攻击"，就好像给欧几里得穿上荷马时代的衣服，或者说在用文字出现前的形式说话。[5]

学习阅读和写作对我们的思考有什么作用？为了回答这个问题（以及其他的问题），1931年和1932年，亚历山大·卢里亚（Alexander Luria）前往乌兹别克斯坦，研究苏联所发起的扫盲计划的影响。他进行了多项测试，包括参加过此类课程的人是否可以通过亚里士多德在《前分析篇》（"Prior Analytics"）中所设想的三段论来进行推理。三段论中，包括一个以普遍原理形式给出的命题，以及一个与之相关的特殊陈述，据此要求人们进行推理。举一个例子：

所有人都是凡人。
苏格拉底是人。
推论：因此苏格拉底是凡人。

以下是卢里亚进行的一段采访。对方名叫阿卜杜拉希姆（Abdurakhm），37岁，未参加扫盲计划。

采访者：在白雪皑皑的远北地区，所有熊都是白色的。新地岛位于远北地区。那里的熊是什么颜色的？[6]

阿卜杜拉希姆：我不知道；我曾见过一头黑熊，但从未见过其他任何熊。

采访者：但是我的话暗示了什么？（重复三段论。）

阿卜杜拉希姆：如果有个老头年纪60或80岁，并且曾见过白熊……那他可能相信你说的，但是我没见过白熊，所以我不能下结论。我要说的就这些。亲眼见过的人才有资格下结论，没见过的人不能发表看法。

阿卜杜拉希姆似乎对这些愚蠢的问题感到有些恼火，但是此时，一个参加了识字班的年轻人来了。"根据你说的来推断，"他说道，"那里的熊是白色的。"卢里亚报告说，参加了扫盲计划的15人都能解答这种类型的三段论，而在那些未参加扫盲计划的15个人中，只有4人可以解决这种类型的问题。[7]

西尔维亚·斯克里布纳（Sylvia Scribner）和迈克尔·科尔（Michael Cole）开展了进一步的研究，他们前往利比里亚，看看是否也能在那里发现卢里亚的调查结果。第一组参与者是文盲，他们从未去过学校。第二组参与者是识字的，他们去过学校，可以读写英文。在第三组中，参与者没有上过学，也不能读或写英语，但他们可以用当地的文字进行书写，以此与人通信或经商。第三组参与者所拥有的阅读和书写能力，是否足以完成三段论推理呢？斯克里布纳和科尔发现，阅读和书写能力并不能改变什么。能够阅读和书写当地文字的人，无法解决三段论问题。只有那些上过学的人才能完成这种推理。

儿童的想象力与对思考的影响

保罗·哈里斯认为，人们在乌兹别克斯坦开展的是非常基础的扫盲计划，因而卢里亚的发现中涉及的东西，可能比读写能力更为基础。他认为，也许在这些扫盲计划中，在利比里亚的学校里，人们被灌输了一种思想，即通过思考，他们可以想象可能存在的世界。或许，他们之所以可以做到这一点，是因为他们在孩提时代就能够在嬉戏玩耍中进行富有想象力的思考。

在玛丽亚·迪亚斯（Maria Dias）和安东尼奥·罗阿齐（Antonio Roazzi）的协助下，哈里斯认为，他们可以探究这种思想在巴西累西腓的文盲身上有着怎样的体现。他们共测试了48个人，其中24人每周参加两三次扫盲班，已经持续了2年，还有24人未受过教育，属于文盲。他们编创了两组三段论，参与者对其中一组的前提并不熟悉，例如"所有白细胞都是白色的"，但熟悉另一组的前提："所有血液都是红色的"。对于其中一半参与者，哈里斯用卢里亚所采用过的方法进行测试——"我将给你读一些听上去有趣的小故事。但要假设故事中的所有事情都是真实的。好，现在我就开始讲第一个故事"。[8] 另外一部分参与者则需要用到自己的想象力。研究者要求他们想象故事发生在另一个星球上。对于这些人，研究者说："我将给你读一些听上去有趣的小故事，但要假设我所讲的故事发生在另一个星球上，那个星球上的一切都与地球不同。好，现在我开始讲那个星球上的第一个故事。"

迪亚斯和她的同事们发现，在第一批参与者中，人们的回答方式与卢里亚的受访者大致相同。他们往往无法解决三段论问题，只是依靠自己的经验。相比之下，那些被要求想象故事发生在另一个星球上的人（无论是受过一些识字教育还是完全不识字的人）都能够在三段论上完成得更好（无论内容熟悉与否）。

大约20万年前，语言的出现将思维从之前的猿类状态转变为一个混合体。此时，在人类进化的过程中，我们的祖先建立起了个体的心理联结，诸如约翰·华生和罗莎莉·瑞娜所发现的条件化躲避。与此同时，他们与个体、后代、性伴侣和朋友一起进行计划。他们也习得了当地的群体文化特征。此外，他们现在开始使用以新方式工作的处理器，并可以理解和生成语言。

安迪·克拉克（Andy Clark）提出，这种新型处理器有一个特性，即思想本身也可以成为思考的对象。正如菲利普·约翰逊-莱尔德所说的那样，这种新型处理器在计算能力上比心理联结更为强大。同时，它也依赖于新型记忆，这种需要使用语言的新型记忆就是乔治·米勒在他的论文中所讨论的短时记忆，与神奇的数字七加减二有关。

因此，在大约20万年前，人类思维变成了两种处理器的混合体，基思·斯坦诺维奇（Keith Stanovich）称之为"系统1"和"系统2"。系统1是老式处理器，特点是联想性和直觉性，它的存储器是长时的、大容量的，主要基于直接经验。系统2则是新型处理器，计算功能更加强大，能够生成和理解语言，也能够自行指导和自我管理，但其存储器是短时的，且容量有限。在《思考，快与慢》（*Thinking, Fast and Slow*）中，丹尼尔·卡尼曼（Daniel Kahneman）便介绍了快速思考如何利用系统1，而慢速思考如何利用系统2，二者共同作用，使我们能够逐步解决问题，进而变得更加接近目标。[9]

后来，智力进一步发展：想象力出现了。这正好解释了人为何不仅能对思想进行思考，还能对超越眼前及记忆体验范围的事物进行思考。嬉戏便是这样一种活动——孩子能够以抽象的方式进行推理。这也是迪亚斯、罗阿齐和哈里斯在巴西参与者身上得到的发现——参与者被要求想象发生在另一个星球上的故事会是什么样子。

要想在大脑中运转，想象力似乎需要一整套（共计6种）能力，其中有些由来已久，另一些则是人类最近才获得的。[10] 就现代儿童而言，所有能力都会在4岁前出现。这些能力具体如下：

- 模仿。安德鲁·梅尔佐夫（Andrew Meltzoff）和 M. 基思·摩尔（M. Keith Moore）报告称，在只有几周大时，婴儿便开始具有模仿他人面部动作的能力了。随后，模仿将逐渐发展为学习能力，即通过观察他人的做法，习得如何做事。

- 共情和利他主义。共情的定义是：能够体会到别人感受的能力。其概念可以追溯到20世纪初，从那时起，它便与同情的概念区分了开来。马蒂·霍夫曼（Marty Hoffman）和南希·艾森伯格（Nancy Eisenberg）对此进行了综述。共情出现在12至18个月大的婴儿身上。它似乎源于情感参与，可以使人有动力做出利他行为。

- 了解自己有在世界上行动的能力。在大约18个月大之前，幼小的人类就已经知道自己和其他人能够在世界上行动了。迈克尔·托马塞洛和汉尼斯·拉科齐认为，这就是将人类与猿类区别开来的一个重要的能力。

- 象征性游戏和角色扮演的游戏。艾伦·莱斯利（Alan Leslie）讨论了一个 2 岁大的孩子是如何拿着香蕉,并把它当作电话与朋友进行交谈的。捉迷藏是一种早期的角色扮演游戏。

- 了解模型。朱迪·狄洛奇(Judy DeLoache)发现,对于 3 岁的孩子来说,他们如果看到某个房间的模型中藏有一个微型玩具,就能在真实的房间中找到被藏起来的玩具,不到 3 岁的孩子则不能做到。这说明儿童已能将图画理解为象征了。
- 心理理论,观点采择。海因茨·维默和约瑟夫·佩尔奈发现,4 岁的孩子已能理解他人的想法,即使那些想法与他们自己的并不一样。

这些能力之间似乎并不存在相互依赖的关系。例如,能够在游戏中扮演角色,并不预示着其心理理论有所发展。然而,这些能力对我们现代人类的思维确实十分重要。其重要性体现在我们的联合计划中,体现在我们对文化世界的发展和维护中。有了它们,我们才能够想象自己未能身处的其他环境:生于少数族裔群体之中,被饥饿所困扰,或成为战争的受害者。对于在抽象中思考,理解可能出现的未来,例如气候变化的后果、收入差异率和国际冲突等,这些能力也是必不可少的。

人类记录中的艺术

十多万年前,人类开启了一种新的模式——艺术。艺术并不像石器技术那样,具备直接的实用性——最早的石器工具已距今已有三百多万年了。但在某些方面,艺术与工具之间是可比的,因为艺术也涉及外化和思维的共享。已发现的最早的艺术形式是贝壳，人们在上面钻出孔并做成珠子，这样可能是为了制作项链。[11] 工具被用于改造外部世界，项链则别有他用。或许，它们的用途与那时已经出现的衣服是相同的。也或许，它们有助于人们塑造自己的身份，在一定程度上改变自己在社交世界中的形象，也改变自己的内心。

后来，其他种类的艺术开始涌现。40,000 年前，墓葬出现。[12] 最早的洞穴壁画则是在肖维（Chauvet）发现的，其时间可以追溯到 31,000 年前。[13]

个人装饰品和艺术的出现意味着艺术家和欣赏者的思维之间建立起了精神联系。史蒂文·米森（Steven Mithen）称之为"隐喻"："此"即是"彼"。墓葬暗喻着"此"（一个死去的人）即是"彼"（存活在另一境界或我们记忆中的人）。在最早的洞穴壁画中，岩石上的一组标记（"此"）可以被认出是犀牛（"彼"），刻下标记的人与标记之间存在精神联系，这种联系又呈现在看到标记的人的面前。

最古老的书面故事包括《吉尔伽美什史诗》[14]（*Epic of Gilgamesh*）、荷马的《伊利亚特》（*Iliad*）和《圣经》[15]中的故事。虽然《伊利亚特》后来以文字形式传世，但人们认为其最初的创作，是某人通过向群集的听众口述完成的。[16] 这种形式被称为"说书"，目前仍在世界的某些角落传袭着。我们可以把所有这些叙事故事视为小说，不论其形式是口头的还是书面的。

与虚构的小说相比，事实这个概念对于理解心理来说并不是很有帮助。当然，我们知道事实意味着什么。在法庭、报刊或科研中，我们想要知道事实。对于小说来说，或许更好的称谓是"创意故事"，借助于语言能力的不断提升，创意故事变成了富有想象力的文学。

我们可以这样说，（在戏剧、小说和电影中）虚构故事大多采用的是叙事形式，其主题是人类彼此间的交流。就以真实事件和传闻轶事为基础的故事而言，其起因必定是谈话——这是人类建立和维持彼此关系的手段。儿童在互动游戏中与朋友分享的想象世界，到了小说中，就转变成了作者与读者分享的想象世界，读者继而在读者群体中彼此分享。

成年人对小说的喜爱，可视为他们对进入虚构世界（model world），以求邂逅自己心仪的人物（model people）的热衷，我们看到了他们身上的特点和怪癖，这让我们能够更好地理解我们在日常生活中所遇到的人。[17]

小说中的思维史

几乎所有学科都有一本必读书。对于西方文学小说而言，埃里希·奥尔巴赫（Erich Auerbach）的著作《摹仿论：西方文学中现实的再现》（*Mimesis: The Representation of Reality in Western Literature*）就是这样一本书。这本书创作于1936年至1946年，彼时他居于伊斯坦布尔。全书共20章。第1章讲述了与《荷马史诗》有关的故事，奥德修斯（Odysseus）在特洛伊战争后回到家中，从前的护士通过他大腿上的伤痕认出了他，也讲述了在《圣经》中，亚伯拉罕（Abraham）被告知要献祭他的儿子以撒（Isaac）的故事。然后，按照历史顺序，各章分别介绍了宫廷爱情故事、但丁（Dante）的《炼狱》（*Inferno*）、蒙田（Montaigne）、普鲁斯特和弗吉尼亚·伍尔芙。每一章中都有取自原文的一个段落，当我们读到这些文字时，会感觉自己置身于一个有其自身意义的社会中，感觉自己处于那个时代的思维中。这既是一部西方的文学史，也是一部西方的思想史。

故事的讲述者如何才能让读者感到某个场景生动逼真呢？加布里埃尔·加西亚·马尔克斯（Gabriel Garcia Marquez）说，在创作一个故事时，写"有许多蝴蝶"，效果往往不理想。他说："我发现，如果我不说蝴蝶是黄色的，人们就不会相信它。"[18]

珍妮弗·萨默菲尔德（Jennifer Summerfield）、德米什·哈萨比斯（Demis Hassabis）和埃莉诺·马圭尔（Eleanor Maguire）进行了一项fMRI研究，让我们得以进一步了解这个问题。他们研究了神经科学家所谓的核心网络。这个网络参与我们对生活事件的记忆、计划的制订和对未来可能性的想象。萨默菲尔德及其同事说，他们通过在fMRI机器中逐个地向参与者呈现口头的短语，成功缩减了想象力的构建加工过程。他们使用的短语包括"深蓝色地毯""雕花抽屉柜""橙色条纹铅笔"，同时要求参与者在听到每个短语时，想象它所表示的内容，如果该短语是新的，还要将它添加到已有场景中。添加后，参与者还需要报告场景的生动性。随着任务的进行，研究人员希望看到有哪些大脑区域被激活了。

核心网络中有三个脑区与想象力有关：海马（包括一些附近脑区）、顶内沟（包括一些附近脑区）及外侧前额叶皮层。当第一个短语出现时，海马及相关脑区被激活；第二个短语出现时，上述脑区的激活增加；第三个短语出现时，这些脑区的激活进一步增加，但头三个短语过后，新出现的短语不再会造成更强的激活。参与者针对自身在任务进行中的体验做了报告，其内容证实了fMRI的研究结果，即三个元素便足以构建一个场景，使其生动性达到最高。

举一个安东·契诃夫（Anton Chekhov）作品中的例子，他是世界上公认的最伟大的短篇小说作家之一。故事《古瑟夫》（Gusev）中的主人公是一名在东部待了5年的普通士兵，他刚刚退伍，身在返乡途中。故事的开头，古瑟夫和读者都不知道死神正在向他走来。回家的路上，他想象着自己的家乡。

> 他在脑海中勾勒出一个被雪覆盖的巨大池塘……在池塘的一侧，有一个瓷器厂，他仿佛看得见砖的颜色、高大的烟囱和滚滚黑烟；另一边是一个村庄……他和兄弟阿列克谢一起驾雪橇驶出院子，他们的屋子是一排屋院中的倒数第五个。[19]

契诃夫给了我们一些暗示性的短语——一个满是积雪的池塘、一个烟囱高耸的工厂、一个村庄和雪橇，再有其他的描写就显得多余了，这些短语足以让读者想象出这个场景。在创作《古瑟夫》的同一年，契诃夫给自己亦师亦友的阿列克谢·苏沃林（Alexei Suvorin）写了一封信，其中提到，在他的短篇小说中，他指望通过"这样一种设想，（他的读者）会将主观元素添加到故事当中，以弥补其空白"。[20]

世界中的人和物体存在于三维的空间当中，当我们看到并感知他们（它们）时，大脑便会使用来自视网膜的线索指导其建构，形成符合客观世界的心理模型。小说作家做的事大致与此相同，但他们的线索是写在纸上的字句，抑或舞台上念出来的台词。正如莎士比亚在《亨利五世》（Henry V）的开头所写的：

> 一说到战马，眼前仿佛就有万马奔腾，

高昂的马蹄在大地上踏出烙印,

而现在,你必须全凭想象来装扮我们的国王。[21]

人 权

虽然我们现在认为人权是每个人都该拥有的,是社会的基础,但事情并非一直如此。林·亨特(Lynn Hunt)在其著作《人权的发明》(*Inventing Human Rights: A History*)中指出,人权出现于18世纪下半叶。1759年,亚当·斯密(Adam Smith)在他的《道德情操论》(*The Theory of Moral Sentiments*)一书中写道,对他人的同情是必不可少的,那实际上是一种把社会融合在一起的胶水。在此之后,就像亨特所解释的那样,由托马斯·杰斐逊(Thomas Jefferson)起草的《美国独立宣言》(1776)指出:

> 我们认为这些真理是不言自明的,即所有人都是平等的……拥有某些不可剥夺的权利,其中包括生命、自由和对幸福的追求。[22]

这份宣言的照片如图18所示。亨特诡秘地指出杰斐逊没有解释这些权利,这就意味着这些权利并不是显而易见的。10年之后的1789年,受到杰斐逊的影响,法国《人权和公民权宣言》中的第一条就指出:"人生来就是而且始终是自由的,在权利方面一律平等。"亨特在书中谈到了人权的发明,也写到了这是多么的困难;并非一切都是在一夜之间完成的。虽然在这些早期的宣言中,"男人"(men)就等同于"人"（persons），但我们可以注意到，在1792年，玛丽·沃斯通克拉夫特（Mary Wollstonecraft）创作出了《为女权辩护》（*A Vindication of the Rights of Woman*）。1948年，《世界人权宣言》（*Universal Declaration of Human Rights*）出版了，其第一条就是："人人生而自由，在尊严和权利上一律平等。"[23] 亨特认为这些宣言中存在"三个相互关联的特质：权利必须是天生的（每个人所固有的）、平等的（每个人都一样）、普遍的（适用于所有人）"。[24]

图18 《美国独立宣言》。

资料来源：1776年7月4日印刷的、原始版本的《独立宣言》，第1页的上部。这是分发给各地方州和军队的原始印刷版。它与后来制作的"精致"复制版不同。美国国会图书馆。https://commons.wikimedia.org/wiki/File:US-original-Declaration-1776.jpg。

通过奴役或其他任何形式把人变成一种私人物品，是不可容忍的。在许多国家，女性和少数民族在法律面前也一律平等。民主让所有人都有机会行使投票权。但我们仍有很长的路要走。21世纪，以战争的名义残杀平民、致使数百万人被迫逃亡的政治行为依然大行其道，其原因在于全人类都应当拥有的人权（天生、平等、普遍）实际上无足轻重。

人权的出现，主要依赖于共情。亨特的结论是，共情发展的结果就是对于人权的认可，在过去的 5,000 年当中，这比任何其他社会和政治变化都重要。这种发展始自大约 300 年前。

亨特写道，共情依赖于"一种基于生命的能力，能够理解其他人的主观性，并想象他们的内心体验，就如同那是自己的体验一样"。[25] 她还认为，小说在共情的产生过程中也起到了一定的作用。亨特说："阅读小说时，通过对小说情节热情地投入，可以创造出一种平等和同情的感觉。"[26] 她认为，塞缪尔·理查森（Samuel Richardson）的《帕梅拉》（*Pamela*）（1740）就是一本鼓励共情的作品，它让读者与一名女仆产生了共鸣。亨特引用了《帕梅拉》中的如下段落：

> 他吻了我两三次，好像会吃掉我一样。——最后，我从他身上挣脱开来，准备逃离避暑别墅；但他把我拉了回来，关上了门。
>
> 我本要献出生命，那也无足轻重。他说，我不会伤害你，帕梅拉；别害怕我。我说我不会留下来的！你不会，贱人！他说道。你知道你在跟谁说话吗？我不再有一丝恐惧，也不再有一分对他的尊重，回答道，是的，我知道先生，我简直太知道了！——当你忘记主人应有的样子时，我多半也会忘记我是你的仆人。
>
> 我啜泣着，哭得撕心裂肺。多么愚蠢的贱人啊！他说道，难道我伤害过你吗？——是的，先生，我说道，你给我造成了世界

上最大的伤害,你教会我忘记自己,也忘记那些属于我的东西。[27]

在 18 世纪和 19 世纪,阅读和写作技术开始在欧洲和北美的社会中更广泛地传播开来,小说也开始蓬勃发展。《帕梅拉》是成功的,它让读者进入到另一个人的生活和思想当中,并对她产生共情。因此,亨特写道:"人权是从播种了感情的苗床中生长出来的。只有当人们学会平等看待他人与自己,认为他人在某些基本方式上与自己相似时,人权才能茁壮成长。"[28]

文学对西方奴隶制的终结起了重要作用。其中,奥拉达·艾奎亚诺(Olaudah Equiano)1789 年的自传可谓意义深远。他作为奴隶被从非洲运往新大陆;他走南闯北,接受了良好的教育,并赎得了自由,最后在英格兰定居。当时,市面上有着大量精美的文学散文,但他讲述奴隶生涯的自传深深打动了读者。这本自传流传开来,极大地激励了英国废除其奴隶贸易。在美国,也有一本书在奴隶制的废除中起到了类似的作用,那就是哈丽叶特·比切·斯托(Harriet Beecher Stowe)的《汤姆叔叔的小屋》(Uncle Tom's Cabin)。

乔治·艾略特(George Eliot)写道:"在道德方面,我们都生而愚蠢,以世界为乳房,喂养至高无上的自己。"[29] 因此,尽管我们有合作的倾向,但仍需培养对他人的理解——理解他人与我们是一样的,理解他人如何受到我们行为的影响。

马塞尔·普鲁斯特这样说道:

只有凭借艺术,我们才能摆脱自我,了解世界上另一个人的视角,这与我们自己的世界并不相同,否则,他人眼中的风景就像月球上的景色一样，我们永远都无从知晓。[30]

2006 年，雷蒙德·马尔（Raymond Mar）与我们研究组的一些成员合作发表了一项研究，结果发现人们的小说阅读量越大，在共情能力方面和对他人的理解方面就表现得越出色。阅读其他种类的书则没有这种效应。我们招募了另一组参与者重复了这项研究，发现这种效应的形成并非由于那些共情能力强的人对小说有偏爱。其他的个体差异也不是造成这一结果的原因，这说明原因似乎就在于小说本身及其作用。随后有实验证明了这种作用的存在。已发表的文章发现，要求参与者在阅读短篇故事后立即进行测验，小说的短期效应便会出现。尽管这一结果存在争议，且结果本身可能源自启动效应（接触某种事物会使得随后的特定反应更容易发生），但有研究要求参与者对整本书进行阅读，结果发现了阅读小说的中期效应。更有研究发现了与马尔的研究结果同类型的长期效应，元分析的研究也得到了相同的结果。总之，这一问题的研究结果目前已经十分确定了。[31]

这种效应意味着小说，特别是关于他人意向的小说（如爱情故事、侦探故事以及纯文学小说）往往关注的是人物及其复杂性。[32] 这些类型的小说，以及某些其他类型的非小说叙事作品，比如传记，能够让我们在精神上创造一个与故事相关的世界，并将自己融入到角色的想法中。这就是索伦·克尔凯郭尔（Søren Kierkegaard）所谓的"间接沟通"的一种方式。[33] 这种沟通并不试图指导或劝说，更不是（鼓吹和宣传中的那种）强迫，而是让人们有机会思考自我，也思考他人的想法。罗兰·巴特（Roland Barthes）是这样说的：以一种创造和构建故事世界及其角色的方式阅读，其实就是完成了作者所做的事情；这是"作者式"的阅读。他说，若是被动地阅读，只完成一个"读者式"的阅读，那就"陷入了一种漫无目的的状态当中"。[34]

在《贯穿文学的伦理》（Ethics through Literature）中，布赖恩·斯托克（Brian Stock）写道："看起来，所有的西方读物中都具备伦理要素，而且随着时间的推移，这个要素的价值也不会有太大变化。"[35] 2015年，《纽约书评》刊登了美国总统巴拉克·奥巴马（Barack Obama）和小说家玛丽莲·罗宾逊（Marilynne Robinson）之间的一次对话。奥巴马这样说道：

> 我为这份公民要职①所带来的最重要的一系列理念，同时也是我认为我从小说中所学到的最为重要的东西，那便是共情。共情需要我们坦然接受这个世界所充斥的复杂和灰暗，但始终坚信真理仍在，这需要我们通过卓绝奋斗去探明。纵然大千世界里的人们千差万别，但人与人之间仍有可能建立联系。[36]

换句话说，道德的反思和学习，以及托马塞洛所谓的集体意向性，是可以通过阅读小说来提升的。

读小说、看电影、追电视连续剧、玩电子游戏……人们一直认为这些不过是休闲活动，是娱乐。小说对同情的作用不仅体现在阅读这种形式上，电视连续剧和电子游戏等形式甚至可能有更好的效果，并能指向某些更深层次的东西。[37] 通过阅读和思考某些类型的小说，我们能够更好地借助自己的想象力理解他人。

---

① 即总统职位。——译者注

第18章

权力与道德

斯坦利·米尔格拉姆（Stanley Milgram）所设计的实验装置，实验中的参与者认为他们正在用越来越强的电击惩罚在单词配对学习中犯错的"学生"。

斯坦利·米尔格拉姆要求男性参与者对另一名男性施加电击惩罚，随着后者在单词配对学习中不断犯错，电击的伏特数会越来越高。即使他们使用的机器显示，电击强度已进入危险范围，大部分参与者仍然会继续惩罚。在另一项研究中，菲利普·津巴多（Philip Zimbardo）及其同事在一个模拟监狱中对参与者所扮演的狱警和囚犯进行了研究。克里斯托弗·布朗宁（Christopher Browning）在采访中发现，许多普通人在第二次世界大战中被纳粹招募为秩序警察，他们大多都愿意残杀平民。显然，在特定的情境下，我们大抵都会变得残忍。道德包含多种直觉，包括权威、忠诚和正义等，不同的文化对其赋予了不同程度的重要性。

唯命是从

斯坦利·米尔格拉姆对服从的研究是最常被公开讨论的心理学研究之一。在1961年和1962年，米尔格拉姆通过报纸和直接邮寄的方式发送广告，邀请男性参与者来耶鲁大学实验室参加记忆实验。参与者需要扮演"教师"的角色，并会获得4美元的报酬，他们被告知当"学生"犯错时，需要通过电击来惩罚他。

米尔格拉姆于1933年出生于纽约，51岁时死于心脏病。[1] 他的父母是犹太移民，在第二次世界大战后期，年轻的斯坦利和他的父母在收音机上听到了欧洲犹太人惨遭大屠杀的恐怖消息。他对新闻十分着迷，称自己是新闻痴。米尔格拉姆年少聪慧，获得了政治学学位，寄希望于进入美国国务院。但是，到了本科的最后一年，他的大学院长在听了他发表的演讲后，建议他学习社会心理学。这是他从未考虑过的事情。他逐渐对社会心理学产生了兴趣，并申请在哈佛大学攻读心理学博士学位，却遭到了拒绝，原因是他本科阶段没修过心理学课程。米尔格拉姆的遗孀亚历山德拉（Alexandra）在一篇回忆自己丈夫的文章中说，他从不会接受失败的结果。在那个夏天，他参加了纽约3所大学的9门心理学课程。就这样，他被哈佛大学录取，攻读博士学位。他学业出色，并在 1960 年成为耶鲁大学的心理学助理教授。他直截了当地设计了自己的服从实验，是为了探索他所感兴趣的大屠杀。在他看来，那样一场大规模的杀戮，不可能是少数几个人犯下的罪孽。他想知道，为什么在德国这样一个文明的国度中——那里孕育了伟大的音乐家、哲学家和作家——会有那么多的人愿意加速集中营中被关押者的死亡，愿意按下释放毒气的操纵杆，亲手杀死他们。

在进行第一次实验之前，米尔格拉姆向 40 位耶鲁大学的精神病学家描述了他的实验。他说，他会对志愿者进行测验，要求他们对犯错误的学生施加越来越重的电击。精神病学家一致预测，只有少数参与者会在标记为危险的强度水平上施加电击。

米尔格拉姆第一个完整的实验发表于 1963 年。在论文中，他叙述了有着"不熟练""熟练"和"精通"背景的男性是如何被招募并来到他的实验室的。共 40 名男性参加了实验。他们的实验是分别进行的，每个人抵达实验室时，都有一名穿着灰色技术员外套的实验室助理迎接他们。实验助理向参与者支付了 4 美元的报酬，并告诉他，无论实验中发生什么，这些钱都是他的了。接着另一个人出现了，参与者以为这个人也是来参加实验的。可这个看上去很讨人喜欢的后来者，其实是受过训练的实验人员假冒的。实验助理告诉他们二人，这个实验的目的是研究惩罚对学习单词的作用，这可能对教育十分重要。参与者被要求从两张纸中抽取一张，并被告知其中一张写着学生，另一张写着老师。但实际上，两张纸上都写着"老师"，因而真正的参与者必然会扮演老师的角色，而假冒的参与者会谎称自己抽到了写着"学生"的纸。参与者看着"学生"被带进一间屋子，并被带子绑到了椅子上，他的胳膊上接上了电极，电击就通过这个装置施放。

"老师"随后被带到了相邻的房间里。桌子上放着一个巨大惹眼的装置，上面写着"电击发生器"，在本章开头读者可以看到这个装置。它有一排开关，每个开关上方有一盏灯，开关下面的标签从 15 伏开始，并以 15 伏的间隔递增，最高可达 450 伏。在左侧从 15 伏到 75 伏的范围内，有一行用大写字母标记的说明文字："轻微电击"。在其右侧的开关则被标记为"中等电击"，然后是"强电击"，最后则是"极强电击"，在其顶部，即 375 伏至 420 伏的位置，写着"危险，重度电击"，此后的两个开关（435 伏和 450 伏），被标记为"×××"。

"老师"被告知，他的工作是坐在桌旁，照着纸上的单词列表，对着麦克风读出 4 对单词。然后每当他说出列表中的一个单词，"学生"必须答出与之配对的是哪个单词。如果"学生"回答正确，"老师"就继续读下一个单词列表。当"学生"第一次犯错时，"老师"要切换电击发生器上最左侧的开关，并读出电压（"15 伏"），随后按下操纵杆发出电击。随着"学生"犯的错误越来越多，"老师"施放的电击也越来越强，每一次电击都比上一次高 15 伏。每次电击时，开关上方的灯会亮起，另一盏灯开始闪烁，表盘上的电流计指针会向右摆动，发出一阵响亮的嗡嗡声。当电击强度达到标有"极强电击"的 300 伏和 315 伏时，"老师"会听到"学生"敲打墙壁的声音，而超过这一强度后，就再也听不到"学生"的其他反应了。实验助理告诉"老师"，不回答等同于回答错误，并要他继续进行实验。此时，"老师"往往会询问，是否真的要继续进行实验。助理会进行一连串的催促，例如，"你必须继续进行实验"。[2] 许多参与者表现出明显的焦虑不安，不断地询问研究者。14 名参与者（35%）在达到这一电击强度，或刚好超出这一强度时拒绝继续发送电击。但是，40 名参与者中有

26名（在总人数中占65%）在焦躁和不安中继续完成实验，不断提升电击强度，一直到了最高的450伏特。

在实验结束时，"学生"再次出现，说这次学习的经历没有对他造成什么伤害，并与"老师"达成了和解。米尔格拉姆在他的论文中说，他们采取了一些方法，确保参与者在离开实验室时心情舒畅。史蒂夫·赖歇尔（Steve Reicher）和亚历克斯·哈斯拉姆（Alex Haslam）的报告说明，米尔格拉姆总共做了40次试验性测验和补充研究，结果发现，在不同的实验条件下，遵从实验指示的参与者的比例可能少至0，也可能多达100%。其中的多次实验，都在米尔格拉姆的《对权威的服从》（Obedience to Authority）一书中有相关叙述。由于争议性太强，米尔格拉姆的研究一直是当前心理学关于结果可重复性讨论的主题。[3] 杰里·伯格（Jerry Burger）重复了米尔格拉姆的实验，他发现在米尔格拉姆文章发表近50年后，其结果仍然经得住考验。这项研究还提出了另一个问题，即如何解释研究的结果。[4]

剧院实验

米尔格拉姆的实验可被视为一台戏剧。在剧中，除参与者以外的所有人都排练过自己的戏份。参与者并未坐在观众席间，而是站在舞台上，只不过没有剧本。他们的行为产生于社会环境，是环境告诉他们该怎样做，让他们背负期望——这正是我们人类，作为社交生物的我们经常做的事情。正如迈克尔·托马塞洛指出的那样，你我已不再是个体，而是社会群体的一部分，是"我们"。在这样的群体中，我们倾向于忠诚。

奥古斯托·波瓦（Augusto Boal）开创了他的"被压迫者戏剧"（Theatre of the Oppressed）。首先，观众要观看一部他们熟悉的社会压迫题材戏剧，这场戏以悲剧收场。然后，在紧接着开始的第二场演出中，一些观众被邀请到舞台上扮演角色，探索自己如何能够经受得住其他角色的强制手段，从而将戏剧引向另一个结局。米尔格拉姆的"戏剧作品"可以视为波瓦构想的一个激进版本。其中一个不同之处在于，电击实验是在人们不知情的情况下，将他们置身于一种自己从未想象过的情境体验之中。

或许你会好奇，对米尔格拉姆实验的参与者而言，他们的"演出"对自己产生了怎样的影响，劳伦·斯莱特于2004年出版的一本书讨论了心理学的十大实验，她试图追踪那些参与者，并找到了其中的两个人。

在斯莱特看来，她采访的第一位参与者是个相当传统的人，他说自己当时拒绝施放高伏特的电击。他认为，如果当时自己继续电击，直到最高那几级，那现在跟自己聊天的就不是斯莱特了，而应该是精神科医生。

另一位接受斯莱特采访的参与者表示，他当时继续施加电击直到最高等级。后来，当他被告知实验的真实目的时，他才对自己所做的事情有了明确的认识。他认识到自己会服从于指令，这件事改变了他的生活。当时，他正因自己是同性恋而挣扎，一直受世俗约束。参与米尔格拉姆的实验时，他实质上在与服从于强大社会环境的自身倾向进行抗争，这项实验成了他人生的转折点。此后，他决定以同性恋者的身份示人。斯莱特说，相比于那位没有施加最高级别电击的男性相比，第二位受访者似乎更加自由了。斯莱特认为他是一个更有活力的人，过着更令人满意的生活。

米尔格拉姆的实验十分重要，它让我们有机会短暂地认识自我。作为普通人，我们认为自己主宰着自己的生命，然而实际上，我们极易受到社会环境影响。米尔格拉姆实验的参与者踏入了耶鲁大学颇有声望的实验室中，他们信任实验者，他们按要求做了该做的事，他们的付出也对得起实验酬劳。

米尔格拉姆制作了一部名为《实验者》(*Experimenter*)的故事片，讲述了他的服从实验及公众对这些实验的反应。这部电影还介绍了米尔格拉姆与亚历山德拉的亲密关系，米尔格拉姆在耶鲁供职时与后者相遇，两人随后结为夫妻。此外，这部影片也包含了这样的信息：除了参与者认为他们所操控的电击之外，还发生了其他令人震惊的事。当人们听说了米尔格拉姆的研究，开始思考这些研究的意义时，更大程度的震惊（这一次真真切切地）出现了，并且这种震惊带来的冲击还在不断发生。

第一个冲击是，尽管米尔格拉姆的目标是解决近代历史上最重要的伦理问题之一——文明国家中受过教育的公民因何会如此残忍，但许多心理学家对米尔格拉姆实验的反应却是指责、批判这些实验的不道德性。[5] 他们说，参与者被诱骗进入实验室完成记忆实验，而实验根本与记忆无关，它考察的是服从的程度。他们质问，一所信誉良好的大学的助理教授花了4美元，让完全不知情的大众遭受了这种体验，这种事情的发生能被容许吗？

对于我们每个人来说，还有一种冲击可能发生在扪心自问的时候：我们属于哪组人——那65%服从的人，还是那35%抗拒的人？

最深层的冲击则更加极端。我们意识到，当某种来自我们文化群体的、难以抗拒的社会因素对我们极为重要时，所有人——你、我、我们的亲人和朋友，或许都可能对他人残暴无情。从这个角度来看，你或许不敢想象，若我们自己变成了那些集中营的囚犯，而刚才列举的其他人，则是集中营的警卫和刽子手，事情会变成什么样。由于我们固有的社会性，我们每个人都会服从社会期望，下手残酷无情，这种倾向根植于我们心底。

在米尔格拉姆的实验所引起的诸多争议中，有两个问题经常被忽视。其一，有一个重要的原则在于，我们本不清楚人类是如何参与到战争和其他类型的内部冲突中的，米尔格拉姆富有洞察力，他将这一问题从历史领域带入了日常的心理学中，带入了实验室里。虽然对于米尔格拉姆来说，他所关心的重点是第二次世界大战，但残暴这一问题仍在和平时期延续着。在 2011 年的挪威，一名男子炸毁了一座政府大楼并造成 8 人死亡，随后又驱车前往一个小岛，岛上正在举办一场夏令营，参加的年轻人均属于凶手所不支持的一个政治党派。[6] 他在那里射杀了 69 人，另造成 319 人受伤。

其二，有个地方需要着重考虑，即单纯地将米尔格拉姆的假设视为假设本身：一个心理假设。这是一个关于犹太人大屠杀的假设，汉娜·阿伦特也曾持有这种假设，至少在某种程度上如此。你可以在德国汉诺威的一幅壁画中看到她的照片，如图 19 所示。在她关于阿道夫·艾希曼（Adolf Eichmann）审判的书中，阿伦特使用了"平庸的恶"这样的字眼。她认为艾希曼并不变态，反而相当正常。她认为他并没有过多思考自己的所作所为，他就是那样做了。她写道，每个人都和群体里的其他人一起，认为自己是"我们"中的一员，不假思索地去做那些貌似稀松平常的事，这种行为和现象使得大屠杀更加可怖。

图19 汉娜·阿伦特（Hannah Arendt），取自一幅壁画。

资料来源：汉诺威市，贝恩德·施瓦布（Bernd Schwabe）（个人作品）[CC BY-SA 3.0 (http://creativecommons.org/licenses/by-sa/3.0)], via Wikimedia Commons. https://commons.wikimedia.org/wiki/File%3A2014-08_Graffiti_Patrik_Wolters_alias_BeneR1_im_Team_mit_Kevin_Lasner_alias_koarts%2C_Hannah_Arendt_Niemand_hat_das_Recht_zu_gehorchen%2C_Geburtshaus_Lindener_Marktplatz_2_Ecke_Falkenstra%C3%9Fe_in_Hannover-Linden-Mitte.jpg.

服从权威是一个可以解释人类种族灭绝行为的好假设吗？奥古斯丁·布兰尼根（Augustine Brannigan）及其同事认为，虽然服从可能是一个因素，但在纳粹德国，人们心甘情愿且有意识地因一个文化动机采取行动，并认为他们的所作所为是正确的。研究者提出，那些促使人们在那个时代采取残酷行为的因素，以及他们对其他人所表现出的同样残忍行为的容忍度，远非服从这一个词能解释得清。

人性残暴

有一项监狱模拟实验拓展了米尔格拉姆所研究的问题，它也可以被看成一个剧院，其演出方式更加直白。克雷格·哈尼（Craig

Haney）、柯蒂斯·班克斯（Curtis Banks）和菲利普·津巴多进行了著名的"斯坦福监狱实验"。一群男性被招募来参加一项监狱模拟实验，他们或是读到了报纸上的广告，或是住在大学周围。研究人员对参与者进行了严格筛查，有吸毒、犯罪或精神病史的人均被排除在外。在最初的75名参与者中，研究人员最终选择了24位心理最稳定的人，他们都是大学生。参与者被随机对半分为"狱警"和"囚犯"。实验正式开始时，有11名"狱警"，他们轮班工作8小时，还有10名"全职的囚犯"。

"囚犯"经常出现身份认同缺失、抑郁和无助。10名"囚犯"中有5名被提前释放，因为实验者认为他们的反应太过严重。在被指派为"狱警"的11名男子中，有9人按要求扮演了自己的角色。其中有4人很明显享受着自己在这种环境中掌控的权力，他们发明了各种新的方式侵扰"囚犯"。11名"狱警"中只有2名拒绝实施虐待，对"囚犯"保持着友善。这项实验计划持续14天，但研究人员对部分"狱警"身上发生的事情十分担忧，因此实验仅仅进行了6天就被迫中止。（这个实验中出现的侵扰在真正的监狱中并不常见，在真正的监狱中，人们会努力确保各种程序受到监管。）

在英国广播公司的赞助下，斯蒂芬·赖歇尔和亚历克斯·哈斯拉姆在英国复制了"斯坦福监狱实验"，他们安排了8人扮演"狱警"，8人扮演囚犯。但"狱警"却无法融入自己的角色当中，也不能产生认同感。他们没有用强权压迫"囚犯"，也缺乏组织，反而大受"囚犯"影响。赖歇尔和哈斯拉姆分析了人们认同和不认同自己所在群体的情形，并提出当文化群体式微时，当人们无法感觉自己是"我们"中的一员时，暴政就会出现。当人们感到绝望，认为自己所处的群体没有起到应有作用时，往往更容易响应和认同一个暴君——后者可以为他们带来希望。

与米尔格拉姆的实验一样，斯坦福监狱实验及"复刻"实验的参与者也置身于一个剧院当中，他们并不清楚剧本，却被一步步带入自己所不熟悉的角色当中。与米尔格拉姆的实验相同的是，津巴多实验的目的之一，也是试图弄清在纳粹的统治之下普通人因何会行凶作恶。第二次世界大战中，在纳粹的命令之下，有五六百万犹太人和数十万其他群体的人惨遭杀害，其中包括非纳粹政党成员、吉卜赛人、同性恋者和精神病人。他们都被认为是"不受欢迎的人"。由高尔顿提出，并由一些早期智力测验者所推动的优生学思想（我们已在第4章中讨论过），在当时呈现出了一种新的可怕形态。

还有一项研究与津巴多的监狱实验类似，但其结果在许多方面更具说服力，因为其研究内容是直接的历史证据——对纳粹秩序警察101营共486名成员中的125人进行的司法调查。该研究由克里斯托弗·布朗宁（Christopher Browning）在战后完成。101营的一些军官的教育水平达到了高中水平。125人中的大部分是从汉堡熟练和非熟练的劳动力中招募而来的。应征2年后，他们被分配的工作是围捕并屠杀在波兰的犹太人。布朗宁将他的研究与津巴多的研究进行了比较。他发现101营的成员中，有10%到20%的人拒绝枪杀犹太人。他同时发现，那些拒绝遵守命令的人并没有受到法院的审判。

道德准则

正如迈克尔·托马塞洛所说，人类是以合作为基础的物种，合作对我们来说似乎是件好事,实验结果也部分证明了这一点。与此同时,米尔格拉姆、津巴多和布朗宁等人所做的研究表明,即使所做的事情是彻头彻尾不道德的,我们也会协作配合。我们会表现出残暴,甚至达到了残害我们这一物种的同胞的地步。

简·雅各布斯(Jane Jacobs)是一位有影响力的作家,她的著作《生存系统》(*Systems of Survival*)讲述了我们是如何在城市中合作生活的。我们生活于两个截然不同的系统中,二者同时存在于西方工业化世界中,雅各布称它们为"典型表现"(syndromes)。每个系统都有自己的道德准则,人们就在这样的系统中合作。第一种被雅各布斯称为"护卫者型表现"(guardian syndrome),她从柏拉图的《理想国》中借鉴了"guardian"这个术语。在这种典型表现中,我们坚守传统并尊重等级制度。我们有时需要欺骗。欺骗的对象是"他们",即群体内外的敌人。在护卫者型系统中,总有东西比个人的利益更加重要,有人会登上权力的顶峰,成为领导者。权力拥有者(即阿尔法男性,尽管其中有些是女性)上台的第一个要求,就是让所有人对自己忠诚。[7] 在另一个系统,也就是"利益者型表现"(commercial syndrome)中,雅各布斯认为人们对创造性和新异性持开放的态度,他们与其他人达成自愿协议;人们必须尊重其他人并且保持诚实,否则系统就会崩溃。护卫者型系统往往导致暴政和独裁。利益者型系统则可能导致普遍的社会不平等,因为那些有着更多精神和物质资源的人和组织,会尽力与他人竞争以增加自己的资源。

哲学中有一个争论不休的话题,那就是我们是如何变得善良而有道德的。[8] 我们做到了这一点,是通过我们的情感气质、社会的文化暗示,抑或个人的推想吗?直到最近,心理学家才开始研究这个问题。

乔纳森·海特（Jonathan Haidt）提出，我们可能会把合作能力称为一种道德的方式，这种能力的基础是共同判断，是源自社会、情绪和文化影响的直觉，而不是一步一步推理的结果（就如同基思·斯坦诺维奇所说的"系统2"，或丹尼尔·卡尼曼所说的"慢思维"。）这些直觉包括：与施加痛苦相对的关心他人、与作弊相对的公平、与压迫相对的自由、与忠诚相对的背叛、与权威相对的颠覆、与纯粹相对的堕落。我们可以将米尔格拉姆、津巴多的实验及布朗宁所做的研究，看作一种为使两种直觉针锋相对而刻意做出的安排。这两种直觉分别是关爱他人的直觉和我们应当忠诚并服从权威的直觉。

虽然我们可能会认为，不法行为是那些被我们打上"罪犯"标签的人所做的，这些人站在了我们的对立面，他们是"敌人"，但本章所介绍的研究则旨在说明，或许更应该把那个对立群体也看作"我们"。[9] 在哲学家、历史学家、心理学家和律师共同努力下，我们可以更好地理解人类互相伤害的原因吗？其法律和社会影响可能是什么？他们齐心协力，是为了克服某些障碍以求合作吗？

第 19 章
创造力、专长、毅力

修建于18世纪末,坐落于英格兰南部布莱顿的英皇阁受到了浪漫主义的影响,其设计富有东方式异国情调;该建筑与塞缪尔·泰勒·柯勒律治(Samuel Taylor Coleridge)笔下的《忽必烈汗》(Kubla Khan)中所描写的那座"恢宏的穹顶宫殿"有异殿同工之妙。

人们曾经认为,创造力就是灵感,那些有创造力的人,都成了著名的艺术家和科学家。而现在,毫无疑问的是,创造力对我们每个人都很重要。根据安德斯·埃里克森(Anders Ericsson)的研究，专长（expertise）就是一种把某件事做到极致的能力，没有某方面专长的人，则很难理解如何才能做到这样。埃里克森及其同事说，专长需要大概 10,000 个小时的努力，其中需要给自己设置一些无法解决的高难度问题。借助安杰拉·达克沃思（Angela Duckworth）所说的毅力（grit），我们可以做出选择，并坚定不移锲而不舍地执行它们，从而增强我们的能力（其中就包括我们的创造力），实现自己的愿望。

《忽必烈汗》是最著名的英语诗歌之一，以下是诗的前五行[1]。

> 忽必烈汗在上都下令
> 建造一座堂皇的安乐殿堂：
> 圣河亚佛在这里流淌，
> 涌过深不可测的山洞，
> 直入不见阳光的海洋。

你可以在本章开头看到本诗提及的那种恢宏的穹顶宫殿。当塞缪尔·泰勒·柯勒律治于 1816 年出版这首诗时，他附上了对创作过程的说明。

> 时至 1797 年夏，作者身体抱恙，便退休归隐于波洛克和林登之间一处偏僻的农舍……作者一直沉睡了大约 3 个小时，至少外

---

[1] 书中节选的两段《忽必烈汗》的译文参考了屠岸先生的翻译。——译者注

部感官都已沉睡，那时，他有十足的信心，自己创作出了一首少则两三百行的长诗；他不确定这算不算真正地作诗，所有的形象就那样兀然浮现在眼前，同时，写景状事的相应诗句，也铺陈开来，这一切不涉及一点知觉，不耗费一丝气力。醒来后，他对全篇内容的记忆出奇清晰，遂提笔，备墨，展纸，迅疾而又热切地记下脑海中的诗句。

这首诗歌咏叹艺术——这支流经社会的圣河。艺术滋养社会，却也常引发冲突。在全诗最后数行，这位艺术家的形象一跃纸上，或也可称为"独一无二的大师"。

> 织一个圆圈，将他重重包围，
> 且闭上双眼，伴以神圣的惧畏，
> 因为他一直吃着蜜样甘露，
> 饮着天堂的琼浆仙乳。

对柯勒律治而言，"大师"是一个奇人，一位天才，游离于社会之外，与众神相接。在浪漫主义时代的早期，他的这种解释一直极具影响力；可以说，艺术家是靠着灵感创作的这种观点，在一定程度上就源自柯勒律治的叙述。

而在心理学中，传统的观念已经被打破，人们不再认为创造力是只有少数人具备的稀有特质。我们每个人都极具创造性。唐纳德·温尼科特认为，一个重要的原则在于，正是创造力：

比其他任何事物更让人感受到了"人间值得",很多人已经通过激动人心的方式充分体验了破旧立新的生活,并由此意识到他们生命中的多数时间其实毫无新意,那种感觉犹如自己在创造力上被他人或机器追了上来。[1]

创造力产生于温尼科特所谓的中介空间之内(参见第15章的内容),这一空间发端于婴儿与母亲或其他照顾者之间的空间。柯勒律治强调艺术,站在这一角度我们可以说,正是在这一空间当中,思维可以在没有劝说或胁迫的情况下拓展;正是在这一空间当中,通过书面艺术,读者可以阅读并细细品味文字,同时想象出作者提供给他们的世界;也是通过这种方式,读者将这个想象世界变为了自己的所有物。这种体验是童年游戏的一种创造性的延续。

米哈里·契克森米哈赖(Mihaly Csikszentmihalyi)在创造力领域的研究影响很大,他发现,当人们满怀创造力地投入他们所做的事情中时,会产生一种心流(sense of flow,另称 mental flow)。契克森米哈赖采访了许多人,其中一个名叫里科·麦德林(Rico Medellin),他曾在一家制造电影放映机的工厂的装配线上工作了5年。他的任务是在放映机到达他的工作站时,对其进行一定的操作,并且每天重复近600次。理论上来说,该操作应该花费43秒。里科仔细思考了他要操作的内容,以及如何才能最有效地使用他的工具。最快的时候,他一整天中每次操作的平均耗时为28秒。许多人认为这项工作无法忍受,但里科像一名奥运会运动员一样训练自己,他说:"这比其他任何事情都好……这比看电视要好得多。"[2] 他告诉契克森米哈赖,他正在夜校学习电子学,等他拿到了毕业证书,他会得到一份更复杂的工作。

可以预见的是，他会以同样的热情接手这份工作。

帕姆·戴维斯（Pam Davis）是契克森米哈赖的另一位受访者，她在一个小型合伙企业担任律师。她经常会花几个小时在图书馆查阅参考资料，并简要列出她的上级合伙人可能采取的行动方案。她常常太过于投入，以至于忘记吃午餐，甚至都没注意到天是什么时候黑的。即使感到沮丧时，她也会努力认清是什么导致了懊恼，并将其视为一个她可以想办法战胜的挑战。另外有一位舞者，她说当表演进展顺利时，"你的注意力非常集中。你的思绪不会恍惚，你不会想到其他的东西"。[3] 还有一位攀岩者说："你全身心地投入到正在做的事情当中，（以至于）你不会意识到自身和当前的活动是彼此独立的。"一位母亲谈到了她是如何与女儿共度时光的："她读给我听，我读给她听，在那段时间里，我仿佛与世界的其他部分隔绝了。"

契克森米哈赖说，我们可以通过专注于自己当前所做的事来培养心流。这是个惊人的想法。这不是等待的问题，世界不会无缘无故就给我们什么。我们可以为自己创造有意义的活动；尽管有些时候，在生命的某段旅程中，我们拥有的影响力并不大，但我们可以专注于眼下的事情。

如果我们已经选择好了自己的追求，就像柯勒律治的追求是诗歌那样，我们就能够给自己设置困难，追寻目标。目标要足够具体，这样我们就知道自己是否在不断接近它，知道如何采用最佳的方法，并能够看到我们行动的结果和影响。

已有大量的研究表明，我们可以通过这种方式提升创造力。如果我们沉浸在诗歌当中，全神贯注不断进行诗歌创作，那么或许有一天，我们一觉醒来，便发现有一首诗已出现在了脑海之中。可如果对某个主题没有浓厚的兴趣，也不致力于创造和修改诗作，没有经年累月的积淀，不全身心地投入，这件事就不会发生在你身上。同样地，如果柯勒律治不完成这些努力，《忽必烈汗》也就不会出现在他的梦中。

专　长

"专长"是一个术语，它指的是一种状态，即在某种活动（如诗歌、电影放映机的制作和舞蹈）当中，人变得明显不同，远比新手更熟练。经历很长一段时间后，拥有专长的专家在特定领域积累了大量理论和实践知识。专长可达到的炉火纯青，足以令常人叹为观止。

阿德里安·德格鲁特（Adriaan de Groot）是早期研究专长的人之一，他在20世纪30年代代表荷兰参加国际象棋比赛。他同时也是一名心理学家。他的博士论文被翻译成了英文，题为《国际象棋中的思考与选择》（"Thought and Choice in Chess"），在一页介绍国际象棋文献的序言之后，德格鲁特转而讨论阿尔弗雷德·比奈的工作（正如我们在第4章中介绍的，他与泰奥多尔·西蒙合作，是第一个测量儿童智力的人）。比奈和埃内吉（Henneguy）研究了一些专业的国际象棋选手，想知道他们是如何在蒙着眼睛的情况下与人对弈并赢得比赛的。他们说出自己棋子走法，对方的走法则通过口头方式告知他们。他们可以记住棋子的位置，以及整个对局的过程。

德格鲁特进行了一项令人吃惊的实验。他选择了国际象棋水平不同的人参加，包括一位特级大师、一位大师、一位很优秀的棋手和一位新手，要求他们观察如图20所示的棋局5秒并记住它（这盘棋是真实存在的一盘对局,并在不起眼的地方公开过)。随后,参与者需要根据自己的记忆复盘棋子的位置。所有人的总分均为 22 分(原始棋局中的棋子数),每复盘正确一个棋子就记 1 分。特级大师的得分是 22。他摆对了所有的棋子位置。大师的得分为 21(他多放入了一个白兵)。那位优秀的棋手得了 16 分,而新手的得分呢,猜猜看? 9 分——乔治·米勒的神奇数字:7+2。[4]

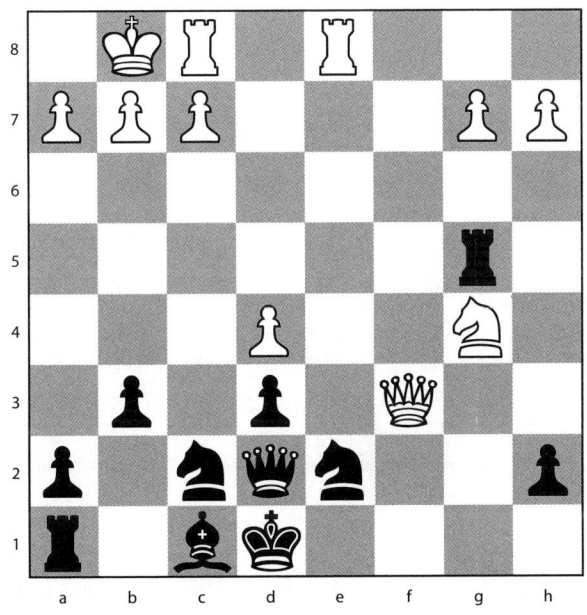

图 20 阿德里安·德格鲁特实验中的棋局复盘,这盘棋取自一场公开但并不知名的对局,不同水平的国际象棋选手被要求记住这盘棋。

资料来源:由基思·奥特利复盘,棋谱来源: de Groot, A. (1978). Thought and choice in chess. The Hague: Mouton, p.326。

有这样一种假设,虽然我们大多数人都受困于短时记忆的容量,可供存储的存储格数只有那个神奇的数字 7±2,但是有些人(那些有能力成为国际象棋大师和特级大师的人）的短时记忆有着常人3倍的容量。

然而正确答案并非如此。国际象棋的专业棋手思考过太多问题，参加过太多对弈，读过太多棋谱，分析过太多棋局，当看到一盘取自真实对弈的棋局，并对众多棋子的位置进行记忆时，他们并非向每个短时记忆存储格中放入一个方格上的棋子，事实上，他们看得出整个对局是如何形成、怎样发展的，他们加工的是整体布局，即棋局中出现的有意义的群组。威廉·蔡斯（William Chase）和赫伯特·西蒙（Herbert Simon）重复了德格鲁特的研究结果，并将这些群组称为"组块"（chunk，又译为"意元"）。在图20中，棋盘左上角的棋子可视为一个组块，称为"王车易位"。当大师级棋手被要求记住随机布置的棋盘，即布局并非取自真实的棋局对弈时，他们的表现跟新手是差不多的。

维尔皮·卡拉科斯基（Virpi Kalakoski）和佩尔蒂·萨里洛马（Pertti Saariluoma）也进行了一项记忆研究，他们的研究对象是赫尔辛基的出租车司机。对于取自真实路线的道路名字，出租车司机的记忆成绩要远好于新手，而对于随机排列的道路名称列表，他们的表现与新手没有差别。埃莉诺·马圭尔及其同事发现，与非出租车司机相比，伦敦出租车司机的大脑海马区域（参与制作心理地图的脑区）增大了，其体积与驾驶出租车的年数有关。

学习新的技能时，我们能意识到自己在做的大部分事情。我们小心翼翼地将行动步骤想透彻。我们或许还记得曾在学车、演奏乐器、抑或使用手机时有过这种体验，但熟练了之后，我们便不再需要对每个步骤进行思考了。我们已经形成了图式，可以透彻理解特定世界的必要特征，协调必要的技能。我们仅凭直觉，就能知道该注意什么，该怎么做。我们似乎就是知道这些知识技能，莫能名其奥妙。

安德斯·埃里克森认为，在许多领域（国际象棋、科学、艺术和体育等），人们若想做到专精，通常需要努力10年。[5] 在最近的研究中，人们发现在大多数领域中，要想做到卓越，一个人需要花费10,000个小时进行训练。如果每天花费3小时，那就需要10年，相当于完成小学学业的时间；或是每天投入10个小时，那只需要3年，相当于获得博士学位所需的时间。这不仅仅是投入时间的问题。它涉及给自己设置暂时不知如何解决的难题，从错误中学习，接受指导和培训，并致力于理解和改善领域中所能做的一切。

埃里克森、拉伊夫·克兰佩（Raif Krampe）和克莱蒙斯·特施-勒莫尔（Clemens Tesch-Römer）说：

> 高水平的刻意练习，对于完成专家级的表现来说是必由之路。我们的理论框架也可以很好地解释与天性及缺乏专家级表现相关的重要事实。我们的解释并非依据先天能力（天资）的不足……最终表现出的个体差异，在很大程度上可通过现在和过去练习水平的差异来解释。[6]

"专家级的表现"这种说法，与广告中的浮夸宣传遥相呼应。然而更为重要的事情，是懂得如何成就平凡，这远比一门心思想着达成卓越重要得多。尽管如此，专长是一个与心理兴趣相关的问题。其中一个原因是，我们很可能想要更好地掌握某种技能（它对我们心心念念的项目或活动至关重要），而刻意训练这一原则在各个领域都很常见。

另一个原因在于，当我们读一本书、听一段音乐，或观看足球比赛时，我们可能只是想放松一下，但思维不同，我们常常想提升它。要做到这一点，我们可能会通过采取最好的方式来获得最长足的进步。

埃里克森的理论一直很有影响力，但也不免引起争论。当前有许多研究测量了训练与专长之间的关系。有证据表明，训练改变了大脑的结构。[7] 同时，刻意训练量与专长之间的关联并不大。布鲁克·麦克纳马拉（Brooke Macnamara）和她的同事们对 111 份独立样本进行了大规模的元分析，共涉及了 11,135 名参与者，对于职业来说，刻意训练能解释 1% 的变异量，对教育有 4%，对运动有 18%，对音乐则为 21%，对于游戏比赛，刻意训练能解释的变异量为 26%。

为什么这些关联相对来说并不大呢？这并非意味着刻意训练不重要。有些人可能并不能成为国际象棋大师、脑外科医生、音乐会小提琴手或奥林匹克运动员。这种关联之所以比我们预期的要小，其中一个原因在于，那些不在金字塔顶端但同样渴望登顶的人，也都进行了了大量的刻意训练。

弗雷德里克·乌伦（Fredric Ullén）及其同事举出的证据表明，要获得专长，不仅仅需要训练。其他因素还包括我们的遗传天赋、我们的大脑和身体的生理机能、我们所遇到的人、动机、家庭的鼓励以及训练的设施。这批研究人员提出了一个多因素理论——一个基因、时间和环境相互作用的理论，它为理解专长，开展该主题的相关研究提供了更加完整的解释。当然，埃里克森回应了这些对他的理论的批评，他的批评者也给了他回应。[8]

最后的结论是，你如果想在某方面做到出类拔萃，就需要大量的练习，但这也有身体和精神的先决条件。如果成年后你的身高是 1.5

米,你就不太可能成为奥运会的跳高运动员。要成为一名诗人,你需要言语流利,也需要对诗歌非常感兴趣。

创造思维与进化

对于那些富有创造力的人物,霍华德·加德纳曾写过一本引人入胜的心理学传记,其中包括阿尔伯特·爱因斯坦(Albert Einstein)、巴勃罗·毕加索(Pablo Picasso)、玛莎·格雷厄姆(Martha Graham)和圣雄甘地(Mahatma Gandhi)。另一本关于创造心理学的书是戴维·珀金斯(David Perkins)的《思维的杰作》(The Mind's Best Work)。在书中,他向读者介绍了关于创造力的许多构想,以及开展过往的心理学研究。书中讨论了柯勒律治的灵感理论,亚瑟·凯斯特勒(Arthur Koestler)的假设,即创造力涉及看出两个先前无关的想法之间的关联,以及爱德华·德·博诺(Edward de Bono)的横向思维,他也讲述了玛丽·居里(Marie Curie)发现的放射性元素的相关事迹。[9]

或许,理解创造力的关键点在于查尔斯·达尔文的自然选择进化论。根据进化论,大自然已经造就了所有形式的植物和动物生命——其中也包括人类自己,并让它们茁壮成长,每个物种都有自己的生态位。大自然在这方面具有非凡的创造性:想想鲸鱼和蜂鸟体型的巨大差异,想想淡雅的兰花,想想人眼是如何工作的。为了做到这一点,进化首先生成了不同的可能性。达尔文称之为"变异"。其次,进化让物种繁育出比实际需求更多的后代以作为自己的接替者。达尔文把这个称为"过度繁殖"。随后,一些特征保被留了下来,而其他的特征则走向消亡。达尔文称之为"选择"。

唐纳德·坎贝尔（Donald Campbell）提出，人类的创造性思维差不多也基于相同的过程。在创造力中，他认为存在广泛而频繁的想法变异；随后对想法的选择开始进行。他强调，在进化中，变异是盲目的，没有方向。马亚·吉基奇（Maja Djikic）和我述评了这个观点，并提供证据表明，在文学创作中，变异并不是盲目的。[10] 原创作家会阅读自己所写的内容，并以此来指导下一步将要产生的变异。

其他领域的艺术家——画家、雕塑家和音乐家——也做着同样的事情。米哈里·契克森米哈赖和雅各布·盖塞尔（Jacob Getsels）研究了艺术学校的在校生，他们给了学生一堆物体，并要求他们按自己的方式摆放，随后据此画出一幅静物图。研究者发现，这些艺术生摆弄这些物体的次数越多，所尝试的摆放方式越多，就越认为自己的画作可以有进一步的改变，7年后，他们也就会成为更好的艺术家。

艺术家和科学家都在探索，根据自己的发现，他们会在进一步探索的过程中产生新的可能性。探索，很重要的一部分是决定要问什么。阿尔伯特·爱因斯坦和利奥德波·英费尔德（Léopold Infeld）这样说：

> 问题的提出远比问题的解决更为重要……提出新的问题和新的可能性，从新的角度来看旧问题，这些都需要创造性的想象力。[11]

创造力与情绪

近代，罗宾·科林伍德（Robin Collingwood）提出了一项极佳的艺术理论。他称，所谓的艺术创作并不是在脑海中事先有一个完整的成品，然后就像做饭那样，人们只需要照着菜谱做出一道已知的菜：粥或法式红酒烩鸡。相反，艺术家需要进入某种状态，通常是一种基于情感的状态，而他本人并不理解，需要将其外化成一种语言（或是文字，或是画作，或是舞蹈，或是爵士乐独奏），以探索并更好地理解这种状态。要感受到艺术家的这种状态，试着想象这样的一个人：

> 起初，他意识到有一种情绪，但并不清楚这种情绪是什么。他所意识到的，就只是一种不安或兴奋，他感受到这种情绪由内心升起，但并不了解其本质是什么。处于这种状态时，他对于这种情绪的描述只能是："我感觉……我不知道我是什么感觉。"从这种无助、受压迫的状态中，他通过某种方式来寻求解脱，我们称之为"表达自我"。这种表达与语言有关：他表达自我的方式是倾吐。这种表达也与意识状态有关：当情绪被表达出来时，其本质对怀有这种情绪的人而言，便不再是无意识的了。[12]

在书面、视觉和音乐艺术中，艺术家将某些东西表达出来，传递给那些欣赏艺术，产生共鸣的人。但在此之前同样重要的是，他们在完成作品的过程中，也将这些东西传递给了自己，这样，新的可能性的产生便不再是随机的，而是有方向的、受指引的。达尔文本人就是一个例子：他在"小猎犬"号上完成了探险之旅，历时近5年，在1836年返回后，他将大部分时间都用于记录和阅读笔记，探索可能性，再阅读，再讨论，反复思考问题，以构思并写出（1842年第一次私密草稿中的）物种起源进化论。[13]

孵 化

亨利·庞加莱（Henri Poincaré）在1908年写道：

> 数学创造的起源，应是一个引起心理学家浓厚兴趣的问题。我挣扎了15天，努力来证明某个函数［后来被我称为富克斯函数（Fuchsian function）］不可能存在……每天我都强迫自己坐在桌子前，计算一两个小时，尝试了大量的组合却一无所获……就在这时，我离开了卡昂……旅行所带来的变化让我忘记了我的数学工作……当我抬脚迈上一辆（公共马车）时，灵光乍现，之前的所有想法似乎都未给这种想法创造任何条件——我用来定义富克斯函数的变换，实际上与非欧几何中的变换是等价的。[14]

根据庞加莱的叙述，格雷厄姆·沃勒斯（Graham Wallas）出版了《思维的艺术》（*The Art of Thought*），他提出创造性思维有四个阶段。首先是准备。你必须钻研一个问题，对它开展大量的工作，深入进行思考。然后你必须把它放在一边，就像庞加莱在旅行时所做的那样。这一时期，沃勒斯称之为"孵化"，无意识可以用有意识思维所不知道的方式工作。随后是灵感，无意识会将一个可能的解决方案告诉有意识的自我。最后是验证，人们需要将新的见解与世界进行比较，检验它是否真的有用。在一项实验研究中，凯瑟琳·帕特里克（Catherine Patrick）在实验中测试了沃勒斯的理论，她要求诗人和普通人观看一张照片，并写一首与此相关的诗。普通人描述了这张图片本身，以及照片的含义。对诗人来说，可以看得出，他们的写作方式与自己作品中惯用的方式相同，他们在诗中加入了更多的想象力，也赋予其更多的意义。帕特里克找到了一些孵化的证据，当人有了一个想法时，他会探索其他的途径，最后，他通常还会回到最初的那个想法上。

毅　力

两百年前，在那个被称为浪漫主义时代（Romantic Era）的初期，欧洲流行着一种观念：自然。它可以是某个供参观的场所，某些供艺术家们描绘的事物，也可以是一个人关于自我的、没有任何人为痕迹的表达。如果每个人做得特别出色，他就可能被称为"一个有天赋的人"（a natural）。浪漫主义的观念认为，成为艺术家、科学家和运动员的能力来自天赋。如果一个人想要做成点有价值的事情——也许是写一本小说，也许是以最短时间跑完马拉松，也许是为城市交通做出一个良好的规划，也许是修建一座美丽的花园，"成为有天赋的人"这种想法则不那么有帮助。正如专长领域的研究所显示的那样，做这些事的能力不是天上掉下来的馅饼。它需要把自身投入到一项计划中并努力许多年，它需要人投入时间和练习。毅力是动机，是激情，是目标，也是一种坚持。

毅力的概念由安杰拉·李·达克沃思（Angela Lee Duckworth）提出，她在哈佛大学获得了神经生物学学士学位，后在牛津大学获得了神经科学硕士学位。她曾从事高薪的管理顾问工作，随后辞职，转而在纽约的一所名为"项目式学习"（The Learning Project）的非传统性公立学校教授七年级数学，后来又前往旧金山的另一所学校授课。

其后，她又攻读了博士学位，现在是宾夕法尼亚大学的心理学教授。她的书《坚毅：释放激情与坚持的力量》(Grit: The Power of Passion and Perseverance) 成了《纽约时报》(The New York Times) 的畅销书。

2007 年，达克沃思与同事一起发表了一项研究，研究人员发现，在常春藤联盟大学和西点军校中获得成功与智商没有关系，但是可由大五人格中的责任心特质进行预测。此外，有一项指标名为"毅力"，即对长期目标的坚持不懈，它在责任心中占了很大的比重，对成功的预测力更强。

在另一项研究中，达克沃思（与包括埃里克森在内的一些同事）进行了调查，以了解人们在"全美拼字比赛"中取得的成绩。研究人员希望弄清楚，以下三项活动中哪一项可以预测成功：刻意的练习（学习单词并单独记忆）、做别人给出的练习测验，以及把阅读当作一件乐事。结果是，刻意练习尽管是这些方法中最辛苦、最无趣的，却是拼写比赛的最佳准备方式。毅力是一种特质，代表了参加一项活动的坚定决心，那些最有毅力的人，会进行更多的刻意练习，并在拼写比赛中取得成功。

在其著作的开头，达克沃思引用了威廉·詹姆斯在 1907 年的一篇论文中提出的一个原则，詹姆斯在《科学》(Science) 杂志——一直以来都是世界上最重要的科学期刊——上发表过该论文。詹姆斯在文章中写道：

> 与我们应该有的状态相比，我们现在只是半醒着的。我们的火焰被打湿了，我们的通风器被控制住了。我们只利用了可用心

理资源的一小部分……世上所有人都拥有大量的资源，只有极个别的人将资源利用到了极致。[15]

达克沃思说，我们可以利用毅力创造更多的资源。通过探索自己感兴趣的东西（无论是园艺、友谊还是科学），我们可以让自己的生活变得更有意义。也许我们会意外地发现，自己有着某种天赋，而运用它能让自己心满意足。我们会逐渐明白，对于我们自己来说，重要的是在生活中真正着手做某种事情，或许是养活一个家庭，或许是在难民营工作。我们会更深入地了解它，沉浸在其中，随后发现自己热衷于此，发现自己正表现出创造力，也变得更加专业。

在某种程度上，兴趣是很重要的，这可能源自遗传，也可能是由于环境中的一些意外。当我们追求一件对自己有意义的事情时，我们的热切程度和满足程度，在一定程度上取决于我们有多么坚持不懈，即我们的毅力。

第 20 章
意识与自由意志

这是一只古希腊的水瓶,上面绘有一名坐着阅读书卷的女子和几名站姿陪侍。

罗伊·鲍迈斯特(Roy Baumeister)和 E. J. 马西坎波(E. J. Masicampo)提出,意识是一种模拟。在模拟中,人们对过去的记忆、对当前社会状况的理解及对未来的计划都是相互关联的。意识对行为过程存在影响,但这通常需要经历一段时间的个人反思及与他人的探讨。尼科·弗里达认为，我们立志成为自己理想中的人，要做到这一点，需要自由意识和有意识的深思熟虑。这种意志可作为我们如何思考与他人的关系，以及如何在与他人的相处中实现自我的重要原则。

希腊诗歌

"认识你自己。"这是德尔斐神谕的警示。如何做到这一点？意识清醒又意味着什么？在本书前面的章节中，我们假设每个人都有自己的思维，也回答了如何才能理解他人与自己的思维。1948年，布鲁诺·斯内尔（Bruno Snell）在他的书中提出，思维并非枝头上显眼的果实——它还需要被发现。

斯内尔引用了《伊利亚特》开篇后不久的一个事件，它也是整个故事的转折点。阿伽门农（Agamemnon）是攻打特洛伊的希腊军总司令，而他不得不把一名奖励给他作为战利品的少女，送还给少女身为阿波罗祭司的父亲。阿伽门农本希望这个少女成为他的妻子。但现在，他被迫放弃她，因此，他威胁要抢走属于阿喀琉斯（Achilles）的战利品——"美丽的布里塞伊斯"（Briseis）。荷马写道，阿喀琉斯怒发冲冠，甚至燃起了杀死阿伽门农的念头。[1] 当他正要拔剑相向时，女神雅典娜（Athene）降临在阿喀琉斯身边说道："我从天堂而来是为了平息你的愤怒，但愿你能听从我说的话。"斯内尔说，在这里我们看到，站在荷马的角度，人类并没把自己"视为（他们自己的）决策者"。[2]

虽然斯内尔并没有明说，但荷马史诗中的男性就好似一个个对刺激进行反应的机器。起初，阿喀琉斯对阿伽门农威胁要强行带走布里塞伊斯这个刺激做出了反应。随后又出现了另一个刺激：雅典娜。[3] 她承诺给阿喀琉斯更丰厚的奖励。确切来讲，她是这样描述的，"三倍于此的无与伦比的礼物将会摆在你面前"。

我们如果身处阿喀琉斯的境地，可能会将自我控制视为心理问题。但是斯内尔说，这种想法还未出现在希腊的文化之中。我们可能会认为荷马所使用的那些词与心理相关，但事实上却并非如此。"psyche"意为"生命力"。当你被杀死时，它会离开你的躯体。"noos"指代视觉上的看见，"thumos"则是指一种焦虑不安的状态，它会驱使一个人做出某种行为。

直到其后200年，抒情诗人才开始揭开思维的面纱。萨福（Sappho，另译为"莎孚"）是先驱之一，或许也是核心人物。萨福开启思维之门时，仿佛"思想"和"自我"的构想异乎寻常地出现在她的意识中一样。[4] 在本章开头你可以看到一个古希腊的水瓶，上面绘着一名正捧卷阅读女子（有人认为那就是萨福），并有三个侍者站在她身旁。

显而易见的是，萨福首创了写作的现代方式："爱情再一次松开我的四肢，让我头晕目眩，这个苦涩而甜蜜的家伙，令我无法抗拒。"[5] 萨福在原文中使用的"glucopicron"一词现在被译为"苦涩而甜蜜"（bitter-sweet）。在英语中，两种感官的顺序则发生了变化——"苦涩而甜蜜"似乎比希腊语序的"甜蜜而苦涩"更加通顺。萨福运用了两种对立感觉，这种构思在欧洲思想中持续存在了2,500多年，这是在暗示并使我们明白一个本质：爱情是剧痛与至欢的共生体。萨福写下了她的想法，即爱情通过促使我们做出某种行为的方式感动我们自己。但就像"苦涩而甜蜜"中苦涩在前一样,我们可能会体验到矛盾,甚至模棱两可,在好奇爱情对我们有着怎样的影响时,我们陷入自我沉思。爱情不再是刺激的问题,而是个人的问题,是选择的问题。"有人说,骑兵是黑沉沉的土地上最公正的事物,也有人说最公正的是步兵,还有人说是水兵、舰船——但我说,最公正的是我爱的人。"萨福如是写道。[6]

斯内尔认为,抒情诗人不仅引入了新的语言,还接入了新的思维方式。他们是首创者。斯内尔写道:

> 为了表达智力和精神世界具有"深度"这一新构想。(出自萨福这类抒情作家之手的)古代诗歌使用了……类似"深邃的知识""深刻的思考""深思熟虑",以及"深深的痛苦"等概念……在这些表达中,深度的象征总是指向智力和精神的无限性,这将它们与肉体区别开来。[7]

斯内尔在这里使用了"肉体"这个术语,他指代的是荷马式的措辞,诸如前文中的 psyche、noos 和 thumos 等,它们的起因是身外之物。他所说的"新思想",是抒情诗人笔下的思想运动,其中 psyche 一词的含意转变成了"思维和意识",即一种内在的世界。noos 则意为"理解和领悟",或有"意识的头脑"。thumos 则转意为"情绪",尽管它可以变化和动摇,尽管它的作用是优先考虑某种关切与行动的,但它依然包含选择和自由意志这一要素。

布赖恩·斯托克在他 2016 年的书中写道,在西方,受柏拉图和一些早期基督教思想家的影响,人们认为自我分为两部分——肉体和灵魂，它们在生活中扮演着不同的角色。因而对某些人来说，身体是灵魂的牢笼。斯托克说，正是奥古斯丁[①]（Augustine）领悟到并记录下了自我是怎样进行融合的，才使得肉体和灵魂，肉体和思维相互依存。从此为出发点，我们才能够经由菲尼亚斯·盖奇的案例（他的情绪和人际关系因脑损伤而变得混乱）向前迈进，理解尼科·弗里达的所说的：情绪可以影响思维、身体和行为，它与影响我们内心和自我性（selfhood）的种种事件不无关联。

情绪研究所肩负的重担之一便是情绪的管控，即我们能够调节情绪，而受情绪支配，或被迫做出那些伤害亲者、追悔莫及的事。巴特加·马斯奎塔（Batja Mesquita）和尼科·弗里达合作发表了一篇重要论文，题为《从情绪角度看情绪调节》（"An Emotion Perspective on Emotion Regulation"）。他们在文中说：

> 现实生活中的情绪事件有可能同时引发多种情绪。当客人在我们的生日聚会上齐唱《生日快乐》歌时，我们感到既高兴又窘迫。同一个事件与多个关注点相关联，并同时唤起了幸福与尴尬这两种情绪。[8]

意　识

表面看来，意识是一种手段，借此我们可以选择主动行动，而不仅是被动地受强化驱动，或任由环境操纵。但本杰明·利贝

[①] 此处的奥古斯丁并非上文的奥古斯丁·布兰尼根，而是西方基督教早期的一位哲学家，曾任北非希波城的主教，故史称希波的奥古斯丁（Augustine of Hippo）。——译者注

特（Benjamin Libet）的一项研究结果表明，事实情况可能并非如此。他采用了脑电图的研究方法，要求参与者在特定时间段内弯曲手指，当他们决定动手指时，同时要注意钟面上旋转的点（代表钟表的时间）转到了哪个位置上。他发现控制手指的大脑运动皮层所产生的电激活，比人们意识到自己产生动手指的意图要早 1/3 秒。

这一结果震惊了神经科学界，因为这似乎意味着是大脑中的加工过程产生了动作，而意识没起任何作用。[9] 研究者对此争论不已。在《意识的解释》(Consciousness Explained) 一书中，丹尼尔·丹尼特认为大脑决定了行为，而意识是多余的。大脑对需要计算的内容进行计算；神经元和肌肉纤维被动员起来以决定行为。其中，意识与行为不存在因果关系。丹尼特说，人类行为的每个方面都可以在没有意识的情况下发生。意识只是一个微不足道、无足轻重的总结，它主要以叙述的形式，概括大脑在进行决策和行动中已然做了什么。

丹尼特同时认为，意识起到了美化我们的所作所为的作用。它不产生任何因果影响，就像一家工业公司的公关处。或者，换个方式比喻的话，丹尼特认为我们每个人都有一个"自我"，它是个小说家，将我们的所见、所闻、所做渲染成一个个美好的故事——我们的自传。

丹尼特和那些所谓的"强硬派决定论者"认为，脱氧核糖核酸（DNA）所构建的大脑能解释我们的所作所为，这样，我们的神经元和其他生理机制，连同来自自身与外界的学习及即时输入，决定了我们每时每刻的行为。在不知不觉中，这些决定论者似乎提供了一个强有力的论据，来削弱自身论断的说服力。他们若是正确的，他们的论断就毫无意义。这种论断空洞无物，就像用机器在纸面上印下零星的图案（例如树叶图案），或磨坊里哐当作响的水轮发出的噪音。

或许读者不喜欢"哐当作响的水轮"这种论调，反而愿意接受丹尼特的观点，把意识当作大脑的公关办公室，可即使从他的说法考虑，他也根本没有解释意识。他所有的研究成果仿佛都只是在说："来看看吧！我写了一本没什么意义的书，足足有500多页，售价还不到30美元呢。"

意识与决策

如果意识看上去并未对行为产生即时而直接的影响，那么它可能会在相对更长的时程内发挥作用。西尔维娅·加尔迪（Silvia Galdi）和她的同事完成了一项巧妙的实验，以进一步说明这个问题。他们在意大利维琴察市募集了129名居民参与实验，要求他们考虑一项有争议的议题——是否同意扩建美国的军事基地，以此研究他们的有意识和无意识过程。居民对该提案的态度只通过一个问题来评定：他们是支持、反对，还是尚未决定。他们的有意识信念则通过一个包括10项问题的问卷进行测量，其内容围绕他们认为扩建可能对环境、社会和经济产生的后果。他们对该提案的无意识联想则通过一个测验来完成，居民必须对呈现的积极和消极词语进行分类，例如"好"和"坏"，这分别对应于不同的按键，随后在观看基地图片时，进行同样的按键反应①。[10] 在这些测试进行完第一轮后，间隔一个星期，再进行第二轮测试。

---

① 此处应当是对基地图片和非基地图片进行分类按键。该实验范式被称为"内隐联想测验"。——译者注

就那些做出决定（支持或反对基地扩建）的人而言，他们对基地的有意识想法既预测了他们当时的决定，也预测了他们一周之后的无意识联想。相比之下，在第一次测试时尚未下决断的人则不同——他们当时的有意识想法并不能预测他们一周后做的决定。然而，对于这些人来说，他们在第一次测试时的无意识联想，却能够预测在一周之后他们的决定及有意识信念。

影响我们有意识思想的事物，包括一些我们无法察觉的加工过程，其中就包括情绪产生的加工过程。有意识的思想与控制我们决定的过程是同步的，至于无意识加工，它会更长久地影响我们思维的结构，例如，当我们思考某个问题时，察觉到对该问题的情感时，以及与他人对该问题进行讨论时。图21记录了一个抬头仰望的小孩子。你猜她在多大的时候才有可能意识到自己的想法和感情，知道这些观念属于自己，并与他人讨论呢？

图21 这个小朋友在想什么？她此刻正处在意识的边缘吗？
资料来源：照片由乔西·霍尔特（Josie Holt）拍摄，已获许可。

意识与模拟

罗伊·鲍迈斯特和马西坎波受到了利贝特和加尔迪等人实验的影响,他们提出,意识的功能不是引发行动,相反,它可以在更长的时间内将我们的一般知识(存储在长期记忆中)和对特定事件的记忆(存储为情景记忆),与我们在当前社会环境中对自己的理解及我们的计划联系起来。这是一个模拟过程。它是我们向自己解释自己的手段,我们通过这种手段向他人解释自己,也通过这种手段反思自己和他人,就像萨福所做的那样。同时,我们也可以借助这种手段,利用我们的心理理论来理解在计划和安排中可能遇到的人,并在复杂情境中创造性地探索各种选择。

罗伊·鲍迈斯特和马西坎波举了一个例子,解释意识是如何在规划中起作用的:

> 假设有一个人在第二天要赶飞机,他通常会进行模拟倒推计算,从飞机起飞的时间开始,到有足够时间完成机场中的各项流程,再到赶往机场的路程,以及离开酒店的时间,这样,他就会知道在什么时间该做什么事。用于此模拟的所有信息都已存在于脑海中,因此,进行这项模拟不需要从环境中获取新的信息……这些模拟非常有效,使人们能够准时出发,无须在机场多花时间。[11]

加尔迪和她同事们的实验让我们明白,意识帮助我们真正理清了自己的思路。它使我们能够将心理联结组成一个整体,这样,当我们准备做出决策时，这些联结（包括那些采取行动所必要的联结）便已准备就绪，为采取行动创造了条件。鲍迈斯特和马西坎波这样说：

> 有意识思想对行为的影响十分重大，但影响方式大部分是间接的。有意识模拟的过程有助于理解社交伙伴的观点，探索复杂决策中的选择，（既可以依据事实也可以反事实地）回顾过去的事件，以便学习，同时利于以其他的方式参与到文化当中。[12]

当某些紧迫的事情发生而我们不知如何是好时，或者当我们被一种似乎不合适的情绪所感染时，日常的建议就是"第二天再说"。这种观点让人想起了意识的扩展功能，也与亨利·庞加莱和格雷厄姆·沃勒斯的建议十分类似，即在创造性的努力中，我们可能紧张工作了一段时间却一无所获。这时候，我们可以不去有意识地思考这个问题，过一段时间自会柳暗花明。

自由意志

托马斯·韦布（Thomas Webb）和帕斯卡尔·希兰（Paschal Sheeran）在一项对实验研究的元分析中发现，当人们计划以特定方式行动时，这种有意识计划的形成对执行这些行为具有因果性影响；这表明意志（will）很重要。[13] 许多人认为，尼科·弗里达在20世纪情绪研究中的地位举足轻重，他也思考过这个问题。在2013年的一篇文章中，他提出虽然有些人讥讽这种想法，但自由意志在心理学中有着十足的重要性。他举了一个例子，在第二次世界大战期间，非犹太人反抗纳粹的威逼和胁迫，为犹太人提供了庇护。在关于这个问题的文章中，他并没有提及他本人就接受过这种外族人保护。

20世纪90年代，卢旺达爆发了种族灭绝冲突，杰勒德·普吕尼耶（Gerard Prunier）对此有过记述。弗里达对这一事件中，一些胡图族（Hutu）妇女庇护图西族（Tutsi）儿童的行为进行了讨论。她们心甘情愿保护儿童，并不仅是优先考虑自己的利益。她们做到了不单经受得起对于自己生命的忧惧，不单把自己看作种族这个"我们"中的一员。她们不是斯坦利·米尔格拉姆研究中的无条件顺从者。她们能够调动自身的共情，选择与图西人的子女成为"我们"，做真正重要的事情，而非受社会形势所迫选择权宜之计。

我们是否应该希望自己也成为胡图族妇女中的一员？我们应该把自己看作那些常常顺从的人吗？或者说，我们可从20世纪种族灭绝事件中吸取教训吗？

如果真想为人类的尝试赋予一些希望，我们就不能认为自己是"对的"，不能认为"错的"一方与我们是对立的。我们或许应当学会不去以"敌我双方"的方式思考，而是以"你我双方"的方式思考：黑人和白人、犹太人和穆斯林、西方人和亚洲人、保守派和自由党、女性和男性、我们这些活在当下的人和那些生活在未来的人。"敌我双方"的想法仍然是人类的祸根，它可能会在不久的将来摧毁全人类。也许，我们不仅可以考虑到"我们和他们"，也可以去顾及"咱们"。

社会法律的整体构想取决于自由意志：出于个人意图实施犯罪的人才是罪犯。如果犯罪行为源于精神疾病的冲动，则不构成犯罪。这其中或许存在矛盾。阿齐姆·沙里夫（Azim Shariff）及其同事进行了一系列研究，那些不太确定自由意愿是否存在的人，对于惩罚罪犯的态度有着较轻的报复性。沙里夫等人也发现，那些已经学习了一些神经科学知识，知晓大脑如何运转的人对于报复性惩罚的支持度更低。

在日常生活中，我们会看到身边人卷入了某些行为与情绪之中，他们似乎失去了自由意志。这些人可能是精神病患者，或强迫症患者。他们可能陷入了成瘾的泥淖。在焦虑状态中，他们无法摆脱恐惧。在对抗状态中，他们的行为似乎总是充满愤怒与攻击性。在抑郁状态中，他们会变得自我沉醉，也可能陷入绝望，不再有意愿涉足周围的环境，与他人建立关系。

我们可以将自由意志视为"强制"和"被迫"的对立面。它是指能够做出选择，制订计划，并通过合作和善意与他人建立联系，即使个人利益和社会压力或许会驱使我们选取其他的道路。自由意志是与他人就行为进行讨论，并选择怎样采取负责任的行动，以此实现我们的价值观，尽管我们并不总是能够意识到自身行为真正的动机是什么。[14] 有时候，它是指选择做我们正在做的事情，即使我们可能并不情愿。在《西西弗斯的神话》（*The Myth of Sisyphus*）中，阿尔贝·加缪（Albert Camus）描述了这种状态。西西弗斯是古希腊的科林斯国王，他触怒众神，被惩罚将巨石翻推到山顶，又只能眼睁睁在山顶看着它滚落下去。随后，他不得不下山再次推动巨石。在加缪这则寓言的描述中，西西弗斯虽有选择的余地，却依然选择接受这种惩罚。这可能会让我们想起里科·麦德林，他接受了米哈里·契克森米哈赖在心流研究中的采访，就像现代的西西弗斯一样在生产线上工作。西西弗斯在生命中的任务，就是将巨石推上山顶，再返回山脚，周而复始。他不是众神之一（无论那些神是谁，也无论它们是什么）。他不是石头，他是一个人，因此，加缪在他的文章的最后一行说："人们必须想象西西弗斯是快乐的。"

也许,在我们所有的行动当中,只有5%是可以自由选择的。在那种情况下,人类的目标之一或许就是创造这样一种社会,那里的生态位使我们得以更频繁地自由行动,其比例或许可以达到6%或7%。例如,我们可以推动联合目标,也就是"我们的"目标,而不仅是"自我的"目标。这种社会的创立取决于我们自己。城市是近来才出现的一种动物栖息地,新的观察结果表明,生活在城市中的动物和鸟类已经开始产生可遗传的适应性,其速度比之前想象的要快,整个过程可能还不到一千年的时间。[15]

我们可能会认识一些似乎没有太多自由意志的人,他们总是以同样的方式处理事情,并用单调的方式与他人互动。我们可能会注意到自己也有这种倾向。有些动物在演变中幸存了下来,因为它们适应自己的客观环境,而人类已经脱离了它们的行列,我们仍在适应合作的生活,这意味着我们要对他人保持开放,意味着变化和创造力。在社会和自我层面,或许人类这个物种还没获得足够的时间,以创造可能最有利于合作和自由意志的生态环境。

思维是富有意义的,相关的认知心理学表明,无论物质世界是否有意义,我们人类都会为自己和周围的人创造意义。我们构建了有着共同意义的世界。如果在意义这个问题上有选择的余地,我们就不会像一台机器一样行事,而是会去做那些我们认为有价值的事,这样的事不仅对个人有益,也对他人有益。正如乔治·艾略特在《米德尔马契》(*Middlemarch*)中所说的那样:"我们为了什么而活,难道不是为了让彼此的生活变得不那么艰难吗?"[16]

后　记

如今，包括《纽约时报》在内的多家媒体都设有专题报道，特别刊登心理学的成果，讨论新闻中的心理学事件。

进一步了解思维，既有助于提高我们对他人与自身的理解，也有助于构建社会，让有着不同才智、不同出身背景的人都感受到，活在这样的社会里是值得的。

未来一瞥

直到近些年，心理学才走入人们日常聊天的范畴并为大众所理解。时下的报纸也开始刊登心理研究的报告。例如，本篇后记开头那幅图中的《纽约时报》就刊有周日评论版块，其中设有心理学专栏，名为《灰质》（"Grey Matter"）。此类发展变化意味着心理学正愈加开放，这也为我们提供了方法和途径，让所有人都能够思考自我，也思考那些我们所认识的人。

2016年5月27日，《灰质》专栏的主题是：为什么当研究人员试图重复前人的实验时，有些心理学研究无法再现与研究人员原始报告相同的结果。其中一个原因是，心理学家并不总是一丝不苟的。有些人只公布了与他们自己的理论相一致的研究结果。[1] 科学的义务在于寻找可能驳斥某一理论的证据，而这一做法或许已与此相违背。该文的作者杰伊·范·巴威尔（Jay van Bavel）则给出了另一个答案，即研究发现也取决于文化。有些加工过程是人类的共性，例如基本的感知觉操作。而对于其他的过程，包括一些至关重要的过程，例如我们如何互相感受、相互对待，在一个社会中所得出的结果或许并不会在另一个社会中得到重复验证。心理治疗的治疗作用是在欧洲发现的。或许这种方法在美国也适用。但在尼日利亚呢？在日本呢？心理学正在开展一项新的运动，试图了解研究结果的可重复程度，并证明哪些研究结果是可靠的。[2]

与任何其他研究领域一样，通过与历史学、社会学、人类学、计算机科学和医学的研究相结合，心理学正在让我们接触它、了解它，给我们提供知识，为教育、精神病学、城镇规划或许乃至政体指引方向。和平与合作仍是我们所处时代的主旋律，但有时生命也会遭遇危险。现存的核武器仍足以毁灭全人类。无论是对于当代的我们还是我们的后代来说，对人权这一问题的关注仍然不足。

心理学曾有趋势发展为个体心理学（关注一个人的心理学），但它正在发生转变，转而成为你我之间和我们之间的心理学（关注两人和多人的心理学）。心理学中正在兴起一场运动，焦点是如何才能获得幸福，但这并不是指怎样增加个人所得，而是指我们如何提升对他人以及整个社会的贡献。约·维特索（Joar Vittersø）从亚里士多德那里借鉴了"良好生活"（eudaimonia，关于如何活得幸福的心理学）一词，并出版了一本相关的手册。印刷是一种技术，它通过阅读让我们能够更好地相互理解，也让我们得以对与我们状况不同的人产生共情。也许更加新异的技术将使我们得以制订出更优秀的群体决策，并让彼此的生活更上一层楼。约翰·理查德森（John Richardson）和他的"埃塞罗"（Ethelo）计划就是其中的一个开始，人们可以通过自己的电脑或手机，共同讨论那些关乎自身的社会问题。他们可以给出相关的必要考虑因素，其他人则通过提供意见来加入讨论。同时，他们可以对不同提案评定赞同程度。通过这种方式，人们不仅讨论出了一系列关注点和备择选项，也逐渐在各种选择上达成共识，人们可以看到不同选择的受认可度，也可以改变自己的立场。虽然民主是希腊人的发明，但在现代的世界里，或许我们需要通过类似这样的方式来实现它。

柏拉图说，我们平常的感知就像被束缚在山洞里一样，只看得到影子。这种说法是夸张的。思维对于我们周围世界的各种解释并不是直接的，但这足以满足人类的需要。我们不需要从幻想的洞穴中挣脱出来。然而，柏拉图的观点对我们依然有帮助，因为在我们与世界之间确乎存在某种东西。这种东西是我们脑海中一系列构建好的模型。这种基于模型的知觉世界通常并不用于得出像数学一样的永恒真理，而是用于人们彼此间的交流，并为我们的生活提供必需之物，在这时候，基于模型的知觉世界是值得信赖的。

在14世纪初，但丁描绘了这样一个世界，上帝安排好了世间的一切，除了人类的自由意志。在《炼狱》中，但丁遇到了他最好的朋友卡瓦尔堪提（Cavalcanti）的父亲。他无视地狱的火焰，从坟墓中起身，向但丁询问自己的儿子是否安好。也许在这里，但丁是在问，这种身边围绕着家人和朋友的俗世生活，难道不比由柏拉图写下，后来又被基督教所采纳的那个似乎无法达致的理念世界更有意义吗？

自赫尔曼·赫尔姆霍茨的时代以来，心理学就一直立足于对思维的探索。心理学不同于物理和生物科学，因为我们发现的东西可以影响研究的对象：我们自己。在本书中，我也建议，心理学最好不要被看成一门独立的科学，而是要结合其他学科：不仅是神经科学和生物学，还包括哲学、历史学、社会学、人类学、精神病学、语言学以及计算机科学和文学研究。心理学有能力在我们彼此之间和自身内部的关系中对人产生影响。电能的发现照亮了世界上的千家万户，心理学不太可能以这种方式产生立竿见影的作用。但作为社会的一分子，我们或许可以慢慢地接受它（哪怕一次一点），并反思它的意义。

致　谢

非常感谢我的搭档珍妮弗·詹金斯（Jennifer Jenkins），她在阅读本书后给出的建议极有帮助，让我得以对书中的内容进行修改。

这本书是应埃尔温街的西尔维亚·朗福德（Silvia Langford）之邀撰写的。在写作之初，马克·弗雷里（Mark Frary）、皮帕·克兰（Pippa Crane）、杰里米·斯唐鲁姆（Jeremy Stangroom）和奥利弗·萨尔兹曼（Oliver Salzmann）都曾给予我建议。随后，我自己接手了此书的工作，普林斯顿大学出版社亦同意将其出版。在此期间，奥利弗·萨尔兹曼依然为我提供协助。非常感谢本书的编辑莎拉·卡罗（Sarah Caro）女士、她在英国牛津普林斯顿大学出版社的助手汉娜·保罗（Hannah Paul），以及普林斯顿大学出版社的书籍制作编辑莎拉·勒纳（Sara Lerner）。感谢绿鹈鹕（Green Pelican）编辑服务部的卡伦·韦尔德（Karen Verde），他对原稿进行了审阅；感谢两位提供帮助的匿名审稿人；感谢我的文学经纪人安德鲁·戈登（Andrew Gordon）。我还要感谢许许多多教导我、影响我，让我能够思考并写下这本书的人，只是在此无法一一提及。

注 释

对于本书内容所依据的引文和证据，其资料来源大多在"参考文献"部分清晰地列了出来。其中不够清楚的地方，我在"注释"这一部分进行了补充，并记录了一些深入的思考。

序 言

1. 图中是我的大外孙女。拜伦-科恩（Baron-Cohen）等人（2001）在《眼神中的思维测验》（*Mind in the Eyes Test*）中也使用了类似的图片，这是一种被广泛采用的，用于测量共情和对他人理解的手段。

2. 2011年，在阿姆斯特丹大学的创作、内容与技术中心，举办了一场名为"阅读调节思维：对媒体和艺术作品中的人物和角色的共情"的专题研讨会，萨米尔·泽基在他题目为《神经美学》的报告中说了这样的话。

第1章 意识与无意识

1. 柏拉图的"洞穴喻"出自其著作《理想国》。而他的另一本书

《美诺篇》(*Meno*)则讲述了人类并没有察觉到数学真理,以及这些真理如何才能被发现。书中有一个奴隶男孩证明了毕达哥拉斯定理,即直角三角形斜边的平方等于另外两条边的平方和。

2. 柏拉图,《普罗泰戈拉篇》(*Protagoras*)。

3. 怀特海(1979),第 39 页。

4. 例见埃伦伯格(Ellenberger)(1970)。

5.《弗洛伊德传》:克拉克(1980)、盖伊(1988)。

6. 奥特利(1990)。

7. 德克尔(Decker)(1991)。

8. 弗洛伊德(1905),第 146 页。

9. 弗洛伊德(1905),第 150 页。

10. 克拉克(1980),第 285 页。

11. 曾有一段时间,提起心理学时,人们会以为这个词就是在指代精神分析。它甚至成了好莱坞的一个主题,阿尔弗雷德·希区柯克(Alfred Hitchcock)执导的影片《爱德华大夫》(*Spellbound*)就是其中之一,片中格里高利·派克(Gregory Peck)饰演的角色心怀负罪感,认为自己曾谋杀了某个人。由英格丽·褒曼(Ingrid Bergman)出演的心理医生负责照料这名精神障碍患者,随后爱上了他。克鲁斯(Crews)是当前主要的"弗洛伊德的真面目揭穿者"(Freud debunkers,这种称谓引自网上的宣传信息)之一(2017)。

12. 弗洛伊德和布罗伊尔(Breuer)(1895),第 231 页。

13. 研究发现,在兄弟姐妹中,比较不被疼爱、成长环境较消极的孩子,有更高的概率患上生理和心理疾病:詹金斯、麦高恩(McGown)和克纳弗-诺姆(Knafo-Noam)(2016)。

14. 莫顿·亨特（2007），第 142 页。

15. 赫尔姆霍茨传记：哥尼斯伯格（Koenigsberger）（1906）、霍尔（Hall）（1912）。

16. 赫尔姆霍茨不仅在生理学领域声名显赫；他既是知觉科学的创立者，在物理学方面也极具影响力。他在 1847 年发表了一篇关于肌肉运动的论文，研究了能量守恒定律，即能量可以被转化，但既不会凭空产生，也不会彻底消失。这一结论被视为人类在理解宇宙过程中迈出的关键性一步。

17. 赫尔姆霍茨（1866），第 11 页。

18. 奥特利、沙利文（Sullivan）与霍格（Hogg）（1988）。参见格里高利（1997）。

19. 见奥特利（2013a）。《火车大劫案》由埃德温·波特（Edwin Porter）创作和执导（1903）。

20. 由本书作者翻译，侧重原文原意。丹纳（1882），第 13 页。

21. 马丁内斯-孔德（Martinez-Conde）等人（2013）。

22. 阿诺德等人（2007）发现，与人类的婴儿一样，牛崽在面临视崖时也会做出同样的反应，这说明避开视崖是进化的产物。对于被这种观点所说服的人而言，在这种情况下就不存在赫尔姆霍茨所主张的那种推理，也根本不需要推理。在第 5 章中，我们会继续探讨行为主义者提出的这一观点的"升级版"。

第 2 章　悲惨的盖奇

1. 兰德森（Randerson）（2012）。参见阿泽维多（Azevedo），贺古拉奴·霍札（Herculano-Houzel）等人（2009）、贺古拉奴·霍札

（2016）。

2. 约翰·哈洛传记：麦克米兰（2001）。

3. 哈洛（1868/1993），第281页。

4. 哈洛（1868/1993），第277页。

5. 麦克米兰（2001）。

6. 坎农（Cannon）（1931）认为，情绪产生于大脑的低阶区域，并会被高阶区域（也就是皮层）抑制。麦克莱恩（MacLean）（1993）提出，情绪的关键区域是他称为"边缘系统"（limbic system）的低阶区域，理性则产生于皮层。本书则介绍了一种不同的观点：人类本质上具有社会属性，情绪并不应被视为初级或原始的，它负责着对我们而言最为重要的东西：与他人的关系。参见第3、14和18章。

7. 麦凯布（McCabe）和卡斯特尔（Castel）（2007）发现，在对一个神经科学问题进行推理时，相比于没有图片的情况，加入一张大脑图片进行佐证会让人们觉得更具说服力。

8. 潘克塞普（1998），第309页。

9. 普雷斯顿不断调查着共情与利他行为之间的关系，例如，布坎南（Buchanan）和普雷斯顿（2016）。

第3章　了解祖先，了解情绪

1. 达尔文传记：鲍尔比（1991）。

2. 格鲁伯（Gruber）和巴瑞特（1974）抄录并评注了达尔文的《嬗变》和《思维与唯物主义》这两篇笔记，他们的这本著作可谓引人入胜。

3. 李基和卢因（Lewin）（1991），第16页。

4. 鲍尔比（1991），第 411 页。

5. 达尔文，《人类和动物的表情》，1890 年第二版，第 13 页。

6. 格里宾（Gribbin）和谢尔法斯（Cherfas）（2001）、怀特（White）等人（2009）。

7. 胡布林（Hublin）等人（2017）。人类的有些共性是后来才出现的，其中包括语言（见第 6 章）、合作（见第 14 章）及艺术（见第 17 章）。

8. 达尔文，《人类和动物的表情》，1890 年第二版，第 18 页。

9. 费纳德斯-多尔斯（Fernández-Dols）和拉塞尔（Russell）（2017）这本关于表情的书内容详尽，既包含了埃克曼的观点和论述，也囊括了反对派研究者的分析研究。

10. 埃克曼（1992）。

11. 埃克曼和弗里森（1978）。

12. 巴特莱特和怀特希尔（Whitehill）（2010）、莱温斯基等人（2014）。但这些系统很快就被李康（Kang Lee，音译）（2016）所发明的方法取代了，新方法只需采用一般的视频录制手段，用"透皮光学成像技术"（transdermal optical imaging）来探测脸部的皮下血流。这些影像比可见的肌肉运动更能准确地显示个体所体验的情绪。参见扎内特（Zanette）（2016）。

13. 埃克曼（2009）。

14. 鲍姆（Baum）（2009）。该剧播出于 2009 年 1 月 21 日至 2011 年 1 月 31 日。

15. 2014 年，在去世的前一年，弗里达参加了在日内瓦举办的国际情感科学暑期学校，在会上，安德烈娅·斯卡兰蒂诺（Andrea

Scarantino)曾说:"我们现在都是新弗里达学派了。"弗里达的著作(2016)中有对他在日内瓦所做报告的扩展补充,斯卡兰蒂诺的评论位于第209页。

16. 奥特利和约翰逊-莱尔德(2014)。

17. 奥特利和邓肯(1994)。

18. 奥特利(2009)、奥特利和约翰逊-莱尔德(2011)。

19. 斯宾诺莎(1661—1675)的《伦理学》(*Ethics*)和里德(Reid)(1818)都论述过,我们的情感生活大多具有"人际性"的本质。里德在论及情绪时写道,情绪涉及"人类行为的原则,这些原则以人为其直接目标,并且就其性质而言,暗示了我们对某人造成了积极或消极的影响"。较近的一本论及"共同情绪"(shared emotions)的著作是克雷布斯(Krebbs)的(2011)。

20. 此处和下一处引文取自伊拉斯谟(1508),第29页。莎士比亚可能是在读了《愚人颂》之后才创作出了《仲夏夜之梦》(*A Midsummer Night's Dream*)。在这部戏剧中,精灵帕克(Puck)将一种"西方小花"的汁液滴在沉睡者的眼睛上,爱意就会在人的身上催生。沉睡者醒来的时候会爱上自己第一眼所见的人,并表达自己强烈的爱意。参见奥特利(2001)。

21. 参见范·克里夫(van Kleef)(2016)。

第4章 个体差异与发展

1. 沃尔夫(Wolf)(1969)。

2. 智商这个术语的概念及其测量方式的开创者是威廉姆·斯特恩(William Stern)(1914)。

3. 比奈传记：范彻（Fancher）（2009）。

4. 由弗拉维尔（Flavell）用英文描述（1963）。

5. 皮亚杰传记：埃文斯（Evans）（1973）。

6. 卡明（1974）、范彻（1985）。

7. 卡明（1974），第 27 页。

8. 由卡明引用（1974），第 23—24 页。

9. 卡明（1974），第 27 页。

10. 推孟和梅里尔（1937），第 34 页。

11. 赫恩斯坦和默里的书名取自高斯分布，它的曲线像一口钟的形状。这是自然情况下最常见的一种分布，例如人的身高，或特定地区某一天的温度，都遵循这一分布，它是统计学的基础。

12. 塞尔泽姆等人（2017）。

第 5 章　刺激与反应

1. 巴甫洛夫传记：托德斯（Todes）（2014）。

2. 科恩（1979），博克斯（Boakes）（1984）。

3. 华生（1925），第 15 页。

4. 科恩（1979），第 175 页。

5. 科恩（1979），第 185 页。

6. 科恩（1979），第 185 页。

7. 比约克（Bjork）（1997）、斯金纳（1938、1976）。

8. 斯莱特（Slater）（2004）。

第 6 章 语 言

1. 乔姆斯基（1959）。

2. 正如人们所预料的那样，现在有人试图证明乔姆斯基是彻底错误的。汤姆·沃尔夫（Tom Wolfe）成名于 1975 年的文章《新新闻主义》（"New Journalism"），他在 2016 年提出，不单乔姆斯基一个人错得彻头彻尾，达尔文也是如此。同年，保罗·伊博森（Paul Ibbotson）和迈克尔·托马塞洛发表了一篇更为旁征博引的文章，批判了乔姆斯基的先天语言习得系统。

3. 托马塞洛（2008）。

第 7 章 心智模型

1. 巴特莱特（1932），第 65 页。

2. 巴特莱特（1932），第 75 页。

3. "图式"这一概念也用于让·皮亚杰的内隐理论。见弗拉维尔（1963）。

4. 巴特莱特（1932），第 201 页。

5. 巴特莱特（1932），第 213 页。

6. 勒迪格（Roediger）讨论了记忆的类比（1980）。

7. 洛夫特斯和道尔（Doyle）（1987）。

8. 巴特莱特（1932），第 20 页。现在，心理学也掀起了一场了解人们对生活意义的理解的运动，例如，金（King）等人（2016）。

9. 巴特莱特（1946），第 109 页。

10. 约翰逊-莱尔德（1983、2006）。

11. 见约翰逊-莱尔德（1983、2006）、弗里斯顿（Friston）等人（2016）。

12. 赞格威尔（1980），第 12 页。

13. 邓巴（2004），第 162 页。

第 8 章　数字世界

1. 霍奇斯（Hodges）（1983）和科普兰（Copeland）（2012）都撰写了引人入胜的图灵传记，介绍了他的生平和研究成果。

2. 维特根斯坦（1922），《逻辑哲学论》（4.01）。

3. 霍奇斯（1983）、约翰逊-莱尔德（2006）。

4. 图灵（1950），第 434—435 页。

5. 许（Hsu，音译）（2002）。

6. 加德纳（1985），第 17 页。

7. 加德纳（1985），第 28 页。

8. 加德纳（1985），第 29 页。

9. 马尔给出了一个重要的计算模型（1982），参见奥特利、沙利文和霍格（1988）。

10. 威诺格拉德（Winograd）是早期最重要的交互式程序的作者，例见威诺格拉德（1983）。

11. 勒丘恩（LeCun）、本希奥（Bengio）和辛顿（2015），辛顿（2015）。

12. 见刘易斯-克劳斯（Lewis-Kraus）（2016），谷歌翻译发展的非技术史；参见舒斯特（Schuster）等人（2016）。

13. 斯蒂芬·霍金（2014）。

14. 培根（1605）。

15. 门德尔松（2016），第 34 页。

16. 这一问题会在后记中进一步讨论。

第 9 章　检查一下脑袋

1. 佩尔西宁（Parssinen）(1974)、范·威赫（van Wyhe）(2004)。

2. 博林（Boring）(1950)，第 56 页。

3. 麦克雷和约翰（1992）。

4. 奥梅尔（Ormel）等人（2013）、斯迈利（Smillie）(2013)。

5. 至少还有 15 项研究要求参与者在为期几天或几周时间内，记录下自己所做的事，结果发现这些事与从问卷测量中所得出的人格特质十分吻合；见弗利森（Fleeson）和加拉赫（Gallagher）(2009)。

6. 科斯塔和麦克雷（1996），第 369 页。

7. 亨利·詹姆斯（1884），第 405 页。近期出版的一本书《费莱瓦》(*Fileva*)(2017) 也在从人格角度探讨哲学与心理学。

8. 基思（1988）。

9. 舒斯特伦（Shostrom）(1966)。

10. 马盖和哈维兰-琼斯（2002），第 57 页。

11. 马盖和哈维兰-琼斯（2002），第 90 页。

12. 普鲁斯特（1919），第 470 页，由本书作者翻译。

13. 哈萨比斯（Hassabis）等人（2014）。在一项反向推论研究中，屈夫纳（Küfner）等人（2010）发现，存在从参与者所写的故事中推论出其人格特征的可能。

14. 布朗（Browne）等人（2016）。

第 10 章　精神病、心身症

1. 斯卡尔（2015），第 562 页。

2. 斯卡尔（2015），第 425—426 页。

3. 克赖特曼（Kreitman）等人（1961）。

4. 斯卡尔（2015），第 381 页。

5. 安吉尔（2008），第 1,069 页。

6. 基尔希（2009b），第 80 页。

7. 在当时，很少有出版人愿意发表这样的成果，作者本人也很容易受到报复。1933 年，亚霍达和拉扎斯菲尔德匿名发表了这本书。1971 年其英译本出版。

8. 元分析是一种将一系列研究组合在一起的方法，并用统计分析得出这些研究结果的均值和方差。

9. 同桑德尔研究组的研究结果一致，休伯（Huber）等人（2013a、2013b）的研究也显示，相比于其他疗法，精神分析疗法的治疗效果更好。莱森内林（Leichsenring）和雷邦（Rabung）（2008、2011）在对随机对照试验（randomized controlled trials）的元分析结果中发现，长期心理分析疗法的效果比短期更佳。但在另一项元分析研究中，斯米特（Smit）等人（2012）发现，尽管相比于不采取治疗，精神分析疗法有更好的效果，但它与其他疗法相比并没有什么优势。

10. 格洛阿冈（Gloaguen）等人（1998）。

11. 现在有大量文献证明，单独运用正念冥想或将其与其他形式的疗法结合，对抑郁、焦虑和身心压力有积极的治疗作用。参见西格尔（Segal）等人（2002）、古（Gu，音译）等人（2015）、戈丁克

（Gotink）等人（2016）。科克（Kok）和辛格（2016）发现，不同的正念疗法有着不同的效果。

12. 范·尼尔等人（2014）发现，有4次或更多不良童年经历的人，"成为吸烟者的概率是他人的2倍，尝试自杀的概率高达12倍，酗酒的概率为7倍，注射街头药品的概率则为10倍"，第549页。

13. 玛鲁查（Marucha）、基科特-格拉泽和法维吉（Favagehi）（1998）。

14. 例如，古因（Gouin）等人（2012）。

15. 潘尼贝克、扎克（Zech）和里梅（2001）。

第11章 fMRI和体验的脑基础

1. 斯塔尔（2015），第14页。

2. 斯塔尔（2015），第23页。

3. 斯塔尔（2015），第82页。

4. 巴特尔斯和泽基（2004），第1164页。

5. 参见查特基（Chatterjee）和瓦塔尼安（2016），以及坎德尔（Kandel）（2012）。

6. 泽基（2004），第189页。

7. 维塞尔等人（2013），《强烈的审美体验》这一章（"Intense Aesthetic Experience"）中第二段的第一句。

第12章 感受自我，感受他人

1. 皮科利诺（Piccolino）（1998）。

2. 休伯（Hubel）和威塞尔（Wiesel）（1962）研究发现，神经元对线段的朝向敏感。在最近发表的一项研究中，常（Chang，音译）和曹（Tsao，音译）（2017）对猴子的神经元进行了单细胞记录，结果发现，当面孔呈现在视网膜上时，特定的神经元会被激活。这些细胞对平均面孔图形放电，并对朝向不敏感，同时也会对面孔上的点放电，例如鼻尖、嘴角等。

3. 辛格（2015）。塔尼娅·辛格担任着莱比锡市马克斯·普朗克认知与脑科学研究所的教授和总干事。

4. 的确有证据表明，学习经济学可能会助长自我中心的思想，也可能会阻碍合作；弗兰克等人（1993）。

5. 辛格（2015）。

6. 贝克斯等人（2013），第 676 页。

7. 这项研究可视为共情运动的一部分，人们努力以积极方式理解共情。但这场运动目前正处在争议的旋涡当中。保罗·布鲁姆（Paul Bloom）撰写了一本《反对共情》（Against empathy），他在书中表明，共情有时候也是有害的，我们应当转而进入一种同情的状态当中。同情这一构想十分重要，但我们也猜得到，布鲁姆将自己的下一本书命名为《反对行为》（Against action）的原因就在于，他认为我们有些行为是错误的。

8. 奥坎波（Ocampo）和克里蒂科斯（Kritikos）（2011）讨论了与镜像神经元含义相关的争议。希科克（Hickok）（2015）反对镜像神经元在解释语言和社会认知中起到作用，这是一篇极长的论证。他曾把镜像神经元视为研究的挚爱，但后来他彻底改变了自己的看法。另见阿尔比布（Arbib）（2015）。

9. 佐藤（Sato）和吉川（Yoshikawa）（2007）。

10. 唐纳德（Donald）（1991）人类对跳舞的癖好进一步表明了镜模仿的社交重要性。

11. 这部1949年的影片由卡罗尔·里德（Carol Reed）执导，编剧是格雷厄姆·格林（Graham Greene）。

第13章 爱与斗

1. 格鲁伯和巴瑞特（1974），第289页。

2. 古道尔（1986），第594页。

3. 魏斯菲尔德（Weisfeld）（1980）。

4. 西田（Nishida）等人（1992）。

5. 古道尔（1986），第144页。

6. 伯施（Boesch）等人（2007）。

7. 谢里夫和谢里夫（1953），第252页。

8. 谢里夫和谢里夫（1953），第257页。

9. 见伯格曼·布利克斯（Bergman Blix）（即将出版）。

10. 西布利（Sibley）和阿尔奎斯特（Alquist）（1984）。

11. 格林（Green）等人（2010）。

第14章 合 作

1. 弗朗哥（Franco）等人（2009）。

2. 沃尔内肯和托马塞洛（2009）。如果你在谷歌浏览器中搜索"沃尔内肯和托马塞洛的视频"，就能看到一些相关视频，它们记录了儿童在理解他人计划并帮助完成计划中的利他行为。

3. 托马塞洛（2014），第4—5页。

4. 托马塞洛（2011）。

5. 拉罗克和奥特利（2006），第 255—256 页。

6. 加扎尼-加瓦齐（Grazzani-Gavazzi）和奥特利（1999）为此提供了进一步的证据，也发现了加拿大与意大利之间的差异。

7. 邓巴最早在艾洛（Aiello）和邓巴（1993）的论文中提出了他的"社交大脑假说"（social brain hypothesis）并论述了相关研究。本段中关于这一假说所引用的数据和说法摘自他以下的著作：邓巴（2003、2004、2014）。

8. 邓巴、马里奥特和邓肯（1997），第 235 页。

9. 泽尔丁（Zeldin）（1998）。

第 15 章　爱是什么

1. 林恩·亨特（Lynn Hunt）（2007）。

2. 安娜·弗洛伊德和多萝西·柏林厄姆终生都是莫逆之交。她们合著了一本书《战争与儿童》（*War and Childern*）（1943），参见米奇利（Midgley）（2007）。

3. 鲍尔比（1951），第 11 页。

4. 鲍尔比（1969）。

5. 霍姆斯（Holmes）（1993）。

6. 安斯沃斯（1992）。

7. 布雷瑟顿（Bretherton）（2000）。

8. 参看弗洛伊德和布罗伊尔（1985）。

9. 布雷瑟顿（1990）。

10. 一位著名的研究心理学家向我讲述了一个在他身上发生的例

子，这令他一生难忘。在六七岁的时候，他父亲把他抱起，放在一个高高的抽屉柜上，并要他跳到父亲的怀抱里。"不，"男孩说，"我不跳。"但是父亲最终说服了他。男孩跳了下去，父亲却并未抱住他，让他摔在了地上。"这件事是要告诉你，"父亲说，"不要相信任何人。永远都不。"

11. 沃特斯、梅里克（Merrick）和特雷布克斯（Treboux）等人，（2000）。

12. 汉密尔顿（Hamilton）（2000）。

13. 温菲尔德（Weinfield）等人（2000）。

14. 戈德堡（Goldberg）、格鲁塞克（Grusec）和詹金斯（1999）。

15. 哈特菲尔德和拉普森（2006），第227页。

16. 豪赞（Hazan）和谢弗（Shaver）（1987）。

17. 威廉斯（1922），pdf版第3页（http://www.deborahward.co.uk/pdfs/velveteenrabbit.pdf）。

18. 温尼科特在他的著作《游戏与现实》（*Playing and Reality*）（1971）中对这个问题进行了讨论。

19. 温尼科特（1953），第90页。

20. 温尼科特（1965）。在该书第1章对克莱尔（卡伦·霍妮曾接手过的那位病人）案例的讨论中，这个问题被提了出来。

第16章 文 化

1. 格尔茨（Geertz）（1989）。

2. 米德传记：鲍曼-克鲁姆（Bowman-Kruhm）（2011）。

3. 米德（1928），第xiv—xv页。

4. 米德（1928），第 260 页。

5. 米德（1928），第 157 页。

6. 参见穆纳福（Munafò）等人（2017）。

7. 维果斯基（1930），第 25 页。

8. 伊博森和托马塞洛（2016）。

9. 尼尔森（2015），第 173 页。

10. 卢茨（1988），第 16—17 页。

11. 卢茨（1988），第 112 页。

12. 卢茨（1988），第 200 页。

13. 帕夫连科（Pavlenko）（2005）。

第 17 章　想象力、故事、共情

1. 邓恩（2004），第 1 页。

2. 戈夫曼（1961），第 26 页。

3. 戈夫曼（1961），第 41 页。

4. 奥特利（2009）。

5. 哈夫洛克（1978），第 42—43 页。

6. 卢里亚（1976），第 108—109 页。

7. 卢里亚（1976），第 116 页，表 8。参见奥尔森（Olson）（1994），其中对读写能力的心理效应进行了概要介绍。

8. 迪亚斯等人（2005），第 552 页。

9. 刘易斯（2016）撰写了一本名为《思维的发现：关于决策与判断的学科》（*The Undoing Project: A Friendship That Changed Our Minds*）的书，记录了卡尼曼和他的朋友特沃斯基的事迹和研究。

10. 奥特利（2013b）。

11. 凡赫仑（Vanhaeren）等人（2006）。

12. 鲍勒（Bowler）等人（2003）。

13. 肖维等人（1996）。

14. 无名氏（公元前1700）。

15. 罗森博格（Rosenberg）和布鲁姆（Bloom）（1990）对《圣经》年代最早的部分进行了翻译和讨论。

16. 参见洛德（Lord）（2000）的描述，他记述了20世纪的口述故事；以及鲍威尔（Powell）（2002），他认为第一种带有元音和辅音的书面语言（希腊语）应当诞生于对《伊利亚特》口述的记录。

17. 马尔和奥特利（2008）、奥特利（2016）。

18. 加西亚·马尔克斯（1981），第323页。

19. 契诃夫（1890）。

20. 亚尔莫林斯基（Yarmolinsky）（1973），第395页。

21. 莎士比亚（1623），第1,455页。

22. 亨特（2007），第216页。

23. 亨特（2007），第224页。

24. 亨特（2007），第20页。

25. 亨特（2007），第39页。

26. 亨特（2007），第39页。

27. 理查德森（1740），第23页。

28. 亨特（2007），第58页。

29. 艾略特（1871—1872），第243页。

30. 普鲁斯特（1927），第257—258页，作者自译。

31. 基德（Kidd）和卡斯塔诺（Castano）（2013）发表文章，证明阅读短故事可以对提升同情产生短期效应，迪杰斯特拉（Dijkstra）等人（2015）和帕内罗（Panero）等人（2016）则并未重复出这种结果。总体来看，包括短期、中期和长期在内的研究结果表明，阅读小说可以提升同情和心理理论。奥特利（2016）、奥特利和吉基奇（2017）对此进行了综述。马姆珀（Mumper）和格里格（Gerrig）（2017）对关联效应（associational effect）进行了元分析，另一个研究组则对实验效应进行了元分析（尚未发表）。两项元分析的结果均表明，尽管效应量较小，但阅读小说可以显著地提升共情和心理理论。

32. 冯（Fong）、马林（Mullin）和马尔（2013）。

33. 克尔凯郭尔（1846），第246—247页。

34. 巴特（1975），第4页。

35. 斯托克（2007），第136页。齐尔曼（Zillmann）（1996）提出的一个心理学假设是，我们往往喜欢品行端正的虚构人物，厌恶那些灭德立违的人物。

36. 奥巴马和罗宾逊（2015），第6页。

37. 布莱克（Black）和巴恩斯（Barnes）（2015）、博尔曼（Bormann）和格里特迈耶（Greitemeyer）（2015）。

第18章　权力与道德

1. 米尔格拉姆传记：布拉斯（Blass）（2009）。

2. 米尔格拉姆（1963），第374页。

3. 参见穆纳福（2017）。

4. 哈斯拉姆等人（2016）。

5. 许多人谴责米尔格拉姆的实验违背伦理道德，佩里（Perry）（2013）就是其中之一。卡罗尔·塔夫里斯在佩里书评中的观点更为中立。塔夫里斯总结说，米尔格拉姆实验的问题和结论仍然是十分重要的心理学发现，值得我们去思考。

6. 阿斯内·塞厄斯塔（Åsne Seierstad）（2015）讲述了这场暴行的经过。

7. 参见布朗宁（2017）等。

8. 参见努斯鲍姆（1986）和谢尔曼（Sherman）（1997）等。

9. 与法律以及如何做出司法裁决相关的心理学目前也在发展当中，参见莫罗尼（Moroney）（2011）等。

第19章　创造、专长、毅力

1. 温尼科特（1971），第65页。

2. 契克森米哈赖（1990），第39—40页。

3. 这个问题和该段中的另一个问题引自契克森米哈赖(1990)，第53页。

4. 米勒（1956）。

5. 埃里克森发表了多篇关于专长的论文，例如埃里克森（1996）、埃里克森和莱曼（Lehmann）（1999）。

6. 埃里克森，克兰佩和特施-勒莫尔（1993），第392页。

7. 肖尔茨（Scholz）等人（2009）。

8. 埃里克森（2016），麦克纳马拉、莫罗（Moreau）和汉布里克（Hambrick）（2016）。

9. 参见戈德史密斯（Goldsmith）（2005）的居里传记。

10. 奥特利和吉基奇（2016）。

11. 爱因斯坦和英费尔德（1938），第 95 页。

12. 科林伍德（1938），第 109—110 页。

13. 达尔文的《乘小猎犬号环球航行》，达尔文（1839）；达尔文记录的笔记。格鲁伯和巴瑞特（1974）。

14. 庞加莱（1908），第 33 页，第 36—37 页。

15. 詹姆斯（1907），第 322—323 页。

第 20 章　意识与自由意志

1. 荷马（公元前 762），第 55 页。

2. 斯内尔（1948），第 31 页。杰恩斯（Jaynes）（1976）从心理学角度对此进行了探索。

3. 荷马（公元前 762），第 55 页。

4. 威廉森（Williamson）（1995）。

5. 佩奇（Page）（1955），第 136 页。

6. 斯内尔（1953），第 47 页。

7. 斯内尔（1953），第 17—18 页。

8. 马斯奎塔和弗里达，第 782—783 页。

9. 甘农（Glannon）（2015）。

10. 这种测量方法以启动效应为基础，但这一效应目前广受争议，因为其结果并不总是可以被重复；杨（Yong）（2012）。

11. 鲍迈斯特和马西坎波（2010），第 955 页。

12. 鲍迈斯特和马西坎波（2010），第 945 页。

13. 然而，有许多因素都会阻碍计划的实施；希兰和韦布（2016）。

14. 多丽丝（Doris）（2015）。

15. 多纳休（Donihue）和兰伯特（Lambert）（2015）。

16. 艾略特（1871—1872），第781页。

后　记

1. 波普尔（Popper）（1962）有充分的理由坚持认为，寻找能够驳斥一种假设的证据要比寻找支持该假设的证据更重要。

2. 参见穆纳福等人（2017）。

参考文献

Acevedo, B. P., Aron, A., Fisher, H. F., & Brown, L. (2012). Neural correlates of long-term intense romantic love. *Social Cognitive and Affective Neuroscience, 7*, 145–159.

Aiello, L. C., & Dunbar, R.I.M. (1993). Neocortex size, group size, and the evolution of language. *Current Anthropology, 34*, 184–193.

Ainsworth, M.D.S. (1992). Obituary: John Bowlby (1907–1990). *American Psychologist, 47*, 668.

Ainsworth, M.D.S., Blehar, M. C., Waters, E., & Wall, S. (1978). *Patterns of attachment: A psychological study of the strange situation*. Hillsdale, NJ: Erlbaum.

Almereyda, M. (Director). (2015). *Experimenter* (Film). USA.

Angell, M. (2008). Industry-sponsored clinical research: A broken system. *Journal of the American Medical Association, 300*, 1069–1071.

Angell, M. (2011, June 23). The epidemic of mental illness: Why? *New York Review of Books*.

Anonymous. (1700 BCE). *The epic of Gilgamesh: The Babylonian Epic Poem and other texts in Akkadian and Sumerian* (A. George, Trans.). London: Penguin (current edition 2000).

Arbib, M. A. (2015). The myth of "the myth of mirror neurons." *PsycCRITIQUES, 60*(9).

Arendt, H. (1963). *Eichmann in Jerusalem: A report on the banality of evil*. New York: Viking.

Aristotle. (circa 330 BCE). Prior analytics. In J. Barnes (Ed.), *The complete works of Artistotle: The revised Oxford translation* (Vol. 2, pp. 39–113). Oxford: Oxford University Press (current publication 1984).

Arnold, N. A., Ng, K. T., Jongman, E. C., & Emsworth, P. H. (2007). Responses of dairy heifers to the visual cliff formed by a herringbone milking pit: Evidence of fear of heights in cows (Bos taurus). *Journal of Comparative Psychology, 121*, 440–446.

Asimov, I. (1950). *I Robot*. New York: Gnome Press.

Auden, W. H. "In memory of Sigmund Freud." In *From another time*. New York: Random

House.

Azevedo, F.A.C., Herculano-Houzel, S., et al. (2009). Equal numbers of neuronal and nonneuronal cells make up the human brain as an isometrically scaled-up primate brain. *Journal of Comparative Neurology, 513*, 532–541.

Bacon, F. (1605). *The advancement of learning*. Oxford: Oxford University Press (current edition 1974).

Baron-Cohen, S., Wheelwright, S., Hill, J., Raste, Y., & Plumb, I. (2001). The "Reading the Mind in the Eyes" Test Revised version: A study with normal adults, and adults with Asperger's syndrome or high-functioning autism. *Journal of Child Psychology and Psychiatry, 42*, 241–251.

Barrett, L. F. (2017). *How emotions are made: The secret life of the brain*. Boston: Houghton Mifflin Harcourt.

Barrett, L. F., Mesquita, B., & Gendron, M. (2011). Context in emotion perception. *Current Directions in Psychological Science, 20*, 286–290.

Bartels, A., & Zeki, S. (2000). The neural basis of romantic love. *NeuroReport, 17*, 3829–3834.

Bartels, A., & Zeki, S. (2004). The neural correlates of maternal and romantic love. *NeuroImage, 21*, 1155–1166.

Barthes, R. (1975). *S / Z* (R. Miller, Trans.). London: Cape.

Bartlett, F. C. (1932). *Remembering: A study in experimental and social psychology*. Cambridge: Cambridge University Press.

Bartlett, F. C. (1946). Obituary notice: Kenneth J. W. Craik, 1914–1945. *British Journal of Psychology (General Section), 36* (3), 109–116.

Bartlett, M. S., & Whitehill, J. (2010). Automated facial expression measurement: Recent applications to basic research in human behavior, learning, and education. In A. Calder, G. Rhodes, J. V. Haxby, & M. H. Johnson (Eds.), *Handbook of face perception* (pp. 489–513). Oxford, UK: Oxford University Press.

Baum, S. (2009). *Lie to me* (Television series). USA.

Baumeister, R. F., & Masicampo, E. J. (2010). Conscious thought is for facilitating social and cultural interactions: How mental simulations serve the animal-culture interface. *Psychological Review, 117*, 945–971.

Beckes, L., Coan, J. A., & Hasselmo, K. (2013). Familiarity promotes the blurring of self and other in the neural representation of threat. *Social Cognitive and Affective Neuroscience, 8*, 670–677.

Bergman Blix, S. (forthcoming). Perspective-taking in empathy: stage actors and judges as polar cases. In R. Patulny et al. (Eds.), *Interdisciplinary approaches to emotion: in conversation with sociology*. London: Routledge.

Bergson, H. (1911). *Laughter: An essay on the meaning of the comic* (C. Brereton & F. Rothwell, Trans.). New York: Macmillan (original publication 1900).

Binet, A. (1903). *L'étude experimentale de l'intelligence*. Paris: Schleicher.

Binet, A., & Henneguy, L. (1894). *Psychologie des grands calculateurs et joueurs d'échec*. Paris: Hachette.

Binet, A., & Simon, T. (1908). The development of intelligence in the child. In H. H. Goddard (Ed.), *The development of intelligence in children*. Baltimore: Williams and Wilkins (current edition 1916). Bjork, D. W. (1997). *B.F. Skinner: A life*. Washington, DC: American Psychological Association.

Black, J. E., & Barnes, J. L. (2015). Fiction and social cognition: The effect of viewing award-winning television dramas on theory of mind. *Psychology of Aesthetics, Creativity, and the Arts, 9*, 423–429.

Blass, T. (2009). *The man who shocked the world: The life and legacy of Stanley Milgram*. New York: Basic Books.

Bloom, P. (2016). *Against empathy: The case for rational compassion*. New York: Ecco.

Boakes, R. (1984). *From Darwin to behaviourism*. Cambridge: Cambridge University Press.

Boal, A. (1997). The theatre of the oppressed. *UNESCO Courier* (November).

Boesch, C., Head, J., Tagg, N., et al. (2007). Fatal chimpanzee attack in Loango National Park, Gabon. *International Journal of Primatology, 28*, 1025–1034.

Boon, D. (Director). (2008). *Welcome to the Sticks* (Film). (Original French title *Bienvenue chez les Ch'tis*) (Film). France.

Boring, E. G. (1950). *A history of experimental psychology, second edition*. New York: Appleton-Century-Crofts.

Bormann, D., & Greitemeyer, T. (2015). Immersed in virtual worlds and minds: Effects of in-game storytelling in immersion, need satisfaction, and affective theory of mind. *Social Psychological Personality Science, 6*, 646–652.

Bowlby, J. (1951). *Child care and the growth of love*. Harmondsworth: Penguin.

Bowlby, J. (1969). *Attachment and loss, Volume 1. Attachment*. London: Hogarth Press (reprinted by Penguin, 1978).

Bowlby, J. (1991). *Charles Darwin: A new life*. New York: Norton.

Bowler, J. M., et al. (2003). New ages for human occupation and climatic change at Lake Mungo, Australia. *Nature, 421*, 837–840.

Bowman-Kruhm, M. (2011). *Margaret Mead: A biography*. New York: Prometheus.

Brannigan, A., Nicholson, I., Cherry, F., & Mastroianni, G. R. (2015). Obedience in perspective: Psychology and the holocaust. *Theory and Psychology, 25*, 657–669.

Bretherton, I. (2000). Mary Dinsmore Salter Ainsworth (1913–1999) obituary. *American Psychologist, 55*, 1148–1149.

Briggs, J. L. (1970). *Never in anger: Portrait of an Eskimo family*. Cambridge, MA: Harvard University Press.

Brown, G. W., & Harris, T. O. (1978). *Social origins of depression: A study of psychiatric disorder in women*. London: Tavistock.

Browne, D. T., Leckie, G., Prime, H., Perlman, M., & Jenkins, J. M. (2016). Observed sensitivity during family interactions and cumulative risk: A study of multiple dyads per family. *Developmental Psychology, 52*, 1128–1138.

Browning, C. (1992). *Ordinary men: Reserve Police Battalion 101 and the final solution in Poland.* New York: HarperCollins.

Browning, C. (2017, 20 April). Lessons from Hitler's rise. *New York Review of Books, 94*, 10–14.

Buccino, G., Riggio, L., Melli, G., Binkofski, F., Gallese, V., & Rizzolati, G. (2005). Listening to action-related sentences modulates the activity of the motor system: A combined TMS and behavioral study. *Cognitive Brain Research, 24*, 355–363.

Buchanan, T. W., & Preston, S. (2016). When feeling and doing diverge: Neural and physiological correlates of the empathy–altruism divide. In J. Green, I. Morrison, & M.E.P. Seligman (eds.), *Positive neuroscience* (pp. 89–103). New York: Oxford University Press.

Burger, J. M. (2009). Replicating Milgram: Would people still comply today? *American Psychologist, 64*, 1–11.

Campbell, D. T. (1960). Blind variation and selective retentions in creative thought as in other knowledge processes. *Psychological Review, 67*, 380–400.

Camus, A. (1961). *The myth of Sisyphus* (J. O'Brien, Trans.). New York: Knopf.

Cannon, W. B. (1931). Again the James-Lange and the thalamic theories of emotion. *Psychological Review, 38*, 281–295.

Caspi, A., Sugden, K., Moffitt, T., E., Taylor, A., Craig, I. W., Taylor, A., ... Poulton, R. (2003). Influence on life stress on depression: moderation by a polymorphism in the 5-HTT gene. *Science, 301*, 386–389.

Chagnon, N. A. (1968). *Yanomam? The fierce people.* New York: Holt Rinehart & Winston.

Chang, L., & Tsao, D. Y. (2017). The code for facial identity in the primate brain. *Cell, 169*, 1013–1028.

Chase, W. G., & Simon, H. A. (1973). Perception in chess. *Cognitive Psychology, 4*, 55–81.

Chatterjee, A., & Vartanian, O. (2016). Neuroscience of aesthetics. *Annals of the New York Academy of Sciences, 1369*, 172–194.

Chauvet, J.-M., Deschamps, E., B., & Hillaire, C. (1996). *Dawn of art: The Chauvet cave.* New York: Abrams.

Chekhov, A. (1890). "Gusev" (R. Pevear & L. Volokhonsky, Trans.). *Anton Chekhov Stories.* New York: Bantam (current edition 2000), pp. 109–121.

Chomsky, N. (1957). *Syntactic structures.* The Hague: Mouton.

Chomsky, N. (1959). A review of B. F. Skinner's "Verbal Behavior." *Language, 35*, 26–58.

Clark, A. (2006). Material symbols. *Philosophical Psychology, 19*, 291–307.

Clark, R. W. (1980). *Freud: The man and the cause.* London: Cape, Weidenfeld & Nicholson.

Cohen, D. (1979). *J. B. Watson: The founder of behaviourism.* London: Routledge & Kegan Paul.

Coleridge, S. T. (1816). Kubla Khan. In *The portable Coleridge* (pp. 157–158, with explanatory note on writing the poem, pp. 156–157). Harmondsworth: Penguin (current edition 1977).

Collingwood, R. G. (1938). *The principles of art*. Oxford: Oxford University Press.

Collobert, R., & Weston, J. (2008). *A unified architecture for natural language processing: deep neural networks with multitask learning.* Paper presented at the ICML '08 Proceedings of the 25th international conference on machine learning, Helsinki, pp. 160–167.

Coolidge, F. L., & Wynn, T. (2016). An introduction to cognitive archaeology. *Current Directions in Psychological Science, 25*, 386–392.

Copeland, B. J. (2012). *Turing: Pioneer of the information age*. Oxford: Oxford University Press.

Costa, P. T., Jr. & McCrae, R. R. (1985). *The NEO Personality Inventory manual*. Odessa, FL: Psychological Assessment Resources.

Costa, P. T., & McCrae, R. R. (1988). Personality in adulthood: A six-year longitudinal study of self-reports and spouse ratings on the NEO Personality Inventory. *Journal of Personality and Social Psychology, 54*, 853–863.

Costa, P. T., & McCrae, R. R. (1996). Mood and personality in adulthood. In C. Magai & S. H. McFadden (Eds.), *Handbook of emotion, adult development, and aging* (pp. 369–383). San Diego: Academic Press.

Craik, K.J.W. (1943). *The nature of explanation*. Cambridge: Cambridge University Press.

Crews, F. (2017). *Freud: The making of an illusion*. London: Profile Books.

Csikszentmihalyi, M. (1990). *Flow: The psychology of optimal experience*. New York: Harper Collins.

Csikszentmihalyi, M., & Getsels, J. W. (1970). Concern for discovery: An attitudinal component of creative production. *Journal of Personality, 38*, 91–105.

Daly, M., & Wilson, M. (1990). Killing the competition: Female/female and male/male homicide. *Human Nature, 1*, 81–106.

Damasio, A. R. (1994). *Descartes' error*. New York: Putnam.

Damasio, H., Grabowski, T., Frank, R., Galaburda, A. M., & Damasio, A. R. (1994). The return of Phineas Gage: The skull of a famous patient yields clues about the brain. *Science, 264*, 1102–1105.

Dante Alighieri. (1307–1321). *La divina commedia (The divine comedy)*. (M. Musa, Trans.). London: Penguin (1984).

Darwin, C. (1839). *The voyage of the* Beagle. London: Dent (current edition 1906).

Darwin, C. (1859). *On the origin of species by means of natural selection*. London: Murray.

Darwin, C. (1872). *The expression of the emotions in man and animals*. London: Murray; and second edition, of 1890, edited by Charles Darwin's son, Francis.

Darwin, C. (1877). A biographical sketch of an infant. *Mind, 2*, 285–294.

Dawkins, R. (1976). *The selfish gene*. Oxford: Oxford University Press.

De Lorris, G., & De Meun, J. (1237–1277). *The romance of the rose* (H. W. Robbins, Trans.). New York: Dutton (current edition 1962).

Dean, L. G., Kendal, R. L., Schapiro, S. J., Thierry, B., & Laland, K. N. (2012). Identification of the social and cognitive processes underlying human cumulative culture. *Science, 335*, 1114–1118.

Decker, H. S. (1991). *Freud, Dora, and Vienna 1900*. New York: Free Press.

DeLoache, J. (1987). Rapid change in symbolic functioning in young children. *Science, 238*, 1556–1557.

Dennett, D. C. (1991). *Consciousness explained*. Boston: Little, Brown & Co.

Dennett, D. (1995). *Darwin's dangerous idea: Evolution and the meaning of life*. New York: Simon & Schuster.

Descartes, R. (1648). *Treatise of man (Traité de l'homme)* (T. S. Hall, Trans.). New York: Prometheus (current edition 2003).

Descartes, R. (1649). Passions of the soul. In E. L. Haldane & G. R. Ross (Eds.), *The philosophical works of Descartes*. New York: Dover (current edition 1911).

DeYoung, C. G., Quilty, L. C., & Peterson, J. B. (2007). Between facets and domains: Ten aspects of the Big Five. *Journal of Personality and Social Psychology, 93*, 880–896.

Dias, M., Roazzi, A., & Harris, P. L. (2005). Reasoning from unfamiliar premises: A study with unschooled adults. *Psychological Science, 16*, 550–554.

Dijkstra, K., Verkoeijen, P., Van Kulik, L., Yee-Chow, S., Bakker, A., & Zwann, R. (2015). Leidt het lezen van literaire fictie tot meer empathie? Een replicatiestudie (Does reading literary fiction lead to more empathy? A replication study). *De Psycholoog, 50*, 10–21.

Doll, R., & Hill, A. B. (1954). The mortality of doctors in relation to their smoking habits: A preliminary report. *British Medical Journal, 328*, 1529–1533.

Donald, M. (1991). *Origins of the modern mind*. Cambridge, MA: Harvard University Press.

Donihue, C. M., & Lambert, M. R. (2015). Adaptive evolution in urban ecosystems. *Ambio, 44*, 194–203.

Doris, J. M. (2015). *Talking to our selves: Reflection, ignorance, and agency*. New York: Oxford University Press.

Duckworth, A. L. (2016). *Grit: The power of passion and perseverance*. Toronto: Collins.

Duckworth, A. L., Kirby, T. A., Tsukayama, E., Berstein, H., & Ericsson, K. A. (2010). Deliberate practice spells success: Why grittier competitors triumph at the National Spelling Bee. *Social Psychological Personality Science, 2*, 174–181.

Duckworth, A. L., Peterson, C., Matthews, M., & Kelly, D. R. (2007). Grit: Perseverance and passion for long-term goals. *Personality Processes and Individual Differences, 92*, 1087–1101.

Dunbar, R. I. M. (2003). The social brain: mind, language, and society in evolutionary perspective. *Annual Review of Anthropology, 32*, 163–181.

Dunbar, R.I.M. (2004). *The human story: A new history of mankind's evolution*. London:

Faber.

Dunbar, R.I.M. (2014). The social brain: Psychological underpinnings and implications for the structure of organizations. *Current Directions in Psychological Science, 23*, 109–114.

Dunbar, R.I.M., Marriott, A., & Duncan, N.D.C. (1997). Human conversational behavior *Human Nature, 8*, 231–246.

Dunn, J. (2004). *Children's friendships: The beginnings of intimacy*. Oxford: Blackwell.

Einstein, A., & Infeld, L. (1938). *Evolution of physics*. New York: Simon & Schuster.

Eisenberg, N. (2000). Empathy and sympathy. In M. Lewis & J. M. Haviland-Jones (Eds.), *Handbook of emotions, second edition* (pp. 677–691). New York: Guilford.

Ekman, P. (1992). An argument for basic emotions. *Cognition and Emotion, 6*, 169–200.

Ekman, P. (2009). *Telling lies: Clues to deceit, in the marketplace, politics, and marriage*. New York: Norton.

Ekman, P., & Friesen, W. V. (1978). *Facial action coding system: a technique for the measurement of facial movement*. Palo Alto, CA: Consulting Psychologists Press.

Ekman, P., Sorenson, E. R., & Friesen, W. V. (1969). Pan-cultural elements in the facial displays of emotions. *Science, 164*, 86–88.

Elias, N. (1978). *The civilizing process, The history of manners* (E. Jephcott, Trans.). New York: Urizon Books (original publication, 1939).

Eliot, G. (1871–1872). *Middlemarch: A study of provincial life*. London: Penguin (current edition 1965).

Ellenberger, H. F. (1970). *The discovery of the unconscious: The history and evolution of dynamic psychiatry*. New York: Basic Books.

Equiano, O. (1789). *The interesting narrative of the life of Oludah Equano or Gustavus Vassa, the African, written by himself*. New York: Norton (current edition 2001).

Erasmus, D. (1508). *Praise of folly* (Ed. & trans. R. M. Adams). New York: Norton (current edition, 1989).

Ericsson, K. A. (1996). The acquisition of expert performance: An introduction to some of the issues. In K. A. Ericsson (Ed.), *The road to excellence: The acquisition of expert performance in the arts and sciences, sports, and games* (pp. 1–60). Mahwah, NJ: Erlbaum.

Ericsson, K. A. (2016). Summing up hours of any type of practice versus identifying optimal practice activities: Commentary on Macnamara, Moreau, & Hambrick (2016). *Perspectives on Psychological Science, 11*, 351–354.

Ericsson, K. A., Krampe, R. T., & Tesch-Römer, C. (1993). The role of deliberate practice in the acquisition of expert performance. *Psychological Review, 100*, 363–406.

Ericsson, K. A., & Lehmann, A. C. (1999). Expertise. In M. A. Runco & S. R. Pritzker (Eds.), *Encyclopaedia of Creativity, Volume 1* (pp. 695–706). San Diego: Academic Press.

Evans, R. I. (1973). *Jean Piaget: The man and his ideas*. New York: Dutton.

Eysenck, M. (Ed.). (1990). *The Blackwell dictionary of cognitive psychology*. Oxford:

Blackwell.

Fancher, R. (1985). *The intelligence men: Makers of the IQ controversy*. New York: Norton.

Fancher, R. (2009). Alfred Binet: General psychologist. In G. A. Kimble & M. Wertheimer (Eds.), *Portraits of Pioneers in Psychology, Volume III* (pp. 67–84). Washington, DC: American Psychological Association.

Fast, E., McGrath, W., Rajpurkar, P., & Bernstein, M. S. (2016). Augur: Mining human behaviors from fiction to power interactive systems. *Association for Computing Machinery CHI 16*. doi: org/10.1145/2858 036.2858528.

Felitti, V. J., Anda, R. F., Nordenberg, D., Williamson, D. F., et al. (1998). Relationship of childhood abuse and household dysfunction to many of the leading causes of death in adults: The Adverse Childhood Experiences (ACE) Study. *American Journal of Preventative Medicine, 14*, 245–258.

Fernández-Dols, J.-M., & Russell, J. (Eds.). (2017). *The science of facial expression*. Oxford: Oxford University Press.

Fileva, I. (Ed.). (2017). *Questions of character*. New York: Oxford University Press.

Fillmore, C. J. (1968). The case for case. In E. Bach & R. T. Harms (Eds.), *Universals in linguistic theory* (pp. 1–88). New York: Holt, Rinehart & Winston.

Flavell, J. H. (1963). *The developmental psychology of Jean Piaget*. Princeton, NJ: Van Nostrand.

Fleeson, W., & Gallagher, P. (2009). The implications of Big Five standing for the distribution of trait manifestation in behavior: Fifteen experience-sampling studies and a meta-analysis. *Journal of Personality and Social Psychology, 97*, 1097–1114.

Fonagy, P., Steele, H., & Steele, M. (1991). Maternal representations of attachment during pregnancy predict the organization of infant-mother attachment at one year of age. *Child Development, 62*, 891–905.

Fong, K., Mullin, J., & Mar, R. (2013). What you read matters: The role of fiction genres in predicting interpersonal sensitivity. *Psychology of Aesthetics, Creativity, and the Arts, 7*, 370–376.

Forman, M. (Director). (1975). *One flew over the cuckoo's nest* (Film). USA.

Franco, F., Perucchini, P., & March, B. (2009). Is infant initiation of joint attention by pointing affected by type of interaction? *Social Development, 18*, 51–76.

Frank, R. H., Gilovich, T., & Regan, D. (1993). Does studying economics inhibit cooperation? *Journal of Economic Perspectives, 7*(2), 159–171.

Fraser, J. (1908). A new visual illusion of direction. *British Journal of Psychology, 2*, 307–320.

Freedman, J. L. (1978). *Happy people: What happiness is, who has it and why*. New York: Harcourt Brace Jovanovich.

Freeman, D. (1983). *Margaret Mead and Samoa: The making and unmaking of an anthropological myth*. Cambridge, MA: Harvard University Press.

Freud, A., & Burlingham, D. T. (1943). *War and children*. New York: Medical War Books.

Freud, S. (1905). Fragment of an analysis of a case of hysteria (Dora) (A. Tyson, Trans.). In J. Strachey & A. Richards (Eds.), *The Pelican Freud Library, Vol 8: Case histories, II* (Vol. 8, 29–164) . London: Penguin (current edition 1979).

Freud, S., & Breuer, J. (1895). *Studies on hysteria. The Pelican Freud Library, Vol. 3* (Eds. J. Strachey, A. Strachey, & A. Richards). London: Penguin (current edition 1974).

Frijda, N. H. (2007). *The laws of emotion.* Mahwah, NJ: Erlbaum.

Frijda, N. (2013). Emotion regulation and free will. In A. Clark, J. Kiverstein, & T. Vierkant (Eds.), *Decomposing the will* (pp. 199–220). New York: Oxford University Press.

Frijda, N. H. (2016). The evolutionary emergence of what we call "emotions." *Cognition and Emotion, 30*, 609–620.

Friston, K., FitzGerald, T., Rigoli, F., Schwartenbeck, P., O'Doherty, J., & Pezzulo, G. (2016). Active inference and learning. *Neuroscience and Biobehavioral Reviews, 68*, 862–879.

Galdi, S., Arcuri, L., & Gawronski, B. (2008). Automatic mental associations predict future choices of undecided decision-makers. *Science, 321*, 1100–1102.

Gall, F. J. (1835). *On the functions of the brain and of each of its parts: With observations on the possibility of determining the instincts, propensities, and talents, or the moral and intellectual dispositions of men and animals, by the configuration of the brain and head* (in English). Boston: Marsh, Capen & Lyon.

Gallese, V., Keysers, C., & Rizzolatti, G. (2004). A unifying view of the basis of social cognition. *Trends in Cognitive Sciences, 8*, 396–403.

Galton, F. (1884). *Anthropometric laboratory.* London: William Clowes.

García Márquez, G. (1981). Interview with Peter Stone. In G. Plimpton (Ed.), *Writers at Work: The Paris Review Interviews, 6* (pp. 315–339). London: Penguin, 1985.

Gardner, H. (1985). *The mind's new science: A history of the cognitive revolution.* New York: Basic Books.

Gardner, H. (1993). *Creating minds: An anatomy of creativity seen through the lives of Freud, Einstein, Picasso, Stravinsky, Eliot, Graham, and Gandhi.* New York: Basic Books.

Garland, A. (Writer and Director). (2015). *Ex machina* (film). USA.

Gay, P. (1988). *Freud: A life for our time.* London: Dent.

Geertz, C. (1989). *Biographical Memoirs: Margaret Mead 1901–1978* (pp. 329–354). Washington, DC: National Academy of Science.

George, C., Kaplan, N., & Main, M. (1985). The Berkeley Adult Attachment Interview. *Unpublished protocol.* Department of Psychology, University of California, Berkeley.

Gibson, E. J., & Walk, R. D. (1960). The visual cliff. *Scientific American, 202* (April).

Gibson, J. J. (1950). *The perception of the visual world.* Boston: Houghton Mifflin.

Gillham, N. W. (2001). Sir Francis Galton and the birth of eugenics. *Annual Review of Genetics, 35*, 83–101.

Glannon, W. (2015). Free will in light of neuroscience. In W. Glannon (Ed.), *Free will and the brain: Neuroscientific, philosophical and legal perspectives* (pp. 3–23). Cambridge: Cambridge University Press.

Gloaguen, V., Cottraux, J., Cucherat, M., & Blackburn, I. (1998). A meta-analysis of the effects of cognitive therapy in depressed patients. *Journal of Affective Disorders, 49*, 59–72.

Goffman, E. (1961). Fun in games. In *Encounters: Two studies in the sociology of interaction* (pp. 15–81). Indianapolis, IN: Bobbs-Merrill.

Goldberg, S., Grusec, J. E., & Jenkins, J. M. (1999). Confidence in protection: Arguments for a narrow definition of attachment. *Journal of Family Psychology, 13*, 475–483.

Goldsmith, B. (2005). *Obsessive genius: The inner world of Marie Curie*. New York: Norton.

Goodall, J. (1986). *The chimpanzees of Gombe: Patterns of behavior*. Cambridge, MA: Harvard University Press.

Gotink, R. A., Meijboom, R., Vernooij, M. W., Smits, M., et al. (2016). 8-week mindfulness based stress reduction induces brain changes similar to traditional long-term meditation practice—A systematic review. *Brain and Cognition, 108*, 32–41.

Gottman, J. (1993). *Why marriages succeed or fail*. New York: Simon & Schuster.

Gouin, J.-P., Glaser, R., Malarkey, W. B., Beversdorf, D., & Kiecolt-Glaser, J. (2012). Chronic stress, daily stressors, and circulating inflammatory markers. *Health Psychology, 31*, 264–268.

Gould, S. J. (1994). Curveball. *New Yorker*, November 28.

Grazzani-Gavazzi, I., & Oatley, K. (1999). The experience of emotions of interdependence and independence following interpersonal errors in Italy and Anglophone Canada. *Cognition and Emotion, 13*, 49–63.

Green, R. E., et al. (2010). A draft sequence of the Neanderthal genome. *Science, 328*, 710–722.

Greene, G. (2005). *The third man* and *The fallen idol*. London: Vintage.

Gregory, R. L. (1997). *Eye and brain: The psychology of seeing, fifth edition*. Princeton, NJ: Princeton University Press.

Gribbin, J., & Cherfas, J. (2001). *The first chimpanzee: In search of human origins*. London: Penguin.

Grice, H. P. (1975). Logic and conversation. In P. Cole & J. L. Morgan (Eds.), *Syntax and semantics, 3. Speech acts*. New York: Academic Press.

Gruber, H. E., & Barrett, P. H. (1974). *Darwin on man: A psychological study of scientific creativity, together with Darwin's early and unpublished notebooks*. New York: Dutton.

Grünbaum, A. (2006). Is Sigmund Freud's psychoanalytic edifice relevant to the 21st century? *Psychoanalytic Psychology, 23*, 257–284.

Gu, J., Strauss, C., Bond, R., & Cavanagh, K. (2015). How do mindfulness-based cognitive therapy and mindfulness-based stress reduction improve mental health and wellbeing? A systematic review and meta-analysis of mediation studies. *Clinical Psychology Review,*

37, 1–12.

Hafiz. (circa 1380). "With that moon language" (D. Ladinsky, Trans.) *The gift: Poems by Hafiz, The great Sufi master* (p. 322). Harmondsworth: Penguin (current edition, 1999).

Haidt, J. (2001). The emotional dog and its rational tail: A social intuitionist approach to moral judgment. *Psychological Review, 108*, 814–834.

Haidt, J. (2007). The new synthesis in moral psychology. *Science, 316*, 998–1002.

Hall, G. S. (1912). Hermann L. F. von Helmholtz, in *Founders of modern psychology* (pp. 247–310). New York: Appleton.

Hamann, K., Warneken, F., & Tomasello, M. (2012). Children's developing commitments to joint goals. *Child Development, 83*, 137–145.

Hamilton, C. E. (2000). Continuity and discontinuity of attachment from infancy through adolescence. *Child Development, 71*, 690–694.

Haney, C., Banks, C., & Zimbardo, P. (1973). Interpersonal dynamics in a simulated prison. *International Journal of Criminology and Penology, 1*, 69–97.

Harlow, J. M. (1868). Recovery from the passage of an iron bar through the head. Reprinted in *History of Psychiatry* (1993), 4, 274–281.

Harris, P. L. (2000). *The work of the imagination*. Oxford: Blackwell.

Hartley, D. (1749). *Observations on man, his frame, his duty, and his expectations*. London: Hitch and Austen.

Haslam, S. A., Reicher, S. D., & Birney, M. E. (2016). Questioning authority: New perspectives on Milgram's "obedience" research and its implications for intergroup relations. *Current Opinion in Psychology, 11*, 6–9.

Hassabis, D., Spreng, R. N., Rusu, A. A., Robbins, C. A., Mar, R. A., & Schachter, D. L. (2014). Imagine all the people: How the brain creates and uses personality models to predict behavior. *Cerebral Cortex, 24*, 1979–1987.

Hatfield, E., & Rapson, R. (2006). Passionate love, sexual desire, and mate selection: Cross-cultural and historical perspectives. In P. Noller & J. C. Feeney (Eds.), *Close relationships: Functions, forms, and processes* (pp. 227–243). Hove: Psychology Press.

Havelock, E. A. (1978). *The Greek concept of justice: From its shadow in Homer to its substance in Plato*. Cambridge, MA: Harvard University Press.

Hawking, S. (2014). The development of full artificial intelligence could spell the end of the human race. BBC television show. http://www.bbc.com/news/technology-30290540james.

Hazan, C., & Shaver, P. (1987). Romantic love conceptualized as an attachment process. *Journal of Personality and Social Psychology, 52*, 511–524.

Hebb, D. O. (1949). *The organization of behavior: A neuropsychological theory*. New York: Wiley.

Helmholtz, H. v. (1866). *Treatise on physiological optics, Vol. 3* (J.P.C. Southall, Trans.). New York: Dover (current publication 1962).

Herculano-Houzel, S. (2016). *The human advantage: A new understanding of how the brain became remarkable*. Cambridge, MA: MIT Press.

Herrmann, E., Call, J., Hernandez-Lloreda, M. V., Hare, B., & Tomasello, M. (2007). Humans have evolved specialized skills of social cognition: The cultural intelligence hypothesis. *Science, 317,* 1360–1366.

Herrnstein, R. J., & Murray, C. (1994). *The Bell Curve: Intelligence and class structure in American life*. New York: Free Press.

Hickok, G. (2014). *The myth of mirror neurons: The real neuroscience of communication and cognition*. New York: Norton.

Hinton, G. E. (2007). Learning multiple layers of representation. *Trends in Cognitive Sciences, 11,* 428–434.

Hinton, G. E. (2015). Deep learning godfather says machines learn like toddlers. In A. M. Tremonti (Interviewer), CBC Radio, *The Current*, May 5.

Hinton, G. E., Krizhevsky, A., & Wang, S. D. (2011). Transforming auto-encoders. International Conference on Artificial Neural Networks, Helsinki.

Hitchcock, A. (Director). (1945). *Spellbound* (Film). USA.

Hodges, A. (1983). *Alan Turing: The enigma of intelligence*. London: Unwin.

Hoffman, M. L. (2000). *Empathy and moral development: Implications for caring and justice*. New York: Cambridge University Press.

Holmes, J. (1993). *John Bowlby and attachment theory*. London: Routledge.

Homer. (762 BCE). *The Iliad* (ed. and trans. M. Hammond). Harmondsworth: Penguin (current edition 1987).

Horace. (19 BCE). Ars poetica (The art of poetry) (H. R. Fairclough, Trans.). In H. R. Fairclough (Ed.), *Horace: Satires, Epistles and Ars Poetica.* London: Heineman (current edition 1932).

Horney, K. (1942). *Self-analysis*. New York: Norton. Hsu, F.-H. (2002). *Behind Deep Blue: Building the computer that defeated the world chess champion*. Princeton, NJ: Princeton University Press.

Hubel, D. H., & Wiesel, T. N. (1962). Receptive fields, binocular interaction and functional architecture in the cat's visual cortex. *Journal of Physiology, 160,* 106–154.

Huber, D., Henrich, G., Clarkin, J., & Klug, G. (2013). Psychoanalytic versus psychodynamic therapy for depression: A three-year follow-up study. *Psychiatry: Interpersonal and Biological Processes, 76,* 132–149

Huber, D., Henrich, G., & Klug, G. (2013). Moderators of change in psychoanalytic, psychodynamic, and cognitive-behavioral therapy. *Journal the American Psychoanalytic Association, 61,* 585–589.

Hublin, J.-J., Ben-Ncer, A., Bailey, S. E., Freidline, S. E., et al. (2017). New fossils from Jebel Irhoud, Morocco and the pan-African origin of Homo sapiens. *Nature, 546,* 289–292.

Huizinga, J. (1955). *Homo Ludens: A study of the play-element in culture*. Boston: Beacon.

Hunt, L. (2007). *Inventing human rights*. New York: Norton.

Hunt, M. (2007). *The story of psychology*. New York: Anchor.
Huxley, A. (1932). *Brave new world*. London: Chatto & Windus.
Ibbotson, P., & Tomasello, M. (2016). Language in a new key. *Scientific American*, 71–75.
Jacobs, J. (1992). *Systems of survival: A dialogue on the moral foundations of commerce and politics*. New York: Random House.
Jahoda, M., Lazarsfeld, P. F., & Zeisel, H. (1971). *Marienthal: The sociography of an unemployed community*. Chicago: Aldine.
James, H. (1884). The art of fiction. *Longman's Magazine, September*, Reprinted in *The Portable Henry James* (1951) (Ed. M. D. Zabel). New York: Viking (pp. 1391–1418).
James, W. (1884). What is an emotion? *Mind, 9*, 188–205.
James, W. (1907). The energies of men. *Science, 25*, 321–332.
Jankowiak, W. R., & Fischer, E. F. (1992). A cross-cultural perspective on romantic love. *Ethnology, 31*, 149–155.
Jastrow, J. (1900). *Fact and fable in psychology*. New York: Houghton, Mifflin.
Jaynes, J. (1976). *The origin of consciousness in the breakdown of the bicameral mind*. London: Allen Lane.
Jenkins, J. M., & Astington, J. W. (2000). Theory of mind and social behavior: Causal models tested in a longitudinal study. *Merrill-Palmer Quarterly, 46*, 203–220.
Jenkins, J. M., McGowan, P., & Knafo-Noam, A. (2016). Parent-offspring transaction: Mechanisms and the value of within family designs. *Hormones and Behavior, 77*, 53–61.
Johnson-Laird, P. N. (1983). *Mental models: Towards a cognitive science of language, inference, and consciousness*. Cambridge: Cambridge University Press.
Johnson-Laird, P. N. (2006). *How we reason*. Oxford: Oxford University Press.
Jung, C. G. (1959). *The archetypes and the collective unconscious* (R.F.C. Hull, Trans.). London: Routledge & Kegan Paul.
Kahneman, D. (2011). *Thinking fast and slow*. Toronto: Doubleday Canada.
Kalakoski, V., & Saariluoma, P. (2001). Taxi drivers' exceptional memory of street names. *Memory and Cognition, 29*, 634–638.
Kamin, L. (1974). *The science and politics of IQ*. Potomac, MD: Erlbaum.
Kandel, E. R. (2012). *The age of insight: The quest to understand the unconscious in art, mind, and brain, from Vienna 1900 to the present*. New York: Random House.
Karg, K., Burmeister, M., Shedden, K., & Sen, S. (2011). The serotonin transporter promoter variant (5-HTTLPR), stress, and depression meta-analysis revisited: Evidence of genetic moderation. *Archives of General Psychiatry, 68*, 444–454.
Kawabata, H., & Zeki, S. (2004). Neural correlates of beauty. *Journal of Neurophysiology, 91*, 1699–1705.
Keats, J. (1816-20). "Ode on a Grecian urn," in *Selected poems and letters of Keats* (Ed. D. Bush). New York: Houghton Mifflin (current edition 1959), pp. 207–208.
Keith, J. M. (1988). Florence Nightingale: Statistician and consultant epidemiologist. *International Nursing Review, 35*, 147–150.

Kenny, D. A., Mohr, C. D., & Levesque, M. J. (2001). A social relations variance partitioning of dyadic behavior. *Psychological Bulletin, 127*, 128–141.

Kidd, D. C., & Castano, E. (2013). Reading literary fiction improves theory of mind. *Science, 342*, 377–380.

Kiecolt-Glaser, J. K. (2009). Psychoneuroimmunology: Psychology's gateway to the biomedical future. *Perspectives on Psychological Science, 4*, 367–369.

Kierkegaard, S. (1846). *Concluding unscientific postscript* (D. F. Swenson & W. Lowrie, Trans.). Princeton, NJ: Princeton University Press (current edition 1968).

King, L. A., Heintzelman, S. J., & Ward, S. J. (2016). Beyond the search for meaning: A contemporary science of the experience of meaning in life. *Current Directions in Psychological Science, 25*, 211–216.

Kirsch, I. (2009a). Antidepressants and the placebo response. *Epidemiology and Psychiatric Sciences, 18*, 318–322.

Kirsch, I. (2009b). *The emperor's new drugs: Exploding the antidepressant myth*. London: Bodley Head.

Klein, M. (1975). *Narrative of a child analysis: The conduct of the psycho-analysis of children as seen in the treatment of a ten-year-old boy*. London: Hogarth Press.

Koenigsberger, L. (1906). *Hermann von Helmholtz* (F. A. Welby, Trans.). Oxford: Clarendon Press.

Koestler, A. (1964). *The act of creation*. London: Hutchinson.

Kok, B. E., & Singer, T. (2016). Phenomenological fingerprints of four meditations: Differential state changes in affect, mind-wandering, meta-cognition, and interoception before and after daily practice across 9 months of training. *Mindfulness*. doi: http://dx.doi.org/10.1007/s12671-016-0594-9.

Kragel, P. A., & LaBar, K. S. (2016). Decoding the nature of emotion in the brain. *Trends in Cognitive Sciences, 20*, 444–455.

Kramer, P. D. (1993). *Listening to Prozac*. New York: Viking.

Kramer, P. D. (2016). *Ordinarily well: The case for antidepressants*. New York: Farrar, Strauss & Giroux.

Krebbs, A. (2011). The phenomenology of shared feeling. *Appraisal, 3*, 35–50.

Kreitman, N., Sainsbury, P., Morrissey, J., Towers, J., & Scrivener, J. (1961). The reliability of psychiatric assessment: An analysis. *British Journal of Psychiatry, 107*, 887–908.

Kristoff, N. (2016). Would you hide a Jew from the Nazis? *New York Times*, Sunday Review, p. 11.

Küfner, A.C.P., Back, M. D., Nestler, S., & Egloff, B. (2010). Tell me a story and I will tell you who you are! Lens model analyses of personality and creative writing. *Journal of Research in Personality, 44*, 427–435.

Ladinsky, D. (1999). *The gift: Poems by Hafiz, the great Sufi master*. Harmondsworth: Penguin.

Laing, R. D. (1960). *The divided self*. London: Tavistock (and Pelican paperback).

Larochelle, H., & Hinton, G. E. (2010). *Learning to combine foveal glimpses with a third-order Boltzmann machine*. Advances in Neural Information Processing, 23. Cambridge, MA: MIT Press.

Larocque, L., & Oatley, K. (2006). Joint plans, emotions, and relationships: A diary study of errors. *Journal of Cultural and Evolutionary Psychology, 3–4*, 246–265.

Lazarus, E. (1888). *The poems of Emma Lazarus*. New York: Houghton Mifflin.

Lazarus, E. (1903). "The new colossus." Liberty State Park, New York Harbor.

Leakey, R. E., & Lewin, R. (1991). *Origins*. London: Penguin.

LeCun, Y., Bengio, Y., & Hinton, G. E. (2015). Deep learning. *Nature, 521*, 436–444.

Lee, K. (2016). Nuralogix: Revealing what lies beneath. From http://www.nuralogix.com/home.html.

Leichsenring, F., & Rabung, S. (2008). Effectiveness of long-term psychodynamic psychotherapy. *Journal of the American Medical Association, 300*, 1551–1565.

Leichsenring, F., & Rabung, S. (2011). Long-term psychodynamic psychotherapy in complex mental disorders: Update of a meta-analysis. *British Journal of Psychiatry, 199*, 15–22.

Leslie, A. M. (1987). Pretence and representation: The origins of "theory of mind." *Psychological Review, 94*, 412–426.

Lewinski, P., den Uyl, T. M., & Butler, C. (2014). Automated facial coding: Validation of basic emotions and FACS AUs in FaceReader. *Journal of Neuroscience, Psychology, and Economics, 7*, 227–236.

Lewis, M. (2016). *The undoing project: A friendship that changed our minds*. New York: Norton. Lewis-Kraus, G. (2016, December 18). Going neural. *New York Times Magazine*, 40–65.

Libet, B. (1985). Unconscious cerebral initiative and the role of conscious will in voluntary action. *Behavioral and Brain Sciences, 8*, 529–566.

Loftus, E. F., & Doyle, J. M. (1987). *Eyewitness testimony: Civil and criminal*. New York: Kluwer.

Lord, A. B. (2000). *The singer of tales*. Cambridge, MA: Harvard University Press.

Lorenz, K. (1937). über die Bildung des Instinktbegriffes. *Die Naturwissenschaften, 25*, 289–331. (The conception of instinctive behavior. Translation in C. Schiller, Ed. & trans., *Instinctive behavior: Development of a modern concept*. London: Methuen, pp. 129–175.)

Lovejoy, C. O. (1981). The origin of man. *Science, 211*, 341–350.

Luria, A. R. (1976). *Cognitive development: Its cultural and social foundations*. Cambridge, MA: Harvard University Press.

Lutz, C. A. (1988). *Unnatural emotions: Everyday sentiments on a Micronesian atoll and their challenge to Western theory*. Chicago: University of Chicago Press.

MacFarquhar, L. (2003, March 31). The devil's accountant. *New Yorker, 79*, p. 64.

MacLean, P. D. (1993). Cerebral evolution of emotion. In M. Lewis & J. M. Haviland (Eds.),

Handbook of Emotions (pp. 67–83). New York: Guilford.

Macmillan, M. (2001). John Martyn Harlow: "Obscure country physician?" *Journal of the History of the Neurosciences, 10*, 149–162.

Macnamara, B. N., Hambrick, D. N., & Moreau, D. (2016). How important is deliberate practice? Reply to Ericsson (2016). *Perspectives on Psychological Science, 11*, 355–358.

Macnamara, B. N., Moreau, D., & Hambrick, D. Z. (2016). The relationship between deliberate practice and performance in sports: A meta-analysis. *Perspectives on Psychological Science, 11*, 333–350.

Magai, C., & Haviland-Jones, J. (2002). *The hidden genius of emotion: Lifespan transformations of personality*. New York: Cambridge University Press.

Maguire, E. A., Spiers, H., Good, C. D., & al. (2003). Navigation expertise and the human hippocampus: A structural brain imaging analysis. *Hippocampus, 13*, 250–259.

Main, M. (1991). Metacognitive knowledge, metacognitive monitoring, and singular (coherent) vs. multiple (incoherent) models of attachment: Findings and directions for future research. In P. Marris, J. Stevenson-Hinde & C. Parkes (Eds.), *Attachment across the life cycle* (pp. 127–159). New York: Routledge.

Main, M., Kaplan, N., & Cassidy, J. (1985). Security in infancy, childhood and adulthood: A move to the level of representation. In I. Bretherton & E. Waters (Eds.), *Growing points of attachment theory and research. Monographs of the Society for Research in Child Development, 50* (1–2, Serial No. 209) (pp. 65–106).

Malatesta, C. Z., Culver, C., Tesman, J. R., & Shepard, B. (1989). The development of emotion expression during the first two years of life. *Monographs of the Society for Research in Child Development, 54* (1–2), 1–103.

Malcolm, J. (1982). *Psychoanalysis: The impossible profession*. London: Picador.

Mar, R. A., & Oatley, K. (2008). The function of fiction is the abstraction and simulation of social experience. *Perspectives on Psychological Science, 3*, 173–192.

Mar, R. A., Oatley, K., Hirsh, J., de la Paz, J., & Peterson, J. B. (2006). Bookworms versus nerds: Exposure to fiction versus non-fiction, divergent associations with social ability, and the simulation of fictional social worlds. *Journal of Research in Personality, 40*, 694–712.

Marr, D. (1982). *Vision*. San Francisco: Freeman.

Martinez-Conde, S., Otero-Milian, J., & Macknik, S. L. (2013). The impact of microsaccades on vision: Towards a unified theory of saccadic function. *Nature Reviews: Neuroscience, 14*, 83–96.

Marucha, P. T., Kiecolt-Glaser, J. K., & Favagehi, M. (1998). Mucosal wound healing is impaired by examination stress. *Psychosomatic Medicine, 60*, 362–365.

McCabe, D. P., & Castel, A. D. (2007). Seeing is believing: The effect of brain images on judgments of scientific reasoning. *Cognition, 107*, 342–352.

McCrae, R. R., & John, O. P. (1992). An introduction to the five-factor model and its applications. *Journal of Personality, 60*(2), 175–215.

Mead, M. (1928). *Coming of age in Samoa.* New York: Morrow.

Mellars, P. (2004). Neanderthals and the modern human colonization of Europe. *Nature, 432,* 461–465.

Mellars, P., & French, J. C. (2011). Tenfold population increase in Western Europe at the Neanderthal-to-modern human transition. *Science, 333,* 623–627.

Meltzoff, A. N., & Moore, M. K. (1977). Imitation of facial and manual gestures by human neonates. *Science, 198,* 75–78.

Mendelson, E. (2016, June 23). In the depths of the digital age. *New York Review of Books, 63,* 34–38.

Mesquita, B., & Frijda, N. H. (2011). An emotion perspective on emotion regulation. *Cognition and Emotion, 25,* 782–784.

Midgley, N. (2007). Anna Freud: The Hampstead War Nurseries and the role of direct observation of children for psychoanalysis. *International Journal of Psychoanalysis, 88,* 939–959.

Milgram, S. (1963). Behavioral study of obedience. *Journal of Abnormal and Social Psychology, 67,* 371–378.

Milgram, S. (1974). *Obedience to authority.* New York: Harper & Row.

Miller, G. A. (1956). The magical number seven, plus or minus two: Some limits on our capacity for processing information. *Psychological Review, 63,* 81–97.

Miller, G. A., Galanter, E., & Pribram, K. H. (1960). *Plans and the structure of behavior.* New York: Holt, Rinehart and Winston.

Mithen, S. (1996). *The prehistory of the mind: The cognitive origins of art and science.* London: Thames and Hudson.

Moore, M., Schermer, J. A., Paunonen, S. V., & Vdernon, P. A. (2010). Genetic and environmental influences on verbal and nonverbal measures of the Big Five. *Personality and Individual Differences, 48,* 884–888.

Moroney, T. A. (2011). The persistent cultural script of judicial dispassion. *California Law Review, 99,* 629–681.

Mumper, M. L., & Gerrig, R. J. (2017). Leisure reading and social cognition. *Psychology of Aesthetics, Creativity and the Arts, 11,* 109–120.

Munafò, M. R., Nosek, B. A., Bishop, D.V.M., Button, K., S., et al. (2017). A manifesto for reproducible science. *Nature Human Behaviour, 1.* doi: 10.1038/s41562-016-0021.

Neff, L. A., & Karney, B. R. (2005). To know you is to love you: The implications of global adoration and specific accuracy for marital relationships. *Journal of Personality and Social Psychology, 88,* 480–497.

Neisser, U. (1976). *Cognition and reality.* San Francisco: Freeman.

Nelson, K. (1989). *Narratives from the crib.* New York: Cambridge University Press.

Nelson, K. (2015). Making sense of private speech. *Cognitive Development, 36,* 171–179.

Nesse, R. (2010). Social selection and the origins of culture. In M. Schaller, A. Norenzayan,

S. J. Heine, T. Yamagishi, & T. Kameda (Eds.), *Evolution, culture, and the human mind* (pp. 137–150). New York: Psychology Press.

Nickerson, R. (1999). How we know—and sometimes misjudge—what others know: Imputing one's own knowledge to others. *Psychological Bulletin, 125*, 737–759.

Nishida, T., Hasegawa, T., Hayaki, H. et al. (1992). Meat-sharing as a coalition strategy by an alpha male chimpanzee. In T. Nishida, W. C. McGrew, P. Marler, et al. (Eds.), *Topics in primatology, Vol. 1. Human origins* (pp. 159–174). Tokyo: University of Tokyo Press.

Northoff, G., Heinzel, A., de Greck, M., Bermpohl, F., Dobrowolny, H., & Panksepp, J. (2006). Self-referential processing in our brain—A meta-analysis of imaging studies on the self. *NeuroImage*, 440–457.

Nussbaum, M. C. (1986). *The fragility of goodness: Luck and ethics in Greek tragedy and philosophy*. Cambridge: Cambridge University Press.

Oatley, K. (1990). Freud's psychology of intention: The case of Dora. *Mind and Language, 5*, 69–86.

Oatley, K. (2001). Shakespeare's invention of theater as simulation that runs on minds. *Empirical Studies of the Arts, 19*, 29–45.

Oatley, K. (2009). Communications to self and others: Emotional experience and its skills. *Emotion Review, 1*, 204–213.

Oatley, K. (2013a). How cues on the screen prompt emotions in the mind. In A. P. Shimamura (Ed.), *Psychocinematics: Exploring cognition at the movies*. New York: Oxford University Press.

Oatley, K. (2013b). Worlds of the possible: Abstraction, imagination, consciousness. *Pragmatics and Cognition, 21*, 448–468. doi: 10.1075/pc .21.3.02oat.

Oatley, K. (2016). Fiction: Simulation of social worlds. *Trends in Cognitive Sciences, 20* (8). doi: org/10.1016/j.tics.2016.06.002.

Oatley, K., & Djikic, M. (2017). The creativity of literary writing. In J. C. Kaufman, J. Baer, & V. Glaveneau (Eds.), *Cambridge handbook of creativity across different domains* (pp. 61–79). Cambridge: Cambridge University Press.

Oatley, K., & Djikic, M. (2017, June 8). Psychology of narrative art. *Review of General Psychology*, doi: http://dx.doi.org/10.1037/gpr0000113.

Oatley, K., & Duncan, E. (1994). The experience of emotions in everyday life. *Cognition and Emotion, 8*, 369–381.

Oatley, K., & Johnson-Laird, P. N. (2011). Basic emotions in social relationships, reasoning, and psychological illnesses. *Emotion Review, 3*, 424–433.

Oatley, K., & Johnson-Laird, P. N. (2014). Cognitive approaches to emotions. *Trends in Cognitive Sciences, 18*, 134–140.

Oatley, K., Sullivan, G. D., & Hogg, D. (1988). Drawing visual conclusions from analogy: A theory of preprocessing, cues and schemata inthe perception of three-dimensional objects. *Journal of Intelligent Systems, 1*, 97–133.

Obama, B., & Robinson, M. (2015). President Obama and Marilynne Robinson: A conversation in Iowa. *New York Review of Books, 62*, 6–8.

Ocampo, B., & Kritikos, A. (2011). Interpreting actions: The goal behind mirror neuron function. *Brain Research Reviews, 67*, 260–267.

Olson, D. R. (1994). *The world on paper*. New York: Cambridge University Press.

Ormel, J., Bastiaansen, A., Riese, H., Bos, E. H., Servaas, M., et al. (2013). The biological and psychological basis of neuroticism: Current status and future directions. *Neuroscience and Biobehavioral Reviews, 37*, 59–72.

Orth-Gomer, K., Schneiderman, N., Wang, H. X., Waldin, C., Blom, M., & Jemberg, T. (2009). Stress reduction prolongs life in women with coronary disease: The Stockholm Women's Intervention Trial for Coronary Heart Disease (SWITCHD). *Circulation: Cardiovascular Quality and Outcomes, 2*, 25–32.

Orth-Gomer, K., Wamala, S. P., Horsten, M., et al. (2000). Marital stress worsens prognosis in women with coronary heart disease: The Stockholm Female Coronary Risk Study. *Journal of the American Medical Association, 284*, 3008–3014.

Page, D. (1955). *Sappho and Alcaeus: An introduction to the study of ancient Lesbian poetry*. Oxford: Oxford University Press.

Panero, M. E., Weisberg, D. S., Black, J., Goldstein, et al. (2016). Does reading a single passage of literary fiction really improve theory of mind? An attempt at replication. *Journal of Personality and Social Psychology, 111*(5), e46–e54.

Panksepp, J. (1998). *Affective neuroscience: The foundations of human and animal emotions*. Oxford: Oxford University Press.

Parssinen, T. M. (1974). Popular science and society: The phrenology movement in early Victorian Britain. *Journal of Social History, 8*, 1–20.

Patrick, C. (1935). Creative thought in poets. *Archives of Psychology* (R. Woodworth, ed.), 178, 35–73.

Pavlenko, A. (2005). *Emotions and multilingualism*. New York: Cambridge University Press.

Pavlov, I. P. (1927). *Conditioned reflexes* (G. V. Anrep, Trans.). New York: Reissued by Dover, 1960.

Pavlov I. P.: Nobel biography:http://www.nobelprize.org/nobel prizes/medicine/laureates/1904/pavlov-bio.html.

Pennebaker, J. W., & Beall, S. K. (1986). Confronting a traumatic event: Towards an understanding of inhibition and disease. *Journal of Abnormal Psychology, 95*, 274–281.

Pennebaker, J. W., Kiecolt-Glaser, J. K., & Glaser, R. (1988). Disclosure of traumas and immune function: Health implications of psychotherapy. *Journal of Consulting and Clinical Psychology, 56*, 239–245.

Pennebaker, J. W., Zech, E., & Rimé, B. (2001). Disclosing and sharing emotion: Psychological, social, and health consequences. In M. S. Stroebe, R. O. Hansson, W. Stroebe, & H. Schut (Eds.), *Handbook of bereavement research: Consequences, coping, and care* (pp. 517–543). Washington, DC: American Psychological Association.

Perkins, D. N. (1981). *The mind's best work*. Cambridge, MA: Harvard University Press.

Perry, G. (2013). *Behind the shock machine: The untold story of the notorious Milgram psychology experiments*. New York: New Press.

Piaget, J., & Inhelder, B. (1969). *The psychology of the child*. London: Routledge and Kegan Paul.

Piccolino, M. (1998). Animal electricity and the birth of electrophysiology: The legacy of Luigi Galvani. *Brain Research Bulletin, 46*, 381–407.

Pickett, K. E., James, O. W., & Wilkinson, R. G. (2006). Income inequality and the prevalence of mental illness: A preliminary international analysis. *Journal of Epidemiology and Community Health, 60*, 646–647.

Pinker, S. (2011). *The better angels of our nature: Why violence has declined*. New York: Viking Penguin.

Plato. (375 BCE). *The republic*. Harmondsworth, Middlesex: Penguin (current edition 1955).

Plato. *Protagoras and Meno* (W.K.C. Guthrie, Trans.). Harmondsworth, Middlesex: Penguin.

Plomin, R., & Spinath, F. M. (2004). Intelligence: Genetics, genes, and genomics. *Journal of Personality and Social Psychology, 86*, 112–129.

Poincaré, H. (1908). Mathematical creation (translation by G. B. Halstead, of *Le raisonnement mathematique*, in *Science et methode*, Paris: Flammarion). In B. Ghiselin (Ed.), *The creative process*. Berkeley: University of California Press (1952).

Popper, K. R. (1945). *The open society and its enemies*. London: Routledge.

Popper, K. R. (1962). *Conjectures and refutations*. New York: Basic Books.

Povinelli, D. J., & O'Neill, D. K. (2000). Do chimpanzees use their gestures to instruct each other? In S. Baron-Cohen, H. Tager-Flusberg, & D. Cohen (Eds.), *Understanding other minds: Perspectives from developmental cognitive neuroscience* (pp. 459–487). Oxford: Oxford University Press.

Powell, B. (2002). *Writing and the origins of Greek literature*. Cambridge: Cambridge University Press.

Praszkier, R. (2016). Empathy, mirror neurons, and SYNC. *Mind and Society, 15*, 1–25.

Preston, S. D. (2013). The origins of altruism in offspring care. *Psychological Bulletin, 139*, 1305–1341.

Preston, S. D., Bechara, A., Damasio, H., et al. (2007). The neural substrates of cognitive empathy. *Social Neuroscience, 2*, 254–275.

Proust, M. (1913–1927). à la recherche du temps perdu (In search of lost *time)*. London: Penguin (Current edition 2003).

Proust, M. (1919). à l'ombre des *jeunes filles en fleur, Part II of à la recherche du temps perdu*. Paris: Gallimard (current edition 1988).

Prunier, G. (1995). *The Rwanda crisis: History of a genocide*. London: Hurst.

Ramón y Cajal, S. (1899). *Comparative study of the sensory areas of the human cortex*.

Worcester, MA: Clark University.

Randerson, J. (2012). How many neurons make a human brain? Billions fewer than we thought. *Guardian* newspaper, blog notes & theories, February 28.

Rasbash, J., Jenkins, J. M., O'Connor, T. G., Tackett, J. L., & Reiss, D. (2011). A social relations model of observed family negativity and positivity using a genetically informative sample. *Journal of Personality and Social Psychology, 100,* 474–491.

Rawls, J. (1972). *A theory of justice.* Cambridge, MA: Harvard University Press.

Reed, C. (Director). (1949). *The third man* (Film). UK.

Reicher, S., & Haslam, S. A. (2006). Rethinking the psychology of tyranny: The BBC prison study. *British Journal of Social Psychology, 45,* 1–40.

Reicher, S. D., & Haslam, S. A. (2011). The shock of the old. *Psychologist, 24,* 650–652.

Reid, T. (1818). *Essays on the active powers of man (electronic resource).* Philadelphia: Nicklin (current electronic edition, Early American Imprints, Series II: Shaw-Shoemaker, 1801–1819).

Richardson, S. (1740). *Pamela.* Oxford: Oxford University Press (current edition 2001).

Rimé, B. (2009). Emotion elicits social sharing of emotion: Theory and empirical review. *Emotion Review, 1,* 60–85.

Rimé, B., Mesquita, B., Philippot, P., & Boca, S. (1991). Beyond the emotional event: Six studies on the social sharing of emotions. *Cognition and Emotion, 5,* 435–465.

Risch, N., Herrell, R., Lehner, T., Liang, K., et al. (2009). Interaction between the serotonin transporter gene (5-HTTLPR), stressful life events, and risk of depression: A meta-analysis. *Journal of the American Medical Association, 310,* 2462–2471.

Rizzolatti, G., Fadiga, L., Gallese, V., & Fogassi, L. (1996). Premotor cortex and the recognition of motor action. *Cognitive Brain Research, 3,* 131–141.

Rizzolatti, G., Fogassi, L., & Gallese, V. (2001). Neurophysiological mechanisms underlying the understanding and imitation of action. *Nature Reviews: Neuroscience, 2,* 661–670.

Roberts, B. W., & Mroczek, D. (2008). Personality trait change in adulthood. *Current Directions in Psychological Science, 17,* 31–35.

Roediger, H. L. (1980). Memory metaphors in cognitive psychology. *Memory and Cognition, 8,* 231–246.

Rosenberg, D., & Bloom, H. (1990). *The book of J.* New York: Grove Weidenfeld.

Rutter, M. (1972). *Maternal deprivation reassessed.* Harmondsworth: Penguin.

Rumelhart, D. E., Hinton, G. E., & Williams, R. J. (1986). Learning representations by back-propagating errors. *Nature, 323,* 533–536.

Sandell, R., Blomberg, J., Lazar, A., Carlsson, J., Broberg, J., & Schubert, J. (2000). Varieties of long-term outcome among patients in psychoanalysis and long-term psychotherapy: A review of findings in the Stockholm Outcome of Psychoanalysis and Psychotherapy Project (STOPPP). *International Journal of Psychoanalysis, 81,* 921–942.

Sato, W., & Yoshikawa, S. (2007). Spontaneous facial mimicry in response to dynamic facial expressions. *Cognition, 104*, 1–18.

Scholz, J., Klein, M. C., Behrens, T. E., & Johansen-Berg, H. (2009). Training induces changes in white-matter architecture. *Nature Neuroscience, 12*, 1370–1371.

Schuster, M., Johnson, M., & Thorat, N. (2016). Zero-shot translation with Google's multilingual neural machine translation system. Retrieved from https://research.googleblog.com/2016/11/zero-shot-translation-with-googles.html.

Scribner, S., & Cole, M. (1981). *The psychology of literacy*. Cambridge, MA: Harvard University Press.

Scull, A. (2015). *Madness in civilization: A cultural history of insanity, from the Bible to Freud, from the madhouse to modern medicine*. Princeton, NJ: Princeton University Press.

Segal, Z. V., Williams, J.M.G., & Teasdale, J. D. (2002). *Mindfulness based cognitive therapy for depression: A new approach to preventing relapse*. New York: Guilford.

Seierstad, Å. (2015). *One of us: The story of Anders Breivic and the massacre in Norway* (S. Death, Trans.). London: Virago.

Selzam, S., Krapohl, E., von Stumm, S., O'Reilly, P. F., et al. (2017). Predicting educational achievement from DNA. *Molecular Psychiatry, 22*, 267–272.

Shakespeare, W. (1623). *Henry V*. In S. Greenblatt (Ed.), *The Norton Shakespeare* (pp. 1454–1523). New York: Norton (current edition 1997).

Shallice, T., & Burgess, P. W. (1991). Deficits in strategy application following frontal lobe damage in man. *Brain, 114*, 727–741.

Shariff, A. F., Greene, J. D., Karremans, J. C., Luguri, J. B., et al. (2014). Free will and punishment: A mechanistic view of human nature reduces retribution. *Psychological Science, 25*, 1563–1570.

Sheeran, P., & Webb, T. L. (2016). The intention-behavior gap. *Social and Personality Psychology Compass, 10*, 503–518.

Shelley, M. (1818). *Frankenstein, or Modern Prometheus*. London: Penguin (current edition 1985).

Sherif, M. (1956). Experiments in group conflict. *Scientific American, 195* (November), 54–58.

Sherif, M., & Sherif, C. W. (1953). *Groups in harmony and in tension*. New York: Harper & Row.

Sherman, N. (1997). *Making a necessity of virtue: Aristotle and Kant on virtue*. Cambridge: Cambridge University Press.

Shostrom, E.L.P. (Producer). (1966). *Three approaches to psychotherapy* (Film). Santa Ana, CA: Psychological Films.

Sibley, C., & Ahlquist, J. E. (1984). The phylogeny of the hominid primates, as indicated by DNA-RNA hybridization. *Journal of Molecular Evolution, 20*, 2–15.

Singer, T. (2015, 24 January). How to build a caring economy. Available online at https://

agenda.weforum.org/people/tania-singer/bart.

Singer, T., Seymour, B., O'Doherty, J., Kaube, H., Dolan, R. J., & Frith, C. (2004). Empathy for pain involves the affective but not sensory components of pain. *Science, 303*, 1157–1162.

Skinner, B. F. (1938). *The behavior of organisms: An experimental analysis*. New York: Appleton-Century-Crofts.

Skinner, B. F. (1945). Baby in a box. *Ladies Home Journal* (October), 30–31, 135–136, 138.

Skinner, B. F. (1948). *Walden two*. New York: Macmillan.

Skinner, B. F. (1957). *Verbal behavior*. New York: Appleton-Century-Crofts.

Skinner, B. F. (1976). *Particulars of my life*. London: Cape.

Slater, L. (2004). *Opening Skinner's box: Great psychology experiments of the twentieth century*. New York: Norton.

Smillie, L. D. (2013). Extraversion and reward processing. *Current Directions in Psychological Science, 22*, 167–172.

Smit, Y., Huibers, M.J.H., Ioannidis, J.P.A., van Dyck, R., van Tilberg, W., & Artz, A. (2012). The effectiveness of long-term psychoanalytic psychotherapy: A meta-analysis of randomized controlled trials. *Clinical Psychology Review, 32*, 81–92.

Smith, A. (1759). *The theory of moral sentiments*. Oxford: Oxford University Press (current edition 1976).

Snell, B. (1953). *The discovery of the mind in Greek philosophy and literature*. New York: Dover (current edition 1982).

Snow, J. (1855). *On the mode of communication of cholera, second edition much enlarged*. London: Churchill.

Speer, N. K., Reynolds, J. R., Swallow, K., & Zacks, J. M. (2009). Reading stories activates neural representations of visual and motor experience. *Psychological Science, 20*, 989–999.

Spinoza, B. (1661–1675). *On the improvement of the understanding, The ethics, and Correspondence* (R.H.M. Elwes, Trans.). New York: Dover (current edition 1955).

Sprecher, S., Aron, A., Hatfield, E., et al. (1994). Love: American style, Russian style and Japanese style. *Personal Relationships, 1*, 349–369.

Stanovich, K. E. (2011). *Rationality and the reflective mind*. New York: Oxford University Press.

Starr, G. G. (2015). *Feeling beauty: The neuroscience of aesthetic experience*. Cambridge, MA: MIT Press.

Stern, W. (1914). *The psychological methods of testing intelligence*. Baltimore: Warwick & York.

Stock, B. (2007). *Ethics through literature: Ascetic and aesthetic reading in Western culture*. Lebanon, NH: University Press of New England.

Stock, B. (2016). *The integrated self: Augustine, the Bible, and ancient thought*.

Philadelphia: University of Pennsylvania Press.

Stowe, H. B. (1852). *Uncle Tom's cabin or Life among the lowly*. Boston: John P. Jewitt.

Summerfield, J. J., Hassabis, D., & Maguire, E. A. (2010). Differential engagement of brain regions within a "core" network during scene construction. *Neuropsychologia, 48*, 1501–1509.

Szasz, T. S. (1960). The myth of mental illness. *American Psychologist, 15*, 113–118.

Taine, H. (1882). *De l'intelligence, Tome 2*. Paris: Hachette.

Tajfel, H., & Turner, J. C. (2010). An integrative theory of intergroup conflict. In T. Postmes & N. R. Branscombe (Eds.), *Rediscovering social identity* (pp. 173–190). New York: Psychology Press.

Tavris, C. (2013, 6 September). Book review: "Behind the shock machine," by Gina Perry. *Wall Street Journal*.

Taylor, C. (2016). *The language animal: The full shape of the human linguistic capacity*. Cambridge, MA: Harvard University Press.

Terman, L. M., & Merrill, M. A. (1937). *Measuring intelligence: A guide to the administration of the new revised Stanford-Binet tests of intelligence*. Boston: Houghton Mifflin.

Thomas, E. M. (1989). *The harmless people (revised edition)*. New York: Random House.

Todes, D. P. (2014). *Ivan Pavlov: A Russian life in science*. New York: Oxford University Press.

Tolstoy, L. (1877). *Anna Karenina* (R. Pevear & L. Volokonsky, Trans.). London: Penguin (Translation, 2000).

Tomasello, M. (2008). *Origins of human communication*. Cambridge, MA: MIT Press.

Tomasello, M. (2011). Human culture in evolutionary perspective. In M. Gelfand, C. Chiu, & Y. Hong (Eds.), *Advances in Culture and Psychology* (Vol. 1, pp. 5–51). New York: Oxford University Press.

Tomasello, M. (2014). *A natural history of human thinking*. Cambridge MA: Harvard University Press.

Tomasello, M. (2016). *A natural history of human morality*. Cambridge, MA: Harvard University Press.

Tomasello, M., & Rakoczy, H. (2003). What makes human cognition unique? From individual to shared to collective intentionality. *Mind and Language, 18*, 121–147.

Tomkins, S. S. (1962,1963). *Affect, imagery, consciousness: Vol. 1. The positive affect; Vol. 2. The negative affects*. New York: Springer.

Turing, A. (1936). On computable numbers with an application to the Entscheidungsproblem. *Proceedings of the London Mathematical Society, Second series, 42*, 230–265.

Turing, A. (1950). Computing machinery and intelligence. *Mind, 59*, 433–460.

Turnbull, C. M. (1973). *The mountain people*. London: Jonathan Cape.

Tyldum, M. (Director). (2014). *The imitation game*. Film: USA & UK.

Ullén, F., Hambrick, D. Z., & Mosing, M. A. (2016). Rethinking expertise: A multifactorial gene-environment interaction model of expert performance. *Psychological Bulletin, 142*, 427–446.

van Bavel, J. (2016, May 27). Why do so many studies fail to replicate? *New York Times*, Sunday Review Section.

van Kleef, G. A. (2016). *The interpersonal dynamics of emotion: Towards an integrative theory of emotions as social information.* Cambridge: Cambridge University Press.

van Niel, C., Pachter, L. M., Wade, R., Felitti, V. J., & Stein, M. (2014). Adverse events in children: Predictors of adult physical and mental conditions. *Journal of Developmental and Behavioral Pediatrics, 35*, 549–551.

van Wyhe, J. (2004). *Phrenology and the origins of Victorian scientific naturalism.* Farnham: Ashgate.

Vanhaeren, M., d'Errico, F., Stronger, C., James, S. L., Todd, J. A., & Mienis, H. K. (2006). Middle paleolithic shell beads in Israel and Algeria. *Science, 312*, 1785.

Vessel, E. A., Starr, G. G., & Rubin, N. (2013). Art reaches within: Aesthetic experience, the self and the default mode network. *Frontiers in Neuroscience, 7*, 258. doi: org/10.3389/fnins.2013.00258.

Vitterso, J. (Ed.). (2016). *Handbook of eudaimonic well-being.* New York: Springer.

Vygotsky, L. S. (1930). Tool and symbol in child development. In M. Cole, V. John-Steiner, S. Scribner, & E. Souberman (Eds.), *Mind in society: The development of higher mental processes* (pp. 19–30). Cambridge, MA: Harvard University Press (1978).

Waldinger, R. J., & Schulz, M. S. (2016). The long reach of nurturing family environments: Links with midlife emotion-regulatory styles and late-life security in intimate relationships. *Psychological Science.* doi: 10.1177/0956797616661556.

Wallas, G. (1926). *The art of thought.* London: Cape.

Warneken, F., & Tomasello, M. (2009). Varieties of altruism in children and chimpanzees. *Trends in Cognitive Sciences, 13*, 397–402.

Waters, E., Hamilton, C. E., & Weinfield, N. S. (2000). The stability of attachment-security from infancy to adolescence and early adulthood: General introduction. *Child Development, 71*, 678–683.

Waters, E., Merrick, S., Treboux, D., Crowell, J., & Albersheim, L. (2000). Attachment security in infancy and early adulthood: A twenty-year longitudinal study. *Child Development, 71*, 684–689.

Watson, J. B. (1913). Psychology as the behaviorist views it. *Psychological Review, 20*, 158–178.

Watson, J. B. (1925). *Behaviorism.* New York: Norton.

Webb, T. L., & Sheeran, P. (2006). Does changing behavioral intentions engender behavior change? A meta-analysis of the experimental evidence. *Psychological Bulletin, 132*, 249–268.

Weinfield, N. S., Sroufe, A., & Egeland, B. (2000). Attachment from infancy to early adulthood in a high risk sample: Continuity, discontinuity, and their correlates. *Child Development, 71*, 695–702.

Weisfeld, G. E. (1980). Social dominance and human motivation. In D. R. Omark, F. F. Strayer, & D. G. Freedman (Eds.), *Dominance relations: An ethological view of human conflict and social interaction* (pp. 273–286). New York: Garland.

White, T. D., Asfaw, B., Beyene, Y., Haile-Selassie, Y., et al. (2009). Ardipithecus ramidus and the paleobiology of early hominids. *Science, 326*, 75–86.

Whitehead, A. N. (1979). *Process and reality*. New York: Free Press.

Williams, M. (1922). *The velveteen rabbit*. New York: Avon.

Williamson, M. (1995). *Sappho's immortal daughters*. Cambridge, MA: Harvard University Press.

Wilson, R. A., & Keil, F. C. (Eds.). (1999). *The MIT Encyclopedia of the cognitive sciences*. Cambridge, MA: MIT Press.

Wimmer, H., & Perner, J. (1983). Beliefs about beliefs: Representation and constraining function of wrong beliefs in young children's understanding of deception. *Cognition, 13*, 103–128.

Winnicott, D. (1953). Transitional objects and transitional phenomena; A study of the first "not-me" possession. *International Journal of Psychoanalysis, 34*, 89–97.

Winnicott, D. W. (1965). Ego distortion in terms of true and false self. In J. D. Sutherland (Ed.), *D. W. Winnicott: The maturational process and the facilitating environment: Studies in the theory of emotional development* (pp. 140–152). London: Hogarth Press.

Winnicott, D. W. (1971). *Playing and reality*. London: Tavistock.

Winograd, T. (1983). *Language as a cognitive process: Volume 1: Syntax*. Reading, MA: Addison-Wesley.

Wittgenstein, L. (1922). *Tractatus logico-philosophicus*. London: Routledge & Kegan-Paul.

Wolf, T. H. (1969). The emergence of Binet's conception and measurement of intelligence: A case history of the creative process. *Journal of the History of the Behavioral Sciences, 5*, 113–134.

Wolfe, T. (1975). The new journalism. In T. Wolfe & E. W. Johnson (Eds.), *The new journalism* (pp. 13–68). London: Picador.

Wolfe, T. (2016). *The kingdom of speech*. New York: Little Brown.

Wollstonecraft, M. (1792). *A vindication of the rights of women*. London: Dent, Everyman (current edition 1965).

Woolf, V. (1924). Mr Bennett and Mrs Brown *Collected essays. Vol. 1* (pp. 319–337). London: Chatto and Windus (this edition, 1966).

Yarmolinsky, A. (Ed.). (1973). *Letters of Anton Chekhov*. New York: Viking.

Yong, E. (2012, October 3). Nobel laureate challenges psychologists to clean up their act. *Nature News*.

Yoo, J. J., Hinds, O., Ofen, N., Thompson, T. W., et al. (2012). When the brain is prepared to learn: Enhancing human learning using real-time fMRI. *NeuroImage, 59*, 846–852.

Yudkin, D., Rothmund, T., Twardawski, M., Thalla, N., & Van Bavel, J. (2016). Reflexive intergroup bias in third-party punishment. *Journal of Experimental Psychology: General, 145*, 1448–1459.

Zanette, S., Gao, X., Brunet, M., Bartlett, M. S., & Lee, K. (2016). Automated decoding of facial expressions reveals marked differences in children when telling antisocial versus prosocial lies. *Journal of Experimental Child Psychology, 150*, 165–179.

Zangwill, O. L. (1980). Kenneth Craik: The man and his work. *British Journal of Psychology, 71*, 1–16.

Zayas, V., Mischel, W., Shoda, Y., & Aber, J. L. (2011). Roots of adult attachment: Maternal caregiving at 18 months predicts adult peer and partner attachment. *Social Psychological Personality Science, 2*, 289–297.

Zeldin, T. (1998). *Conversation*. London: Harvill Press.

Zeman, A., Milton, F., Smith, A., & Rylance, R. (2013). By heart: An fMRI study of brain activation by poetry and prose. *Journal of Consciousness Studies, 20*, 132–158.

Zillmann, D. (1996). The psychology of suspense in dramatic exposition. In P. Vorderer, H. J. Wulff, & M. Friedrichsen (Eds.), *Suspense: Conceptualizations, theoretical analyses, and empirical explorations* (pp. 199–231). Mahwah, NJ: Erlbaum.

Zimbardo, P. G. (2007). *The Lucifer effect: Understanding how good people turn evil*. New York: Random House.

图书在版编目（CIP）数据

人类的自我发现之旅 /（加）基思·奥特利著；孙润伟译. -- 北京：北京联合出版公司，2021.1
ISBN 978-7-5596-4726-9

Ⅰ. ①人… Ⅱ. ①基… ②孙… Ⅲ. ①心理学—通俗读物 Ⅳ. ①B84-49

中国版本图书馆CIP数据核字(2020)第229801号

Our Minds, Our Selves: A Brief History of Psychology
Copyright © 2018 by Keith Oatley
Simplified Chinese edition copyright © 2021 Ginkgo (Beijing) Book Co., Ltd.
No part of this book may be reproduced or transmitted in any form or by any means, electronic or mechanical, including photocopying, recording or by any information storage and retrieval system, without permission in writing from the Publisher.
All rights reserved.
本书中文简体版权归属于银杏树下（北京）图书有限责任公司。

人类的自我发现之旅

著　　者：［加］基思·奥特利
译　　者：孙润伟
选题策划：后浪出版公司
出 品 人：赵红仕
出版统筹：吴兴元
特约编辑：曹　可
责任编辑：孙志文
营销推广：ONEBOOK
封面设计：墨白空间·陈威伸

北京联合出版公司出版
（北京市西城区德外大街83号楼9层　100088）
天津创先河普业印刷有限公司　新华书店经销
字数265千字　690毫米×1000毫米　1/16　23印张
2021年1月第1版　2021年1月第1次印刷
ISBN 978-7-5596-4726-9
定价：68.00元

后浪出版咨询（北京）有限责任公司 常年法律顾问：北京大成律师事务所　周天晖 copyright@hinabook.com
未经许可，不得以任何方式复制或抄袭本书部分或全部内容
版权所有，侵权必究
本书若有质量问题，请与本公司图书销售中心联系调换。电话：010-64010019